天下文化
BELIEVE IN READING

這就是
生物學

麥爾／著　涂可欣／譯　程樹德、顏聖紘／審訂

This Is Biology
The Science of the Living World
by Ernst Mayr

這就是生物學　目錄

再版導讀
來一趟思索之旅

顏聖紘

　　首先，我不是來寫業配文的。所以各位不會看到我吹捧這本書是什麼驚世巨著，或是什麼前無古人後無來者。每一本書的導讀都這樣寫的話，只要用產生器寫就好了，對不對？

　　但是我跟大家講，很羞赧的講，麥爾（Ernst Mayr）在 1997 年剛發表這本書的時候，我正在念研究所。我當時買了一本原文書，覺得自己很潮，有跟上流行讀了演化生物學大大的書。然而實情是，我當時沒有體認到這本書的重要性，隨便翻翻就擺在書架上作為裝飾。雖然天下文化在 1999 年的時候發行了中文版，但我當時已經要出國念書，所以沒讀過中文版。等到忽然想買來看看時，書卻已絕版了（冷門科普書可以賣那麼好，真令人開心）。

　　天下文化的編輯邀請我為這本書第二版寫導讀的時候，其實我並沒有真的放在心上，我當時覺得：「天啊，又是一本翻譯書，看了會不會爆頭啊？」說真的，我對很多中文科普書的翻譯沒什麼信心，所以當時接獲邀請時，眉頭整個一皺就攔著。

科學教育中最需要的元素

　　後來心血來潮，打開書稿檔案以後一看，一整個開心啊～～為什麼如此開心呢？因為我發現這本書談的就是台灣從小學到大學的生物相關科學教育中最缺乏的元素，也就是「科學史」的部分，還有「生物學為什麼會有這麼多子學門」、「生物學與其他自然科學有什麼不一樣」以及「生物學家在乎什麼」這樣的議題。

　　我在大一上教授「普通生物學」的時候，總是會問學生：「你們知不知道課本為什麼這樣編？為什麼一定從細胞開始講，然後講到地球生物圈？」學生通常沒什麼反應，或說不知道（感覺正常）。或者我會問學生：「你們來念生科系，但是你們知道生物相關科系有多少嗎？生物學與生命科學的細微差異在哪裡？」結果100%的學生不是傻笑，就是拿一些道聽塗說、不知所云的傳說來回應。惹得我好怒啊，但是身為一個好老師，我一定不能生氣，我一定要了解他們的人生究竟失去什麼？什麼地方空掉了？這樣才能協助他們找到方向順利轉系（無誤）。

　　其實我對於學生對這麼基本的問題沒反應，或不知如何回答，並不感到意外。因為我們的教育手段通常是把龐雜的世界與人類文明長久發展所產生的知識，以過度簡化與可愛的方式包裝成懶人包，單方向餵給學生吞下去。學生之所以學習一個科目，並非出自對議題的關切、問題與假說的發想，及親手實踐議題探索的樂趣。一切都只是因為「大人說很重要」、「以後會用到」，再加上「考試會考」。這時候你還期待學生能夠進入知識產生的過程、自我建構知識網絡，然後拿著在學校得到的知識基礎來面對真實人生中無所不在的知識、技術、教育、產業、服務、法規與政策議題嗎？

了解一門知識的來龍去脈

　　那麼在課程中提到「科學史」和「科學家怎麼想與在乎什麼」又為何如此重要？因為如果連一件事情的創始、發展、分歧、流變、匯聚、新生、沉寂與復甦都不知道，連重要的人、事、時、地、物與數都不知道，那麼學生要怎麼完整描述一個知識學門的輪廓與邊界？還有與自己的人生、社群及世界的關聯？

　　然而「歷史的描述」不應該是線性與單向的。其實市面上並不缺「科學家的故事」或是「偉人傳記」。然而閱讀那些故事的前提是「你已經曉得那些知識的重要性，然後才提起對科學工作者成長歷程與研究背景的興趣」。坊間的書籍反而很少以「議題」為敘事主軸，然後帶進大量科學家在不同時空與科技進展之下對該議題的貢獻與角色。

　　我曾問過一些了解現今國高中，甚至大學生物課本編纂過程的專家，為什麼「科學史」的部分這麼少？為什麼幾乎不談一個議題的來龍去脈與多方觀點？有時候我會得到一種令人沮喪的回應，也就是「因為講這麼多會被認為在加重學生的負擔，老師也不好教，背的東西會太多」。

　　其實我也同意不應該把任何一個科目的學習降格為一個「背科」。然而我經常想問一個問題，如果我們認為「上大學並非是必要的」，那就表示「大學之前的學習應該能造就一般國民基礎素質」。但若教材與教學方法忽視了知識的來龍去脈，卻只告訴學生「結果與標準答案」，那麼辛苦念完幾年書以後，這些所謂的知識不但會被束之高閣，而且會煙消雲散。最後社會就會充斥著具備學歷卻沒有「常識」的成年人。

如何閱讀這本書

那麼我會建議怎麼讀這本書呢？先不急著把各章節全看完。你可以先想一想，如果你對一個知識學門的起源、發展、現況與轉變所知有限，一知半解，好像知道又好像不知道，你在心裡面會升起什麼樣的疑問？（請排除「貴系出路為何」與「畢業起薪多少錢」這種問題，謝謝。）請你把心裡的問題列出來，然後在翻閱這本書的各章節標題時，看看你的疑問是否被提到，回應到了。

接下來你會需要一些閱讀上的耐心，因為麥爾引用了大量文獻來佐證他的陳述與觀點，而那些文獻幾乎都在生物科學史上扮演相當重要的角色。所以如果你對某些觀點不是那麼理解，這本書後面的參考文獻、名詞解釋與相關科學家的簡介，應該可以讓你找到許多解讀疑難的方向與窗口。

順道一提，這本書還特別把「生物問題」區分為幾個類型，例如「what」、「how」、「where」與「when」。這和某年我給申請入學的學生的口試題目很有關係。當時要考生問我問題，並自行分析他的問題屬於什麼類型？結果有 80% 的學生無法回應自己所提的問題究竟是問 why？ how？ whether？ what？我真的有點訝異學生沒有思索過此事。但是如果看完這本書，我相信對於自然科學的早期發展，以及科學與邏輯思維的結構應該會有相當多的認識。

希望每一位讀者都能從這部書中，獲得思想上的撞擊與回饋。

（本文作者為中山大學生物科學系副教授）

第一版導讀
打通任督二脈

程樹德

　　在電腦遊戲出現以前，在電視機便宜到家家一兩台以前，青少年最瘋狂的消遣，莫過於武俠小說了吧！這一群一群的小孩子，剛剛從漫畫裡升級出來，又一頭栽進了狂飆、血腥、充滿激情及俊男美女的幻想世界裡，彌補了他們現實生活中的無聊及課業壓力。

　　以金庸為祭酒的武林中，純潔的小男生被壞人欺負後，得到好人的祕笈，一層又一層提升武功，最後終於可以睥睨武林，於是和超級美女展開無邪的愛情，淒婉悲涼或遊戲人間，讓情竇初開的少年躲在被窩內非念完不睡，最後弄成了近視眼。

　　金庸的《射鵰英雄傳》裡有四大高手——東邪、西毒、北丐和南帝，常被讀者比擬到日常的現實生活中。演化生物學中如果也有南帝，恐怕非屬老前輩麥爾不可了，他不但活到一百歲，被某些人譽為自達爾文以來最有名的演化生物學家，而且一生筆不停書，一本又一本的出版著作，而這本《這就是生物學》簡直就是他積七十年的武功所精萃出來的祕笈，對學生物或學科學的人，幾乎是「不

看不可，看了就打通任督二脈」。

現在就由我這擔水燒柴的小學徒先為他開門掃地，焚香以待。

從小就愛大自然

麥爾出生於德國，自稱一開始會走路，就是個博物學家，他父母非常喜歡大自然，只要一有機會就帶他們三兄弟去觀鳥，採集野花或挖掘化石，麥爾對鳥最有興趣。麥爾家當時已有四代行醫，似乎很自然的，麥爾進了醫學院，幾乎快成了家中第五代醫生，但他有空時，常到柏林自然博物館當義工，終於使他興趣改變，讀完基礎醫學課程後，改念哲學博士，在二十一歲就完成學業。麥爾日後還稱讚當時德國高中的生物課程，以生活史、生物行為和生態學等為授課重點，激發不少少年的興趣。

剛畢業，就被英國羅思柴爾德（Lionel Walter Rothschild）爵士聘請到新幾內亞去研究鳥類，因那時有很多羽毛商專門蒐集五彩斑斕的天堂鳥羽，賣到歐洲當帽飾，但歐洲人從未看過及描述過真正的天堂鳥，也不知道牠們的原棲地，爵士派他的任務就是找出這些迷人的天堂鳥，進行分類及分布調查。

麥爾在新幾內亞調查時，又巧遇紐約市美國自然博物館的一隊人馬，他們雇了船在新幾內亞近海巡行，也急需鳥類專家，因此麥爾結束新幾內亞之行，隨船到索羅門群島調查九個月，兩地之旅總共花了兩年半，方回柏林。

因為與自然博物館的研究員熟識，麥爾回柏林不久，即受邀到紐約暫留一年，這時羅思柴爾德爵士把他龐大的鳥類蒐藏完全轉賣給此館，麥爾原先的短期工作就變成了長期聘用，讓他從 1931 年

起待在美國。1940 年代麥爾聲名漸著，因此哈佛大學於 1953 年聘他任教，此後麥爾就一直在哈佛的比較動物學博物館工作，退休後仍待在劍橋。

創立新學說

十九世紀最有名的兩位演化學家都曾遠渡重洋探訪異域，達爾文*在加拉巴哥群島見到各種略不同的大龜，也見到各種不同棲息地內略不同的鶯鳥，讓他開始思考動植物是否會隨時而變；華萊士到南洋群島觀察到熱帶雨林內繁多的生物，也創立出天擇理論。

二十世紀的麥爾一樣受熱帶海島之啟蒙，他在新幾內亞調查鳥類時，每翻過一個山脈就發現兩邊鳥類各不相同，在索羅門群島之各島，也見到因地理隔離而產生新種之現象。這兩個地方鳥類族群的動態，是麥爾 1942 年著作《系統分類學與物種原始》（*Systematics and the Origin of Species*）討論的重點，此書也是促成新綜合理論成立的原因之一。

我們如果要想知道新綜合理論的重要性，要先回溯到二十世紀初的狀況，當時學者雖然接受「生物由共同祖先漸變而來」之說法，但變化的主因卻沒定論，絕大部分人反對達爾文所提的「天擇」解釋，寧願相信生物有盲目的固定趨向，例如鹿角愈變愈大，最後大到頭支撐不住，身子卡在樹幹間而全體滅絕；別種說法，例如一次突變即形成新種，也很流行。

---

* 編注：中文版特別把書中出現的重要人物整理列於書末，方便讀者參考。

　　甚至麥爾在德國當學生時也大致相信拉馬克主義，認為後天產生的身體變異能遺傳到後代。儘管現代早已揚棄拉馬克主義，但當時這說法可以支持「新種漸變而來」的觀察，還遠比「突變說」合理呢！

　　從 1930 年代開始，族群遺傳學家體認，孟德爾遺傳學可以與天擇相容，因此緩和了對天擇的敵意。而麥爾從分析鳥種之分布，闡明「種」的定義，解釋新種如何出現，推論種以上分類單位如何產生，因此不但將系統分類融入演化生物學，成為其必要之一部分，也確立天擇為最重要的演化機制。這種「異域種化」的過程是麥爾的重大貢獻之一。

假如麥爾遇見達爾文

　　生物學家坎伯（Neil A. Campbell）拜訪麥爾時，曾戲問他，如果通過時光隧道，能拜訪達爾文時，會向對方提出何種問題。麥爾說他想問達爾文與宗教的關係。

　　在劍橋大學時，達爾文修的是神學，原本預備當個小鎮牧師，因此對宗教該是篤信的。在船上旅行時，船長費茲羅也是熱心教徒，他們還共同發表一篇論文，呼籲教會派人到大溪地傳教；而達爾文婚後，太太愛瑪也極虔誠信仰英國國教。在這種氣氛下，不難想像達爾文縱有強烈意見，也不敢表達。

　　一般人相信達爾文的次女安妮年僅十歲死於宿疾，徹底摧毀了他對上帝及基督教的任何最終信仰。但麥爾從對達爾文精深的研究中推測，他早在發展天擇說的一兩年前，就已經不信上帝，我們知道達爾文在 1838 年 10 月就想通天擇之道，難道早在他下船之際

（1836 年），就已徹悟宗教與大自然無涉嗎？

麥爾相信達爾文並不會因演化或天擇而喪失信仰，他自有反省能力，所以更早以前即有定見，因此麥爾也認為，近代宗教之神創論肆意攻擊生物學及天擇說，指責它破壞對上帝的信仰，至少對達爾文本人而言是不對的說法。

麥爾想告訴達爾文什麼呢？我們知道遺傳方式是達爾文最想知道但終生不得其解的，故麥爾要向他解釋，遺傳變異怎樣產生，而群體內變異怎樣成為演化的素材。

主張族群思考方式

在不少論文中，麥爾分析西方哲學傳統中，有一項思考方式，不利於接受演化及天擇，那就是所謂類型思考方式——在柏拉圖所著對話錄中，他提出一個「理想型」理論，認為理想世界由理想型態所構成，明白事物的理想型態就可以掌握其運作，例如圓是完美的幾何圖形，所以星球該以圓繞地運轉。但現實世界不那麼完美，所以一般生物是理想型的墮落。

在這「理想型」理論支配下，生物得拉近理想才是正常的，稍有偏離即不正確，這種想法不允許生物轉變，因其本質該都是一樣的，故衍生出的「本質論」強論追尋本質，忽視變異，例如以此觀念進行分類，必先舉一「個體」當原型及標準，一遇見與這略不一樣的個體，就給它一個變種、亞種或地理種的名稱。

麥爾大力反駁「類型論」或「本質論」，他認為生物群裡就存在各不同個體，每項特徵都略有不同，若環境內之生存需某特徵幫忙，這特徵比例就會逐漸上升，這種「族群思考方式」是明白生物

世界重要之關鍵。

　　物理科學例如物理、化學及天文學，基本上以理想型來思考，所以這些科目的極高明學者，也常對生物有極錯的看法，例如包立（名量子力學家）很想知道生物學家腦子想些什麼，麥爾要他想像氣體是由一百個方向、速度都各不相同的氣體分子所構成，就略能掌握族群思考方式了。

　　若我們能將族群思考方式應用到社會上，就比較能擺脫種族偏見及對弱勢、少數人、女性、同性戀等的歧視，更不會被當今政壇上，齜牙咧嘴販賣仇恨的小人所迷惑了。

反化約論

　　麥爾在本書中，也努力反駁化約論說法。物理科學家以為既然生物分子都要符合物理及化學之原理，所以用物理及化學可以完全描述生物學，生物學不過是基本科學的一個分支，一個較不科學的學科而已。

　　麥爾認為生命是由許多階層組織之複雜系統，低階層之道理並不能推衍出高一階層之道理，例如波耳（量子物理家）也指出，就算了解氫、氧原子特性，也未能明白水的特性，當組織層級上升時，新性質會出現，這種「突現」新性質，使我們不能放縱使用化約論，縱使分子生物學十分成功的解釋細胞之行為，我們也難用它解釋「女生為何愛美」，而這倒能用演化生物學來解釋。

揭發哲學國王的新衣

　　在念博士時，麥爾就對哲學著迷，因此哲學家分析科學之得當
與否，麥爾十分注意，他首先指出哲學家在上個世紀只專心觀察物
理學，所以由此得來的物理哲學及實證論，實難涵蓋生物學，因此
不但沒幫忙釐清生物學的觀念，反深度誤解生物學，例如哲學家巴
柏就曾說過「天擇論不是科學理論」，要好幾年後，巴柏才反悔，
但仍沒法糾正一般人及哲學家對生物學之迷惘。

　　其次孔恩以歷史觀察科學的演變，這種「科學革命」說法，也
是從物理學史中領悟而來，並不能應用到生物學歷史中。麥爾憑他
幾十年浸淫於生物學史的功力，指出孔恩的模式是不對的，也要求
哲學家能深入生物學堂奧，再來進行分析。

　　一般人懾於哲學家舞弄文詞的能力，不是屈服於其神話之中，
就是默然無以回應。麥爾不是這類人，他以淺白的話揭發哲學國王
的新衣服——原來他們都裸體而不自知；他對哲學家費爾阿本的
「摒棄科學」說法直言以對，駁斥之功還遠甚於大加撻伐，畢竟費
爾阿本生病時，還是乖乖遵醫囑吃藥，並沒去找巫醫。

　　我想以麥爾七十年的功夫，再加上他的天資，確能照見整個生
物學的整體，他在本書中的論點該有為二十世紀承先啟後之功了。

（本文作者為陽明大學微生物及免疫學研究所退休教授）

作者序
請赴一場生物學的盛宴

麥爾

　　數年前，當時任法國總統的季斯卡（Valéry Giscard d'Estaing）曾宣布：「二十世紀是生物學的世紀。」如果說整個二十世紀都是生物學的世紀並不盡然正確的話，至少就二十世紀後半期來說是肯定的事實。今日生物學是一門蓬勃發展的領域，我們目睹了遺傳學、細胞生物學、神經科學驚人的突破；演化生物學、體質人類學、生態學也有長足的進展；由分子生物學的研究更是萌生出一整套新產業。我們在各個領域中都可輕易見到生物學豐碩的成果，而醫學、農業、動物養殖業和人類營養學，只不過是少數較常提及的範疇而已。

　　但生物學的前景並非始終如此光明。從十七世紀時科學革命以降，至第二次世界大戰結束後，對大多數人而言，所謂的科學，是像物理、化學、力學、天文學等需大量仰賴數學，並強調共通定律重要性的學科。在這段期間，物理被奉為科學的圭臬；相對的，探究生物世界的努力則被貶謫為低等的工作。及至今日仍有許多人對

生命科學持有嚴重偏差的看法，譬如當媒體在介紹演化的觀念、智力的高低、探測外星生物的可能、種屬的滅絕、吸煙的危險等，都常出現有誤解生物學的情形。

遺憾的是，許多生物學家本身對生命科學也帶有一些迂腐的成見。現代生物學家傾向極度的專業化，他們對特定鳥類、某種性激素、育幼行為、神經解剖、或是基因的分子結構所知甚詳，但對自己專業領域之外的進展則經常是一無所悉。很少生物學家能有時間跳脫出自己的專業，而以開放寬廣的角度環視整個生命科學的發展。遺傳學家、胚胎學家、分類學家或生態學家都自稱為生物學家，但多數對「各生物學科之間的共通性」，或是「生物與物質科學（即天文、物理、化學等）之間的基本差異為何」，則缺乏清晰深入的認知。這些議題正是本書想要揭露與探討的主要目標。

從醫科學生到哲學博士

幾乎從學會走路以來，我就愛上了觀察大自然，並由於對植物與動物的熱愛，使我能以整體的角度來接近生物世界。很幸運的是，當我大約在 1920 年就讀德國的高中時，當時生物的教學著重整個生物體的概況，以及生物與其他生物之間、生物與無生命環境間互動的介紹；若套用今日的術語，也就是生活史、生物行為和生態學。雖然在高中課程中我也修習了物理和化學，但這兩門學科是與植物或動物毫不相干的領域。

及至我當醫科學生的那幾年間，我太著迷也太汲汲投身於醫學，更是無暇思索「什麼是生物學？」或是「哪些因素使生物學成為一門科學？」之類的基本問題。事實上，當時也沒有任何課程

傳授有關「構成生物學要素」的資訊，起碼在德國大學的情形是如此。而我們現今稱之為生物學的知識，則是在植物系或動物系中教授，這兩系所都非常強調生物體結構與形態的研究，以及生物的譜系發育史（親源關係）。雖然也有其他如生理、遺傳、或與實驗多少相關的課程，但彼此的研究主題少有交集和整合。再者，當時實驗學者的觀念架構，也和動植物學家建立在自然史上的理念架構，扞格不容。

就在我完成臨床前基礎學科的檢定考之後，我決定放棄醫學轉攻動物學，尤其專注在鳥類的研究，並在柏林大學選修了哲學課程。然而讓我大失所望的是，雖然在 1920 和 30 年代間，科學哲學已儼然發展成一研究學門，但在生物與哲學所探討的議題中，完全沒有任何溝通、銜接的橋樑。

及至 1950 年代，在我熟諳哲學領域的所有思想後，更是感到強烈的失望，科學哲學根本不存在！在哲學的範疇中雖有邏輯、數學和物理，但卻幾乎沒有任何生物學家所關心的主題。大約也在同一時候，我靜坐下來，詳列一張名單，寫下在演化生物學的書籍或已發表文獻中（其中有少數是我撰寫的）提到的主要通則概論，並發現這些通則沒有任何一條能在哲學的論文中受到充分討論，大部分根本連提都不曾被提過。

然而當時我仍無意捲入科學歷史或科學哲學的研究，我所發表的這類論文，也純是為應付研討會和座談會的邀約，不得不暫時放下手邊演化理論和系統分類學研究才完成的，至於論文唯一的目的，則在指出生物和物理在許多層面上的歧異。例如 1960 年時，我應麻省理工學院勒納（Danial Lerner）的邀約，參與了有關因果關係的系列講座。我曾在 1926 年和 1930 年時分別發表過一篇絲雀

的論文，和另一篇探討鳥類遷徙行為起源的論文，從此就對生物行為的成因有著濃厚的興趣，這類能使我有機會釐清思緒的討論，我總是格外歡迎。我很早就意識到，在無生命和有生命的世界之間，存有絕對的不同，兩個世界雖都遵循物質科學所發現和分析的共通定律，但生物體同時還服從另一套無生命世界所沒有的成因，也就是遺傳指令。當然，我並非是第一位發現生物雙重成因的生物學家，但我為這次系列講座所發表的論文，卻是首篇針對這個主題做詳細探討的文獻。

生物學：一門截然獨立的科學

老實說，我各篇關於「生命科學和物質科學之差異」的論文，主要是訴諸生物界的同儕，而不是專寫給哲學家及物理學家看的；在生物學的文章中常會不自覺引用物理論者的觀點，像是「構成複雜生命系統的每一屬性，都可透過對更小組成（如分子、基因等等）的研究來了解」，這樣的陳述讓我感到荒謬悖理。在生命世界中，從分子、細胞、組織，到整個生物、族群、甚至物種，生命個體不斷向上發展出層級更高也更複雜的系統，而每一層系統都會有一些新的特質出現，那些是即使透徹探討過組成份子後也無法預測得知的。

起初我以為這種「突現」僅存於生物世界，因此在 1950 年代一次於哥本哈根舉行的演講中，宣稱「突現是檢測生物世界的特徵之一」。當時認為突現現象是相當抽象模糊的觀念，因此原本坐在聽眾席中的波耳，於討論期間起立發言時，我心裡已準備好將要面對嚴苛無情的辯駁。但出乎意料，波耳完全沒有反對突現的觀念，

只是提醒我用突現現象來劃分物理和生物科學的論點還有待商榷；他當時舉水為例，說明水分子的性質也無法由組成水的氫原子和氧原子的特性中看出，波耳認為無生命世界的突現現象也是無所不在的。

除了反對上述的化約主義外，另一個令我憎惡的觀點，則是稍後被巴柏美名為本質主義的類型模式思考方式。本質主義將變化萬千的自然界區分為固定的幾種型態，並僵化尖銳的排斥其他可能的型態。這種分類觀念的起源最早可追溯回古希臘時代柏拉圖和畢達哥拉斯的幾何學，卻不適用在今日的演化和族群生物學上；演化和族群生物學研究的對象並非獨立的個體，而是由眾多獨立個體聚集而成的族群，因此我們很難找到其隸屬的類別。以族群的觀點來解釋多變的生物現象，也就是所謂的族群思考方式，對習於物理論（Physicalism）觀點的人來說似乎特別困難，我就曾為了這類問題數次與物理學家包立相持不下；包立是少數渴望了解生物學家腦中在想些什麼的學者，最後當我建議他想像由 100 個移動方向和速率均不相同的分子所構成的氣體後，他才終於比較了解族群式的思考方式。

生物學還常遭許多想要建立科學史的人士所誤解。孔恩的《科學革命的結構》一書於 1962 年付梓時，我很不解為什麼這本書會激起如此多的騷動。沒錯，孔恩的確駁斥了一些傳統科學哲學中最不切實際的論點，且呼籲大家注意「歷史因素」的重要，然而他提出的替代觀點，在我看來似乎一樣不切實際。

孔恩主張生物學發展史中的劇烈改革是指何時？而他所描述漫長的常態科學又意指哪一段期間？據我所了解的生物學歷史，那些根本不存在。達爾文在 1859 年發表的《物種原始》，毫無疑問是革

命性的創舉，然而演化的概念卻早已瀰漫有一世紀之久了；再者，達爾文理論中促成演化適應的關鍵機制——天擇，也一直要到此書出版了百年之後才被完全接受；在這段漫長的期間中，仍有零星的革命發生。科學的發展絕對沒有常態科學的時期。無論孔恩的觀點應用在物理學上正確與否，都無法套用在生物學上。物理背景出身的科學史學家，似乎無法掌握生物研究領域三百多年來發生的事。

我開始愈來愈能看清生物和物質科學是兩門截然不同的科學，兩者所探討的主題、歷史、方法和哲學，都有基本的差異。雖然所有生物的運轉符合物理和化學的定律，但生物體卻不能完全切割化約成物理化學法則，物質科學也無法解答許多生物世界所獨有的性質。傳統的物質科學和依據物質科學所建立的傳統科學哲學，全都由一些不適用於生物研究的觀念所主導，其中包括了本質主義、決定論、普遍論和化約主義。而生物學則是由族群思考方式、機率、機會、多元論、突現和歷史敘述所組成。如今我們需要一個融合所有科學研究方法的全新科學哲學。

明心見性的科學

當我計劃撰寫此書時，腦海中浮現的是一部生物學的生命史，可讓讀者充分了解生物學的重要與豐富，同時也能幫助生物學家解決資訊爆炸的問題。在這領域中，每年都有新兵加入研究的陣容，成果也像雪崩一般來勢洶洶、一瀉千里的發表、刊印。事實上，幾乎所有和我聊過天的生物學家，都曾抱怨他們連自己專門領域的論文都讀不完，就遑論其他鄰近學科的資訊了。然而科學觀念的躍進，決定性因素往往來自自己狹小領域之外的意見，新的研究方向

也常需要生物學家稍微跳出自己的範疇，將問題視為解釋生命世界大方向的一小部分後，才能浮現出來。我希望本書能提供一理念架構，使汲汲於研究的生物學家，能由此獲得較寬闊的視野，並運用在自己專門的研究議題上。

談到資訊爆炸，沒有任何學科能比分子生物學的情況更明顯了，然而本書卻並未詳盡討論分子生物學，僅在第 8、9 章中列舉了一些由分子生物學家所發現的主要通則。這並不是因為我覺得分子生物學不如其他學科重要，原因正好相反，無論我們討論的是生理學、發生學、遺傳學、神經科學或動物遺傳學，分子的運轉都是所有現象的最終根本，研究者每天不斷有更新的發現。然而我個人的感觸是：雖然我們已辨識了許多樹木，卻仍未窺見森林的全貌（見樹不見林）。其他人或許並不同意我的想法，但無論如何，要廣泛的綜觀分子生物學，是我力有未殆的工程。

另外一門甚為重要的學門——心智運作的生物學，也有同樣的情形；由於目前對此我們仍處在摸索階段，我並不精通必要的神經科學和心理學的知識，而可以做廣博的分析，因此無法談及。最後一門疏漏的領域則是遺傳學，生物體舉凡結構、發生、功能、活動各個層面，都深受遺傳程式的影響，但由於分子生物學的興起，遺傳學的發展重心也已轉移至發生遺傳學上，並實際成為分子生物學的子學門，因此本書也無意檢視這個領域。然而我衷心希望，本書以整體性的觀點來探討生物學的方法，仍能對這些未直接涵蓋的生物學子學門有所助益。

如果生物學家、物質科學家、哲學家、史學家和其他對生命科學有專門興趣的人士，能從後面的章節挖掘出實用的觀點，那麼本書就達到主要目標之一。但是我深刻以為，每位受過教育的人士，

都應該對演化、生物多樣性、競爭、滅絕種、適應、天擇、生殖、
發生等基本生物學觀念有所認識，因為人口過剩、環境破壞、都市
貧民窟的問題，是科技進展或文學歷史均無法舒緩的，最終唯有透
過了解這些問題的生物學根源才能解決。

　　最後，要做到古希臘智者所說的「明心見性」，也得先知道我
們的生物起源。幫助讀者進一步了解人類在生物世界中的地位，以
及我們對自然界的責任，是本書的主要目標。

1996 年 9 月於麻州劍橋

第1章

生命是什麼？

生命世界從細胞到組織、器官、
系統、以及完整的生物個體，
每一階層都存在組件整合的現象，
這種整合可在生化、
發生和個體行為等層面中清楚看到，
沒有任何系統可完全以分離組件的特性來解釋清楚。

　　原始洪荒時期的人類居住在大自然中，每天以採集者、狩獵者或畜牧者的身分接觸著動植物；而無論是老者或嬰兒、生產中的婦女或戰鬥中的勇士，死亡屢見不鮮。「生命是什麼？」這樣亙古不變的問題，必定也曾縈繞在我們老祖先的腦海中。

　　或許最初的人類對「生物體的生命」和自然界中「無生命物體的靈魂」並沒有清楚的區別。大部分原始人類相信，一座高山、一池清泉、一棵樹木、一隻動物、或一個人，內部皆有靈魂寄居其中。這種相信靈魂到處存在的觀點（泛靈論）最後雖然式微，但人類對「生命體內有些東西使之有別於無生命物質，且這些東西會在死亡的剎那離開身體」的信仰，卻仍十分強烈。在古希臘文明中，存在於人體內的這種神祕東西稱為「氣息」。後來則稱為「靈魂」，特別是在基督教中。

　　到了笛卡兒和科學革命時代，動物也和山川、樹木一樣，失去了持有靈魂的資格，但人類可分成軀體和靈魂的二元論觀念，卻還持續普遍的根植在一般大眾心中，並一直延續至今。死亡對二元論者來說，是一道格外難解的謎題，為什麼靈魂會突然消失或離開身軀？它又去到何方？是臻至涅槃，還是回到天堂？一直要到達爾文發展出經由天擇篩選，使生物得以演化的學說後，死亡才算有了科學和理性的解釋。生物學家魏斯曼是達爾文的忠實信徒，他在十九世紀末首次解釋：快速的世代更替提供了全新的基因型，使生物能用一勞永逸的方式應付變化中的環境。魏斯曼有關死亡的論文，為死亡意義的探求和了解開展新紀元。

　　然而，當生物學家和哲學家言及「生命」時，他們所說的生命，並不是意指相對於死亡的那種生命，而是相對於無生命物質的那種生命。闡釋生命這種實體的特質，已成為生物學家的主要目

標，但問題是「生命」好像暗示了有某些東西存在，那可能是一些物質，也可能是一些力量。於是幾世紀來，哲學家和生物學家嘗試認清這些生命物質或生命力量，但都徒勞無功。現實上，「生命」一詞只是將抽象的存活過程具體化，並不存在有獨立的實體。[1] 我們可以用科學的方式探討存活的過程，卻無法研究抽象的「生命」；我們可以描述、甚至嘗試定義「存活」是什麼，我們可以界定存活和不存活（無生命）；事實上，我們還可解釋存活是一些無生命的巨分子作用下的產物。[2]

生命是什麼？我們又如何解釋生命過程？自十六世紀以來就一直是熱烈討論的議題。情形大致如此：有一派陣營認為，生物和無生命物質並沒有什麼區別，支持這一論點的人，有時被稱為機械論者，後來改稱為物理論者。另外一派稱為生機論的反對陣營，則宣稱生物體具有一些特質，是無法在無生命物質中找到的，因此生物的理論和觀念是不能完全簡化為物理和化學定理的。在某些時期及某些學術機構中，物理論似乎取得優勢，但在其他時期及其他地點，生機論者似乎又占上風，到了二十世紀，我們已能清楚看出，這兩派陣營的說法並非完全正確，但也非全盤皆錯。

物理論者在「沒有抽象的生命物質存在」以及「生命在分子層面可用物理化學定理解釋」上的堅持是正確的。儘管如此，生機論者強力論述：「生物和無生命物質是不同的，生物有許多自發性的特徵，尤其是從歷史演進（演化）中獲得的遺傳程式，是無生命物質所沒有的，生物體具有多層秩序系統，這和無生命世界所發現的任何事物都不一樣。」這也很合理。若將物理論和生機論這兩大哲學思想去蕪存菁，並融合兩者的最佳原理後，所形成的思想學說稱為「有機生物論」（Organicism），這正是主導今日生物學的新思典範。

物理論

　　最早開始以自然現象（相對於超自然觀念）來解釋世界的人，包括了柏拉圖、亞里斯多德，以及伊比鳩魯等古希臘哲學思想家，然而這段充滿希望的開端，卻在隨後的幾個世紀為人所遺忘。中世紀的哲學思想主要墨守《聖經》的指示，將自然界的一切物質歸因於上帝和祂的律法，中世紀思想的另一個特點是相信各種神祕的力量，這種情形可從鄉野村談中明顯察覺。相信靈魂和神祕力量的思想最後就算沒有完全根除，也逐漸褪色式微，而被一種「機械化的世界觀」所取代（Maier, 1938）。[3]

　　造成機械化世界觀的因素是多方面的，不僅有來自希臘哲學家（他們的原著經阿拉伯人重新傳回西方世界）的影響，同時還包括中世紀末期和文藝復興時期科技進展的影響。當時的人對時鐘或其他各式各樣的自動化機器裝置熱中著迷，這種機械性觀點在笛卡兒宣示「除了人類之外，所有的生物不過是機器而已」的信仰之後，更達到高潮。

　　成為科學革命之代言人的笛卡兒，熱切渴望精準性和客觀性，他無法忍受模糊的思想，或一般人對玄學和超自然學說的盲從信仰，像是動植物具有靈魂的說法。在宣稱其他動物只是機器，唯有人類擁有靈魂後，更是斷然解決了機械論的一大難題。在將動物的靈魂機械化後，笛卡兒也成就了機械化的世界觀。[4]

　　現在的我們很難了解為什麼機械化的生物觀點竟可風行如此之久，畢竟沒有真正的機器可以建造自己、複製自己、計劃自己或為自己籌尋能量，生物體和機械之間的相似性是極其膚淺與表面的，但這種觀點到二十世紀都尚未完全消逝。

　　伽利略、克卜勒和牛頓成功運用數學來強化他們對宇宙現象的解釋，因此對機械化的世界觀亦有貢獻。伽利略曾說過一段話：「要了解『自然』這本書，必須先學習理解書中所用的語言，並逐字閱讀；自然之書是用數學語言寫成的，它的文字是三角形、圓形和其他幾何圖形，沒有數學，人類是無法領悟任何一個字彙的；沒有數學，人類將徘徊在漆黑的迷陣中。」簡潔清晰表達出數學在文藝復興時期的崇高威信。

　　隨後物理學的迅速發展，更將科學革命向前推進一大步，並將早期機械論式的觀點，轉化為正式專門的物理論。[5] 物理論者的思想運動對駁斥前一世紀盛行的神祕思想居功厥偉，最大的成就可能就是對物理現象提出自然科學的解釋，消弭人們對超自然力量的依賴。如果機械論有太過之處，特別是在發展成物理論之後，那也是一項活力充沛的新興運動所無法避免的。然而因為物理論的片面性，且無法解釋任何生物的運作與現象，終於激起了反彈，而這些反對運動，通常都給劃分在生機論之名下。

　　從伽利略以降，迄至現代，生物學的思想觀念一直在機械論和生機論的解釋間拉鋸搖擺，雖然在拉美特利（La Mettrie）出版了《人是機器》（L'homme machine, 1749）一書時，笛卡兒哲學臻至顛峰，但緊接著生機論又枝繁葉茂，其在法國和德國等地區尤甚。然而到了十九世紀中葉，物理和化學的成功又再度鼓舞了生物學物理論觀點的復甦，但這次轉變主要局限在德國，這種情形並不令人意外，畢竟在十九世紀，沒有其他地區的生物學發展能比得上德國生物學的繁榮興盛。

物理論之興盛

　　十九世紀的物理論運動掀起了兩波浪潮，第一波是針對德國醫師穆勒和化學家李比希所採納的溫和生機論而產生的回應。穆勒曾由純生理學轉至比較解剖學研究，而李比希則以犀利評語終結「歸納法之王朝」著稱，至於發起這波運動的物理論者，則是穆勒的四名學生：亥姆霍茲、杜布瓦雷蒙、布洛克和許來登。物理論的第二波運動，則大約始於 1865 年，參與者有盧維希、薩克斯和洛布。不可否認，這些物理論者在生理學上均有卓越的貢獻：像是亥姆霍茲（和法國的伯納德）曾推翻帶有生機論意含的「動物熱」觀念；杜布瓦雷蒙則以電傳導解釋揭開了神經活動之謎；許來登提出「植物一切高度複雜的結構都是由細胞和細胞產物所組成」，因而促進了植物學和細胞學的進展；亥姆霍茲、杜布瓦雷蒙和盧維希等人，更是發明了許多精密的儀器來記錄生理現象，並顯示「功」可完全轉化為熱能，而排除了生物存在有「生命力」的概念。從他們開始，生理學發展史不斷書寫著各種光輝燦爛的成就。

　　然而，物理論者所持的基礎哲學思想卻是相當天真的，容易引起具有自然史背景的博物學家的輕蔑及藐視。當我們回顧物理論者所建立的豐功偉業時，可能會因此而忽略他們對生命現象解釋的天真，但當我們深入了解物理論者所提供的真正敘述後，便能領悟為什麼生機論者會如此激烈抵制物理論觀點了。

　　物理論者攻擊生機論將生命現象訴諸於一種未經分析的生命力，然而諷刺的是，物理論者自己的解釋，也是採用同樣未經分析的「能量」和「運動」等因子。物理論者對生命的定義和生命運作的陳述，常由一些空洞的文句構成。例如，德國物理化學家奧士華

在敘述海膽就像其他任何物質一樣為實體時,將海膽定義成「空間上獨立凝聚能量的總和」。對許多物理論者來說,原本一段無法接受的生機論敘述,在將其中的「生命力」改裝為同樣未定義的「能量」一詞時,就變得可以接受了。將實驗胚胎學帶入全盛時期的盧威廉就曾說過:「胚胎的發生是由於能量不均等分布所造成的多樣化(Roux, 1895)。」

　　在物理論的解釋中,「運動」一詞比「能量」還更流行。杜布瓦雷蒙曾經寫道:「了解自然便是以原子的運動來解釋世界的所有變化,也就是將自然過程化約為原子的動力學……藉著顯示自然實體的改變可用位能與動能的固定總和來解釋(Du Bois-Reymond, 1872)。」與杜布瓦雷蒙同時期的學者從不曾注意到,這些斬釘截鐵的言論不過是由一些空洞的字眼堆砌而成,既沒有實質的證據,亦鮮少解釋的價值。

　　對原子運動重要性的信仰,並非物理論者獨有,有時甚至連他們的對手也抱持這種想法。證明精子即為細胞,並發現細胞核內染色體與遺傳有關的科立克,就認為發生是絕對自然的現象,受到生長過程差異的控制,他說:「我們假設發生在細胞核內規律典型的運動,是受生殖質結構所控制,即足為解釋了(Kölliker, 1886)。」

　　植物學家納格里的論述是另一個偏好機械論的範例,他認為應以「最小組成的運動」來解釋「有機生命的力學」(Nägeli, 1884)。[6]而細胞核對細胞其餘部分(細胞質)的影響,在當時一流植物學家斯特勞斯柏格的眼中,是「分子運動的傳播……以一種和神經衝動相似的方式傳導」。可見斯特勞斯柏格指的並不是物質的輸送,當然,這樣的論述是完全錯誤的。物理論者從未意識到,他們對於能量和運動的論述並不能真正解釋任何現象。運動,譬如布朗運

動，都是隨意的亂動，必須要有一些指導作用才能產生有方向性的運動，而這正是對手生機論所強調的。

針對受精作用的論述中，純物理論解釋的弱點更是表露無遺。米契爾在 1869 年發現核酸，卻由於持有物理論式的偏見，認為精子的功能純粹只是機械性的啟動卵的分裂，忽略自己這個發現的重要性。洛布宣稱受精作用的關鍵因素並不是精子中的核素（nuclein），而是離子。當有人讀到洛布下面的論述時，都不禁感到難為情：「鰓足動物（*Branchipus*）是一種淡水甲殼類動物，當這種生物飼養在高濃度的鹽水中，身體會變小並進行一些其他變化，在此狀況下稱為豐年蝦（*Artemia*）。」

許多物理論者在化學領域中（特別是物理化學）表現得如此博學多聞和精明幹練，但他們的生物學知識卻不成正比，即使是孜孜研究外在環境對生物生長和分化影響的薩克斯，也從未思考過為什麼在光線、水分、養分都一模一樣的環境下，不同植物的幼苗仍會長成不同植物這樣的根本問題。

或許現代物理論中最頑固的機械論學派，就是由盧威廉在 1880 年代所創建的實驗胚胎學，實驗胚胎學可以說是對比較胚胎學派的一種反抗，由於比較胚胎學只注重譜系發育的問題，因此陷於偏執一邊的窘境。盧威廉的同儕祝瑞胥原本是一名更激進的機械論者，但在進行胚胎實驗時，他將一個尚只有兩枚細胞的海膽胚胎，分割為兩個獨立的單細胞胚胎，並觀察到這兩個胚胎並未形成只有半邊的生物，而是發展成較小但完全正常的幼蟲。這項結果大大違反了祝瑞胥機械論的預期，最後祝瑞胥竟由極端的機械論者，轉化為極端的生機論者。

終於，大部分的生物學家開始認清純物理論解釋頗為空洞、甚

至悖理，然而他們卻採用了「不可知論」的態度，認為生物和生命過程是化約物理論所無法徹底研究及解釋的。

生機論

自從科學革命以來，生命現象的解釋就一直是生機論者所關切的主題。在 1820 年代生物學興起之前，生命從不曾是真正科學分析的題材，對大部分研究植物和動物的學者來說，他們很難信服笛卡兒「生命與無生命物質並無本質上的差異」的主張。在物理論興起之後，這些博物學家對生命也有了全新的看法，並試圖以科學的理論，而非形上學或神學的觀念，來駁斥笛卡兒的生命機器論。生物學中的「生機論」也於焉誕生。[7]

由於物理論者所用的規範是混成式的，無論談到的是物理論者的主張（生命的運作是機械性的，可化約為物理和化學定理），或是物理論者遺漏的現象（生物與簡單物質的差異、動植物複雜的適應特質、以及演化的解釋），因此生機論者在面對物理論解釋時，亦有多樣性的反應。有些生機論者專注於生命特質的解釋，有些研究生命的整體性質，還有些生機論者傾全力於生物適應程度和發展方向（例如受精卵的發育），以一一擊破物理論的觀點。

傳統上，所有駁斥物理論的論點，都統稱為生機論。就某種意義來看，這樣的做法並不算全錯，畢竟它們所辯護的，都是生命的獨特性質。然而在這標籤之下，卻隱匿了各式駁雜的思想。[8] 例如德國某些生物學家，就極願意以機械方式來解釋生理過程，但又堅持這種方式不能適用在「適應」或「有方向」的過程，例如受精卵的發生，勒努瓦（Timothy Lenoir）稱這派學者為目的機械論者。

從 1790 年至十九世紀末，傑出的哲學家和生物學家曾一再提出生物獨特性的問題，但他們的著作對物理論者（例如盧維希、薩克斯、洛布）卻幾乎沒有造成絲毫的影響。

生機論在十七世紀出現後，就一直是反對運動的健將，它發動一場對「科學革命之機械哲學」的反抗，一場針對從伽利略到牛頓等機械論者的鬥爭。生機論慷慨激昂抵禦著物理論的僵化教條：動物不過是一台機器，所有的生命現象都可以用物質的運動來解釋。然而儘管生機論在推翻笛卡兒模型時的果決和令人信服，它們自己對生命的詮釋卻又表現出躊躇而令人質疑。生機論者雖有各式各樣的解釋，卻缺乏統合凝聚的學說理論。

根據某一派生機論的說法，生命若不是與一種特殊物質相關（生機論者稱這些無生命物質所沒有的特殊物質為原生質），就是與一種特殊狀態相關（例如膠質狀態），他們還宣稱物理化學是無法分析這些特殊物質或狀態的。另一派別則主張有一種特別的生命力，這種生命力和物理學家所探討的力性質不同。其中有些接受生命力觀念的學者，同時也是目的論者，他們相信生命的存在必定有某些最終目的。此外，還有些生機論者訴諸於心理或心智力量，例如心靈生機論（Psychovitalism）、心靈拉馬克主義（Psycho-Lamarckism），以解釋那些物理論者無法說明的生物現象。

支持生命力學說的學者，對這種力量的性質又有各種分歧的見解。從十七世紀中葉以來，生命物質常被描述成像流質的物質（但非液體），可以和牛頓的重力、卡洛里、燃素、和其他無法直接測量的流質觀念相類比。重力是不可見的，物體從溫到冷的熱量流失也是看不見的，因此想像有一種看不見的生命流質存在的想法，也不至於太不可能或引起騷動，即使它未必是超自然的概念。例如十

八世紀末期頗具影響力的德國博物學家布魯門巴赫認為這些流質雖然見不到，但就像重力一樣是非常真實，可做為科學研究的對象。[9]生命流質的觀念最後為生命力所取代，許多極具威信的科學家，例如穆勒，也認為生命力是解釋生命現象唯一且絕對必要的因子。

在英國，所有十六、十七、十八世紀的生理學家，均持有生機論的概念，1800 到 1840 年間，亨特和普里查德等學者的著作中，強烈反映了生機論觀點。在法國，雖然笛卡兒主義影響力無遠弗屆，但生機論者的反動運動也一樣如火如荼的進行著，其中最傑出的代表，是由一群持生機論的生理學家及醫生所組成的蒙佩利爾學派，以及組織學家畢查特。就連一向研究神經和消化系統等功能性議題，且自認為反對生機論的伯納德，實際上也支持某些生機論的觀點，而在大多數拉馬克主義者的思維中，也含有生機論的成分。

不過，真正讓生機論開花結果，且發展出多樣化觀點的所在地，還是在德國。十七世紀末期，身兼化學家及醫生的史塔耳就是第一位挺身反對機械論的學者，雖然史塔耳的思想可能更接近泛靈論，但他卻對蒙佩利爾學派造成深遠的影響。

德國生機論運動的第二個推進力，則是胚胎發生學中的先成論（Preformation）與後成論（Epigenesis）之爭，這項爭議延續了整個十八世紀的後半葉。其中先成論主張：生物成體的各個部位在發生最初期即已存在，只是較小而已。後成論則認為，成體的各個部位在胚胎初期是不存在的，完全是發生過程下的產物。1759 年，當胚胎學家伍爾夫駁斥先成論，而用後成論替代時，便援引了因果力量，伍爾夫認為有一種「本質力」可讓一團形狀不定的胚胎，轉化成為某一物種的成體。

布魯門巴赫並不贊同這種概念模糊的本質力，而提出另一種專

門的「形成力」，他認為形成力不僅在胚胎發生過程中扮演關鍵角色，對生物的成長、再生和繁殖亦有重要貢獻。布魯門巴赫也接受還有其他力量參與生命的維持，例如可對刺激產生反應的可激性，和感受周圍環境的敏感性。想想這些力量都是觀察現象的名稱，而真實成因仍屬未知，就可知布魯門巴赫對這些力量的存在相當獨斷。它們對布魯門巴赫來說像是一個黑盒子，而非形上學的觀念。

在德國哲學學門中，有一派稱為「自然哲學」的，便是形上學式的生機論，自然哲學是由謝林和其追隨者在十九世紀初期提出。然而真正從事研究工作的生物學家，像是伍爾夫、布魯門巴赫、穆勒，他們的哲學雖有反物理論的態度，但絕對不是形上學的觀念。穆勒曾遭詆毀，被視為不科學的形上學家，這是極不公平的指控。穆勒從幼年開始蒐集蝴蝶與植物的標本，養成了博物學家的習慣，他會以整體性的角度處理生物，這種認知是他那些傾向數學和物質科學觀念的學生所缺乏的。穆勒深知「生命即為粒子的運動」是一句既無意義，又無解釋價值的口號，他所提出的「生命力」觀念雖然失敗了，但卻比他學生的淺薄物理論解釋，還要更接近真實的遺傳程式觀念。[10]

許多生機論者當年所提出的生命特點，如今都可用遺傳程式來解釋，生機論者完美而確實的駁斥了生物機器說，但只因當時生物學的落後，使他們無法提出對於生命現象的正確解釋，這些解釋要到二十世紀時才被發現，結果造成大多數生機論者的論點都是負面的。例如 1890 年代起，祝瑞胥批評物理論者無法解釋胚胎結構、再生、繁殖過程的自我調節，也無法說明像記憶或智力等心靈現象，我們只需將祝瑞胥論述中的生命力，以遺傳程式來替代，就可以成為完美合理的論點了。生機論者不僅明確指出物理論式的解釋

缺少了一些重要的東西，同時還詳述了許多機械論者無法解釋的現象和過程。[11]

在了解生機論的缺陷甚至矛盾後，我們可能會驚訝為什麼生機論還可受到如此廣泛的採納，並流傳久遠。其中一個原因是我們在前面見過的，當時許多生物學家完全排斥化約主義式的生命機械論，而當時又無其他的替代觀念。另一個原因則是生機論受到許多盛行意識型態的支持，包括目的論（也就是終結論）。在德國，康德對生機論亦有強烈的影響，特別是目的機械論，我們從祝瑞胥的著作中即可明顯看出這些影響，大多數生機論者的論文，也都與終結論有明顯密切的關連。[12]

部分由於生機論者的目的論傾向，使他們強烈反對達爾文的天擇說，達爾文的演化論否定一切宇宙目的論的存在，而替之以演化改變的機制──天擇說；就像海克爾在1866年的一篇論文所述：「在達爾文的物競天擇理論中，我們可以看到整個生物界中，唯有機械式的因果運作才是真理的明證，這也等於是宣告了目的論和生機論的死亡（Haeckel, 1866）。」達爾文的天擇說使生機論在解釋生物適應的領域中成為多餘無用的概念。

就像其他生機論者一樣，祝瑞胥成為一名急進的反達爾文主義份子，但他對天擇說的批評卻只能用荒謬來形容，並顯露出他對這項理論沒有任何了解。達爾文主義在否定終結論和生機論的同時，也提供了演化的機制，因而成為解釋生命新典範的基礎。

生機論的衰退與歷史地位

當生機論最早被提出和採納時，似乎為「生命是什麼？」這問題提供了理性的回答。在當時，它也是一個可替代科學革命時期冷

酷的機械論與十九世紀物理論的合理理論。生機論對生命現象的解釋，似乎要比過度簡化的機器論對手更為成功得多。

　　然而，考慮到生機論如此壯大的優勢，和流傳久遠的盛況，我們不禁訝異，它最後竟會在極短的時間內完全分崩離析，大約在1930年之後，就再也看不到任何支持生機論為有效生物學觀念的論點了。

　　有許多原因造成生機論的沒落，第一，生機論愈來愈常被視為形上學的觀念，而非科學觀念。生機論者沒有任何可測試這項觀念的方法，因而生機論會被認為是不科學的，在它斷定生命力存在的教條下，也阻礙了可釐清生命基本功能的化約式分析法。

　　第二，「生物由有別於無生命物質的特殊實體建造而成」的這種信仰，逐漸失去了支持。幾乎整個十九世紀期間，人們原本相信這特殊實體即為原生質，也就是細胞核外的細胞成分。[13]「原生質」一詞後來為科立克所提出的「細胞質」所取代，由於原生質的膠體特性，還因而促成了「膠體化學」的發展和興盛。然而在生物化學和電子顯微鏡的研究下，生物學家發現了細胞質的真正組成，並闡明各式構造，像是胞器、膜、巨分子的性質。但生物學家並沒有發現任何特殊物質的存在，原生質一詞和觀念開始從生物學文獻中消失，而膠體狀態的性質同樣也可用生物化學來解釋，膠體化學也就自然銷聲匿跡了。生機論者將生命物質列為獨特類別的所有證據如今都已不再存在，生命物質的獨特性均可用巨分子和巨分子間的組織來解釋，而巨分子又是由原子和小分子構成，因此和無生命物質的基本組成是相同的。1828年，化學家烏勒在實驗室中合成有機物質尿素，更是首度證明了，無機化合物可用人工方式轉換為有機分子。

　　第三，所有想要證明非物質生命力存在的努力，均告失敗。而生理和發生過程的細胞、分子層面，也開始可用物理化學定理解釋，再也沒有留下任何還需要生機論詮釋的餘地，在此情況下，生機論就顯得是多餘無用了。

　　第四，原本生機論引用為證明的現象，都有了新的生物學解釋，其中又以遺傳學和達爾文學說的進展最為重要。遺傳學的興起引發遺傳程式觀念的產生，所有具有目的方向的生命現象，都可用遺傳程式的控制來解釋，而另一種同樣具有目的的過程——生物的適應，則可利用達爾文學說賦予全新的詮釋：生命的適應程度是因為生物界的豐富變異，在天擇的篩選下形成的。因此支撐生機論的兩大意識型態——目的論和反天擇說，都遭到徹底摧毀了。從前需借用生命物質或生命力才能解釋的現象，都可由遺傳學和達爾文學說提供合理有效的解釋。

　　如果有人相信物理論觀點的話，就會認為生機論只是阻礙生物學發展的絆腳石而已，生機論將生命現象由科學疆域搬移到形上學領域。這樣的批評的確點出了一些神祕生機論者所犯的錯誤，但對聲譽卓著的科學家而言，例如布魯門巴赫，卻有點委屈，而對曾針對物理論所遺漏的生命層面提出精闢敘述的穆勒，更是有失公允，穆勒採用了錯誤解釋的瑕疵，並不能淹沒他詳述待解問題的功績。

　　科學史上曾發生過許多類似的情形，科學家之所以會採用不適宜的解釋體系，乃是因為當時真正解釋的基礎尚未鋪設完成，像康德利用目的論來解釋演化，就是最著名的例子。因此對生機論的合理評價應該是，這是顯示物理論解釋空洞淺薄的必要運動。事實上，誠如法國分子生物學家賈科布所言，生機論是讓生物學受肯定為一獨立科學的最大功臣（Jacob, 1973）。

　　生機論和物理論最後皆為有機生物論所取代，但在我們進入有機生物論的新典範之前，要順便提及二十世紀初期的一種奇特現象——許多物理學家對生機論的信仰。波耳顯然是第一位建議可能有特別的定律操控生物的學者，波耳認為這些定律類似物理定律，但只存在於生物界。薛丁格和其他物理學家也支持這個想法。克里克還曾用一整本書的篇幅（Crick, 1966）來反駁埃爾薩瑟和維格納的生機論觀點呢！奇怪的是，在許多知名生物學家都已放棄生機論許久後，好些知名物理學家腦海中卻還殘存著生機論的思想形式。

　　更諷刺的是，1925年後的許多生物學家相信，物理學中新發現的原理，像是相對論、波耳的互補原理*、量子力學、海森堡的測不準原理，將能為生物學提供新洞見。然而事實上，根據我的判斷，沒有任何一項物理原理可應用在生物學上，儘管波耳曾搜遍生物學以找尋互補性的證據，並不顧一切建立了一些似是而非的類比，但生物學中並沒有真正的互補性，而海森堡的測不準原理和生物學中所遇到的不確定現象，也都有相當的差異。

　　生機論在哲學文獻中還要殘喘更久，不過就我所知，在1965年後才開始發表論文的生物哲學家中，沒有一位是生機論者，著名的生物學家中也沒有一位仍支持正統的生機論。二十世紀末期少數有生機論傾向的生物學家，例如哈迪、萊特和波特曼，如今都已不在人世了。

---

* 譯注：互補原理（Complementarity principle）是波耳於1928年提出的理論，認為自然界具有數個「互補」的層面，某個實驗如果闡明其中一面，其他各層面必會隱而不彰。換言之，對於任何物理體系，每個實驗都只能提供一部分資訊而已。例如光表現出波動行為時，其粒子行為便無法顯現，反之亦然。

有機生物論

　　大約在 1920 年以前，生機論在生物學觀念中的可信度已經完全消失，生理學家老霍登曾為這一情形做了注解，他說：「生物學家幾乎已一致揚棄生機論，不再把它當做公認的信仰（Haldane, 1931）。」老霍登同時也指出，純機械式的詮釋無法說明生命協調統合的現象，而讓老霍登當時苦思的統合現象，就是遵循一定程序進展的胚胎發生現象。在揭示生機論和機械論的無效後，老霍登認為我們必須根據所有生命現象都傾向有協調的特性，找尋出一個不同的生物學理論基礎。

　　因此生機論的衰亡並沒有導致機械論的勝利，而是造就了一個全新的解釋系統。這個新的典範接受分子層次是完全可以物理化學機制來解釋的想法，但也同時相信，物理化學機制在愈高整合層次中所扮演的角色愈小：組織系統會有一些突現的特徵來取代或附加在機械性的機制上；生命最特殊的性質並非來自組成元件，而是組成元件的組織。這類觀點現在通稱為「有機生物論」，著重高度複雜秩序系統的特徵和生物演化遺傳程式的歷史特性。

　　里特爾（W. E. Ritter）在 1919 年創造「有機生物論」一詞[14]，根據他的說法，一個整體與其組件之間的關係，不僅包括整體的存在需仰賴各組件間的次序協調和相互依存，還含有整體對其組件的絕對控制（Ritter & Bailey, 1928）。斯馬茨則解釋他的整體性觀點為：「一個完整個體並不單純，而是複合的，是由多個零件組成的。自然的整體（例如生物個體）亦是複雜或複合的，由彼此具有活躍交互關係的許多零件組成。這些零件本身也可以是一個較小的整體，例如生物體內的細胞（Smuts, 1926）。」後來其他生物學家

把斯馬茨的這段敘述精簡為「整體大於各組成的總和」。[15]

於是在 1920 年代後，整體論（Holism）和有機生物論成為意義相等、可交換使用的詞彙。起初「整體論」一詞較常被使用，而其形容詞「整體的」（holistic）更是到現在依然仍耳熟能詳。但整體論並不是一個嚴謹的生物學術語，就像波耳指出，許多無生命系統也具有整體的特性。生物學界現在已改用較嚴格的有機生物論一詞，並將「遺傳程式為重要特質」的認識，納入這個新典範中。

有機生物論者對物理論中機械式論點的反對，遠不如對化約論思想的反對來得強。物理論者稱他們的解釋為機械論的解釋，此點可算是名副其實，但在此之外，他們的解釋也常帶有化約式的色彩。化約論認為，只要將事物化約成較小的組成，表列整理後，並判定每一個組成的功能，原則上就可算是解決了這道問題，因為有了對組成的了解後，再去解釋組織中較高層次的每一個觀察現象，將會是一件簡易的工作。

但有機生物論者卻證明這樣的陳述並不正確，化約論無法說明生物體較高組織中才突現的特徵。有趣的是，大多數機械論者也承認純化約解釋的不足，例如美國哲學家納格爾就曾坦言：「物理及化學的解釋在目前大部分的生物研究中付之闕如，許多成功的生物理論都不含有物理及化學性質（Nagel, 1961）。」納格爾雖插入了「目前」一詞挽回化約論的顏面，但很明顯的，有一些生物學觀念，像是領域、展示（炫耀）、獵食者恫嚇等，永遠無法在不喪失其生物學意義下，簡化為化學和物理名詞。[16]

倡導整體論的先驅，例如羅梭和老霍登，都曾有力的反駁化約論方法，並令人信服的證實了整體式角度是如何適用於行為和發生現象。但他們在解釋真正整體現象的本質時卻失敗了，他們無法

說明「整體」的特性，或各組成統合成整體時的過程。里特爾、斯馬茨和其他早期的整體論支持者，對他們自己的解釋也同樣似懂非懂，還有些形上學的思想在內。事實上，斯馬茨的用語中還有些帶有目的論的味道呢。[17]

不過，諾維克夫（Alex Novikoff）則詳細說明了為什麼生物體的解釋必須是整體性的：「某一層次的整體，只是更高層次的組件。組件和整體都是物質實體，而各組件互動所造成的統合現象，則是各組件特性整合的結果。由於整體論排斥化約思想，因此反對將生物比喻為一個由各式獨立零件（物理化學單元）組成的機器，而這些零件就像可以從任一台引擎取出來的活塞，還能描述其功能與性質，不管它們是從什麼系統中取出的（Novikoff, 1947）。」相對的，由於生物系統中的每個組件間都有交互作用，因此光描述一個分離組件，無法傳達整個系統的性質。真正控制整個系統的，是組件間的組織。

生命世界從細胞，到組織、器官、器官系統，以及完整的生物體，每一階層都存在組件的整合現象，這種整合可在生化層面、發生層面和個體行為層面中清楚看到。[18] 所有整體論者皆一致同意，沒有任何系統可完全以分離組件的特性來解釋清楚。有機生物論的基礎建立在生物體具有組織的這項事實上，生物體並不只是由一堆性狀和分子堆砌而成，生物體的功能是由性狀和分子間的組織、互助關係、交互作用和相互依存等特性所完成的。

突現

如今我們可明顯看出，所有早期整體論的解釋架構中，都缺少了兩根重要的支柱，第一是當時尚未發展的遺傳程式的觀念，第二

則是突現（emergence）的觀念。所謂突現，是指在一個結構系統下整合出較高層級的過程中，會突現一些全新的特質，且而這些新特質是無法從低層組成的特性中預測得知的。早期整體論遺漏了突現觀念的原因，有可能是當時尚未料想到這個現象，也有可能因為這項觀念被認為是不科學且具形上學意味，才屏除在外。最後是有機生物論融合了遺傳程式和突現觀念，成為反化約論的主力，但仍保有機械論思想。

　　賈科布曾如此描述突現：「在每一個層級中，具有一定大小、結構幾乎相同的單元，會組合形成較高層級的單元，這些由次單元整合形成的單元，可統稱為整合元（integron），一個整合元可由較低層次的整合元組裝而成，新組裝而成的整合元可繼續建造更高層次的整合元（Jacob, 1973）。」每一個整合元具有低層級整合元所沒有的特徵和能力，我們可以說這些特徵和能力是「突現」出來的。[19]

　　突現現象最早受到注意，是由於莫根出了一本有關突現演化的著作（Morgan, 1923）。達爾文主義者雖採信突現演化的觀念，但對運用這觀念仍有些猶豫躊躇，因為害怕這會帶有反漸變論的意味。事實上，一些早期的突現論者的確也是跳躍演化論者（特別是在孟德爾主義盛行時期的學者），亦即他們相信演化是透過大幅不連續的跳躍而進展的。達爾文主義如今已能克服這項擔憂，因為他們也了解族群（或物種）才是演化的單位，而非基因或個體。族群內可以透過既有 DNA 的重組，產生不同的形式（生物相似或相異的不連續性），但整個族群的演化必定是漸進的。現代演化生物學家可能會如是說，一個複雜系統的形成，雖表現在某一新層次的突現，但其過程純粹只是遺傳變異和選擇。每一個整合元都透過天擇而演

化，每一個層級的整合元都等於一個適應系統，它們對個體的適存性均有貢獻，因此突現現象並不與達爾文演化原理相牴觸。

　　綜合上述結論，有機生物論的最大特色，在於它的二元信仰；它相信生物為一個完整體系的重要性，同時也堅信這完整實體並不是難以分析的謎，但是應該選擇適當的層級來分析研究。有機生物論者並不排斥分析，但主張向下分析只有在低層單元的了解可產生相關的新資訊和新洞見時，才有意義。每個系統、每個整合元，在拆解的過程中，都會喪失一些特徵，許多生物體內各組成間的交互作用是物理化學層次所沒有的，只出現於較高整合層次中。每一個層次的有機整合元的活動和發展，均受到遺傳程式的控制。

生命的獨特性

　　今日，無論我們諮詢一名生物學家，或是一名科學哲學家，他們對生物本質的看法都有共識。在分子層次中，所有功能都是遵循物理及化學定律的。在細胞層次，大部分功能亦符合物理及化學定理，其中沒有任何一處需要用到生機論的原理來解釋。然而，生物和無生命物質間卻存在著根本的差異，生物是一個有階層、有次序的系統，有著許多無生命物質所缺少的特質，而且最重要的是，生物的活動受到遺傳程式的駕馭，而遺傳程式所含的歷史訊息也是無生命世界所沒有的。

　　這樣的現象造就了生物體特殊的二元形式，所謂的二元形式，並不是指「身體和靈魂」或「身體和理智」部分是物質、部分是形而上的二元性。現代生物學中的二元論，主要是指物理、化學上的二元形式，是從生物具有基因型和表現型的事實衍生出來的。要討

論由核酸組成的基因型，需了解演化的解釋；要討論根據基因型訊息所建造的由蛋白質、脂質和其他巨分子所構成的表現型，則需了解功能性（近因）的解釋，這種二元論的解釋是無生命物質不具有的。基因型和表現型的解釋亦有不同的理論依據。

那麼，有哪些現象是生命獨有的呢？

- 演化程式（evolved programs）：生物是三十八億年演化作用下的產物，生物所有的特徵都反映著歷史，舉凡發生、行為和其他種種活動，都是受到累積了整個生活史訊息的遺傳程式的控制。從歷史的角度來看，在生命起源後，就有一道生命之流，從最簡單微小的原核生物，一直到巨大的樹木、大象、鯨魚和人類等生物。

- 化學特質（chemical properties）：雖然生物和無生命物質的最終組成都是原子，但真正負責發生和其他功能的分子——核酸、肽鏈、酵素、荷爾蒙和細胞膜組成等，都是在無生命世界中找不到的巨分子。有機化學和生物化學也顯示，所有在生物體內發現的物質都可分解為較小的無機分子，而且理論上，是可在實驗室中合成的。

- 調節機制（regulatory mechanisms）：生物系統中充滿了各式的控制和調節機制，包括了多重回饋機制，以維持系統的穩定狀態，這種調節機制是在無生命世界中從未發現過的現象。

- 組織化（organization）：生物體是一複雜的次序系統，其中各階層的組織化，解釋了生物的調節能力、基因型之間交互作用的控制，以及發生和演化過程的限制。

- 目標系統（Teleonomic system）：生物體也是一種適應系統，是

從前無數世代天擇篩選下的結果，生物適應系統的設計是以胚胎發生到成體的生理活動與行為活動為目標。

- 大小的限制（limited order of magnitude）：從最小的病毒，到最大的鯨魚和樹木，生物體的大小在中間世界僅占有限範圍。由於生物組織的基本單元是微小的細胞和細胞的組成，因此給予生物相當寬廣的發生和演化彈性。

- 生命週期（life cycle）：生物體都會經歷一定的生命週期，至少行有性生殖的生物都是如此，從合子（亦即受精卵）開始，經過各式的胚胎或幼蟲期，直到最後達到成體期。每個物種生命週期的複雜程度不同，有些物種甚至可在有性世代和無性世代間變換。

- 開放的系統（open systems）：生物體會持續從外界環境中吸取能量和物質，排出代謝終產物，因此是開放的系統，不受熱力學第二定律的限制。

　　上述的這些特質使生物具有一些無生命系統所缺乏的能力：演化的能力、自我複製的能力、在遺傳程式的控制下生長和分化的能力、代謝的能力（吸收和釋放能量）、自我調節以維持複雜系統穩定的能力（例如保持體內生理平衡和回饋機制）、對環境刺激的反應能力（透過感知和感覺器官）、改變基因型和表現型的能力。

　　所有上述的生物特徵，都使生命和無生命系統間具有顯著根本的差別，這種對生命獨特性的認識和區分，造就出一科學子學門，稱為生物學。在第 2 章中，我們將會看到這種對生命獨特性的認識和區分，引領生物學成為一門獨立的科學。

第 **2** 章

科學是什麼？

即使當初真有諾貝爾生物獎，
達爾文也不會因發展天擇觀念而獲獎；
「天擇」肯定是十九世紀最偉大的科學成就，
但卻不是一項發現。
這種「重發現、輕觀念」的態度雖然延續至今，
但比起達爾文的時代已改善許多了。

　　生物學涵蓋了所有研究有機生命體的學科，有時這些學科又統稱為生命科學，以和研究無生命世界的物質科學有所區別。在專業的學術領域中，我們還會見到社會科學、政治科學、軍事科學等科學體系，這些也是系統化的知識型態。然而除此之外，我們還時有所聞所謂的馬克思主義科學、西方科學、女性主義科學，甚至基督教科學、神創論科學等名詞。為什麼所有不同型態的學科，都會稱自己為「科學」呢？使一門真正的科學有別於其他思想體系的特質是什麼？生物學是否具備這些特質呢？

　　我們可能會以為，這個基本問題很容易回答，難道不是每個人都知道科學是什麼嗎？然而當我們仔細研讀連篇累牘的專業文獻，而非僅接受大眾媒體提供的訊息時，就會了解情況並非如此。[20] 身為達爾文的朋友，也是演化理論提倡者的湯瑪士・赫胥黎，曾將科學定義為「有系統有組織的基本常識」。哎呀呀！這可不是真的！事實上，常識反而常常需要科學的更正呢，就像常識告訴我們「地球是平的，太陽繞著地球旋轉」一樣。在每一科學學門中，都會有一些「常識」，最後證實是錯誤的。我們甚至可以這樣說，科學是用來證實或駁斥常識的活動。

　　哲學家之所以對「科學的定義」眾說紛紜，有許多因素；其中一項原因就是科學同時包括了活動（科學家所做的事）和知識（科學家所了解的資訊）兩部分。今日多數哲學家都強調科學家進行的活動──探索、解釋和驗證。但也有其他哲學家傾向將科學界定為成長中的知識體系，依據解釋的原理來組織和分類知識。[21]

　　強調資料的蒐集和知識的累積，是早期科學革命所殘留的遺跡，當時的科學界崇尚歸納法。然而慣於使用歸納法的人卻普遍存有一個錯誤的觀念，好像只要囤積一堆事實後，就不僅可找出通

則，還可像「自燃」一般，突然自動衍生出新理論來。但事實上，今日的哲學家都大致同意，事實本身並不能解釋什麼，有些哲學家甚至質疑「純粹事實」的存在，他們問道：「在所有觀察的背後，其實不都存有理論的依據嗎？」這並不是新的疑慮，早在 1861 年時，達爾文就已經寫道：「觀察如要產生任何用處，必定是支持或反對某些觀點，奇怪的是，居然沒有人看清這項事實。」

　　當然，大部分作者在科學的定義中使用「知識」一詞時，不僅意指事實本身，還包括人對事實的詮釋。在此情況下，若改用「了解」，不是更可減少混淆嗎？因此，當面對「科學的目標在增進人類對自然的了解」這樣的敘述時，有些哲學家可能還會再加上「透過對科學問題的釋疑」。[22] 還有些哲學家會更進一步指出「科學的目標在於了解、預測和控制」。然而對許多科學學門來說，「預測」僅扮演附屬的角色，而許多非應用性的科學，更是從無需面對「控制」的問題。

　　另一個造成哲學家意見分歧的原因，則是幾世紀來我們所稱的「科學」，其致力的目標不斷在改變。例如大約一百五十年前，研究自然以了解上帝旨意的自然神學，還一直被視為是正統科學流派，並造成 1859 年時一些達爾文主義的非難者，怒斥《物種原始》一書竟敢引用像「機會」這種不科學的因素，沒能指出上帝設計萬物之精巧手段。到了二十世紀，我們發現科學家對隨機現象的態度，已有了一百八十度的大轉變：無論是生命科學或物質科學，在解釋自然世界如何運轉的問題時，都從原本嚴格的決定論觀點，轉而接受「機率為主要因素」的想法。

　　再舉另一個科學會隨時間而逐漸改變的例子：科學革命時期，科學家強調發現新事實的經驗主義，但卻很少有文獻會提及新觀念

對科學進展的重要。到了今日，像競爭、演化共祖、領域、利他主義等觀念，在生物學中的地位就有如定理和發現對物理學的重要。然而這些觀念也是直到最近才受到重視的，這種態度可從當初決定諾貝爾獎項時，獨缺生物獎的情形反映出來。即使真有諾貝爾生物獎，相信達爾文也不會因發展天擇的概念而獲獎；「天擇」的觀念肯定是十九世紀最偉大的科學成就，但卻不是一項發現。這種「重發現、輕觀念」的態度雖然延續至今，但比起達爾文的時代已改善許多了。

　　沒人知道將來我們對科學的印象又會有怎樣的演變，在此情形下，我們也只能在二十世紀末，嘗試呈現當代盛行的科學概況。

現代科學的起源

　　現代科學始於科學革命時期。在這人類智力的功績偉業中，又以哥白尼、伽利略、克卜勒、牛頓、笛卡兒及萊布尼茲的成就為代表。許多科學方法的基本原理，都是在那段期間發展出來的，並持續賦予今日科學特色。當然，每個人對科學都有不同的定義，就某種層面而言，亞里斯多德的生物觀也是科學，但卻缺乏今日生物學方法的嚴謹和包容，而這些要到 1830 年至 60 年代才建立。

　　使科學觀念得以盛行於科學革命時期的，是數學、力學和天文學。到底經院哲學（scholastic，又稱繁瑣哲學）的邏輯對物理論科學的原始架構有多大的影響，至今還是未定之論，但可以肯定在笛卡兒的思維中，必定占有極重要的角色。這些純理論的新興科學，以客觀、經驗主義和歸納法為理想，並全力掃除玄學的殘渣，排除所有神祕、迷信的解釋。

　　然而那些推動科學革命的人士，本身都是虔誠的基督徒，因此由他們所創建的科學實際仍為基督信仰的一派思想，這並不讓人驚訝。他們認為，世界由上帝所創造，並遵循著祂的律法運轉，因此必定具有共通性，絕不會混亂失序。在這樣的宗教觀點下，凡能與這些法則相符的觀察解釋，就可肯定是合理的。他們還認為由於宇宙運轉是如此清楚絕對、運行不悖，人類終有一天能證明並預測所有的事物。科學的任務就是找出那些共通的法則，發現包涵這些法則的所有事物的最終真相，並透過預測和實驗來驗證其真實性。

　　力學是相當符合這個理想的：行星繞著太陽旋轉、球沿著斜坡滾下，都有一定可預測的模式。力學是所有科學中最單純的，因此能發展出一套條理連貫的定律和方法，並不令人意外。但隨著物理學其他子學門的發展，挑戰力學共通性和可預測性的例外一再出現，而不得不做各種修正。事實上，在日常生活中，力學定律常常因隨機過程而徹底瓦解，力學的可預測性也在瞬間蕩然無存。就以時常伴隨氣團和水團運動產生的亂流為例，可預測性似乎完全不存在，顯然力學定理不能應用在氣象學或海洋學的長期預報上。

　　如果將機械論者對自然世界的那套處方套用在生物學上，更是顯得格格不入。機械論者的方法在重建生命演化歷史的次序時，毫無施展的餘地，對生物學家提出各式分歧的解答和因果，也無力排解（這種分歧的現象也使得預測生物學的未來走向格外困難）。若要以力學的標準來檢定演化生物學的科學性，演化生物學顯然是無法通過測試的。

　　「實驗」是機械論者偏愛的研究方法，倘若從這方面來考量的話，生物學不及格的事實就更加明顯了。實驗對物理是如此重要，甚至被尊奉為唯一有效的科學方法，至於其他的研究方法，則被貶

低為下等的科學。不過稱呼自己的同事為壞科學家，可不是什麼風
雅有品的行為，因此機械論者便將其他不做實驗的科學領域，歸類
為「敘述性科學」。幾個世紀來，生命科學就帶著這樣受歧視輕蔑
的標籤。

　　但實際考量所有科學的基本知識，不全都建立在敘述上嗎？
而且愈新興的科學，敘述成分也就愈多，以鋪設好事實的基礎。及
至今日的分子生物學，大部分的論文基本上也還是敘述性的，而敘
述真正的涵義是觀察。所有論文中的陳述都是根據觀察而來的，可
能經由肉眼或其他感覺器官，也可能是透過顯微鏡、望遠鏡或更精
密的儀器。即使在科學革命時期，推動科學前進的決定因素也是觀
察，而非實驗。哥白尼、克卜勒、和牛頓推導出來的宇宙通則多是
根據觀察的結果，而非來自實驗室的數據。即使在今日，天文學、
天文物理學、宇宙論、行星科學和地質學理論的變遷，也很少與實
驗有關，大部分是因觀察到新發現而有所進境。

　　有些人可能對此有另一番說辭，他們認為伽利略和其他科學
家所做的敘述，是因為他們能觀察到大自然的實驗，諸如日食、月
食、掩星，甚或地震、火山爆發、隕石坑、磁場變化、侵蝕等自然
景觀。然而在演化生物學中，因巴拿馬地峽連接南北美洲，造成上
新世時期兩大洲間動物相大規模的交替互換，不同樣也是大自然的
實驗嗎？還有像印尼的克拉卡托島、南美的加拉巴哥群島或夏威夷
群島，這些火山島上生物聚落的形成也是大自然的實驗！更別提更
新世時期，冰河運動造成北半球動物相的毀滅和重建了。正因為有
一些天才能挖掘並審慎評估這些難以在實驗室中進行的自然實驗，
才造就觀察性科學的長足進展。

　　雖然科學革命可說是一場思想的革命──它揚棄迷信、神祕和

中世紀神學的教條，卻從未背離過對基督教的忠貞。這種意識上的偏差對生物學有負面的影響，當科學家在研究生命最基本問題時，答案都必須是出自上帝之手，這種現象在探討生物的起源（神創論關切的主題）和設計（自然神學的主題）時，尤為明顯。接受宇宙只有上帝、人類靈魂、形體和運動的觀念，或許可在當時的物理學中暢行無礙，但卻會阻撓生物學的發展。[23]

這種觀念造成十九、二十世紀之前生物學的停滯休眠。雖然十七、十八世紀間，自然史、解剖學和生理學仍累積了相當豐富的知識，但生命世界基本上是隸屬在醫學範疇下的，連解剖學、生理學，甚至植物學（主要用來鑑定重要的藥用植物）也不例外。但其他像自然史的問題，就只能充作業餘的嗜好，或為自然神學所利用了。回顧現代生物學的發展，有許多早期的自然史研究顯然是相當好的科學，但在當時卻未能獲得應得的肯定，也未能對科學哲學有所貢獻。

以力學為科學的範本，最後導致了「生物無異於無生命物質」這種信仰，並依此邏輯推演出「科學的目標在將所有生物學簡化為物理和化學定律」的結論。然而待適當時機來臨，這樣的立場和觀點再也站不住腳；機械論最後終於被推翻，而其強勢的對手——生機論以及二十世紀暢行的有機生物論，對生物學在科學界的地位造成廣泛深遠的影響，但許多哲學家還未完全認清這道衝擊的力量。

生物學是獨立的科學嗎？

二十世紀中葉以來，有關生物學的定位問題，我們大致可區分出三種截然不同的觀點。根據其中一派的看法，生物學應該完全排

除在科學範疇之外，因為它欠缺真正科學（指物理學）所具備的共通性、定律結構性和嚴格的定量等性質；然而另一派則認為，生物學不僅具備所有構成真實科學的要素，且在重要面向與物理學有所不同，理應像物理學一樣評列為獨立的科學；介於這兩偏激思想之間的第三種看法，則以為生物學符合局限性科學的狀態，因為生物學所有的發現最終都可分解成物理和化學定律。

「生物學是一門獨立的科學嗎？」這問題可分成兩部分：「生物學是否和物理、化學一樣符合科學的標準？」以及「生物學和物理、化學是否完全相等？」欲回答第一個問題，可參考莫爾（John Moore）評定科學活動的資格時，所列的八項條件（Moore, 1993）：（1）科學必須依據由田野或實驗室蒐集而來的觀察和實驗資料，不可引用超自然因子；（2）要解答問題時，必須蒐集數據以支持；要強化或反駁一項立論時，要有觀察為後盾；（3）必須採用客觀的方法，將偏見的可能降至最低；（4）假設必須與觀察結果一致，並符合一般理念架構；（5）所有假說都需經過驗證，如果可能，必須發展與之對立的假說，並比較各假說的有效性（解決問題的能力）；（6）所建立的通則在特定的範疇內必須能普遍適用，若有獨特的事件，也要有無關超自然因素的解釋；（7）為排除可能的錯誤，一則事實或發現僅有在研究者重複驗證確認後，才可完全被採納；（8）科學的特徵是，理論會持續而穩定的改進，不斷替換掉有缺失或不完全的理論，並解答前人的難題。

如果依據這些條件來判定的話，大部分人都會同意生物學和物理、化學一樣，合乎科學的標準。但生物學是否只是局限性的科學，因此並不具有和物理學同等的地位呢？「局限性科學」最早是與「共通性」相對的反義詞，意指生物學只處理特定的對象，無法

從中歸納出共通的定理。曾有人說，物理學的定律是沒有時間與空間限制的，將它放諸仙女座星系時，和在地球上一樣通行。相對來說，所有已知的生命型態僅存於地球上，而時間也不過三十八億年，哪能和大霹靂距今一百多億年的浩瀚光陰相比！

孟森（Ronald Munson）有力的反駁了上述詭辯，他指出，沒有任何一則生物學定律、理論或原理，應用在特定的時間或空間上時，有其局限的範圍或類別（Munson, 1975）。生命世界的確存有許多獨特的性質，但我們仍可從種種獨特現象中釐出一些通則；這就像每一道洋流都是獨特的，海洋學家仍能從中建立有關洋流的定理一樣。如果爭辯的焦點只是因為已知的生命型態僅存在地球，而剝除生物學原理的共通性的話，我們在此不得不問：「何謂共通性？」由於無生命物質也存在於地球之外，因此任何探討無生命物質的科學必須行之於外太空，才能符合共通性的標準。而生命，至今證實僅存於地球，生物學的定理和原理在生命棲息的領域，亦即地球上皆可適用，我實在看不出有任何理由，非要對一放諸其應用範圍皆真的原理，扣留其「共通性」的稱謂。

當人們談及局限性科學時，更常見的涵義是視生物為物理、化學的附屬子集，並認為生物學的發現最終都可簡化為物理、化學原理。相對的，支持生物學具獨立自主性的人士則辯稱：真正讓生物學家興趣盎然的生命組成要素，是無法分解化約成物理及化學定律的。再者，物理學家探討的自然世界，與研究生命的生物學，或其他物理學之外的科學，都無重疊相關之處，那麼就此層面看來，物理學不是也和生物學一樣同屬局限性科學嗎？我們沒有理由只因物理學是最早組織其思想體系的科學，就獨尊它為一切科學的範本，生物學是物理學的稚幼手足，歷史因素並不足以使物理學更具共通

性。除非我們能接受科學包含了眾多獨立的範疇，物理和生物學都是其中的一部分，才有可能成就和諧統一的科學，否則欲將範疇之一的生物學，硬性簡化歸類在另一範疇下（物理），將會徒勞無益，反之亦然。[24]

十九世紀末和二十世紀初期，有許多人試圖推動科學的統一運動，這些人士大多是哲學家，而非科學家，他們並不了解科學的異質性，即便是物理學也可分為基本粒子物理、固態物理、量子力學、古典力學、相對論、電磁學等科目，就更別提還有地球物理學、天文物理、海洋學、地質學等相關的領域了；想到生命科學的子學門時，數目更是以指數式增加，要想將所有科學領域簡化為單一的標準，在過去的七十年間一再被驗證是不可能辦到的事。

因此，讓我們重申上文討論的結果：是的，生物學如同物理和化學，符合科學的標準，但生物學並不完全等於物理和化學，它應該是一門具有與物理同等地位的獨立科學。然而儘管不同科學學門各具特色，並有一定程度的獨立性，我們卻不能因此認定它們不享有一些共同性質。因此生物哲學家的任務，將是找尋出生物學與其他科學共有的性質，這項工程不僅是從方法學著手，還需兼顧原理和觀念，再由這些共同特性出發，應可訂定出統一的科學觀。

科學所關心的事

曾有人說，科學追尋的是真理，但其他非科學家也同樣如此信誓旦旦的宣稱；這個世界和世界之內的所有物體，是科學家好奇探索的領域，但這也是神學家、哲學家、詩人和政治人物心繫之所在。我們要如何區分科學家與非科學家所關切的主題呢？

科學與神學之不同

科學與神學的歧異大概是最容易區別的，因為科學家從不假借超自然因素來解釋自然世界的運轉，也不依賴神的諭示來了解世界。人類早期嘗試解釋自然現象時，特別是災難的成因，無可避免會假托超自然的力量和神祇；即使到了今天，許多虔誠的基督徒仍相信上天的啟示和科學一樣，都是真理的來源。事實上，雖然所有我知道的科學家，私下也都有宗教信仰，但他們並不會言及神諭或超自然現象。

科學與神學另一歧異的性質，則是開放性。宗教的特色就在其不可侵犯，尤其是強調神諭的宗教（例如猶太教和基督教），常只因對經文中一個字的不同詮釋，就可能導致新教派的源起。這種情形與科學恰巧相反，在活躍的科學領域中，幾乎所有理論皆有不同的版本，並不斷推陳出新，任一時刻，你都可找到多樣化的意見。科學的發展正有如達爾文演化論的過程：假說的形成與驗證需經歷不斷的變異與選擇，才能促成科學的進步（請見第5章）。

儘管科學界對新現象新理論虛懷若谷，但我們仍不得不承認，所有科學家在研究自然世界時，胸中早存有一套「第一原理」，在這些公認的原理中，有一項假設認為，有一個真實的世界獨立於人類的認知之外。這項假設又稱為客觀性原理（以相對於主觀），或常識實在主義（請見第3章）。這並不意味著每位科學家總是能客觀面對問題，或人類可保有絕對的客觀態度；它真正的涵義是有一客觀的世界存在，不會受到人類主觀意識的影響。我們可以說，即使不是所有科學家都相信這項原則，也有絕大部分深信如此。

此外，科學家假定這個世界不是紊亂無序的，它具有一定的結

構，而這結構的性質將可做為研究調查的工具，「驗證」正是所有活動中最重要的工具。所有的新事實、新解釋，都需經過不同的研究者以不同的方法一次又一次的反覆測試。每一次的確認都增加了該事實（或解釋）為真的機率，每一條反證或辯駁則強化了競爭理論正確的可能。這種鼓勵挑戰、包容歧見的氛圍，是科學最顯著的特質；面對較佳的新觀念時，即願捐棄當前既有的信仰，是科學與宗教最迥異之處。

　　科學在驗證真理時所採用的方法，會依據對象是事實或仍是解釋而有所不同。例如，曾有人懷疑在美洲和歐洲間的廣袤海域上，還有另一片大陸的存在，但在十五世紀末和十六世紀初的航海熱潮期間，橫越大西洋的船隻對並未發現這片大陸，它存在的事實就愈來愈令人懷疑了；在整個海洋學堪輿完成後，甚至到了二十世紀更令人信服的衛星照片出爐後，這片想像中的大陸也就不攻自破。在科學領域中，面對事實問題時，通常可以確立對錯或是否存在，但當驗證的對象是一項解釋或理論，絕對真理就不是那麼容易建立了。生物因天擇而演化的理論，經過了百年的時間，也未能完全讓科學家信服；即至今日，某些教派仍拒絕接受演化論，就是最好的例證。

　　科學家預存的第三項假設是，物質宇宙中所有的現象，其歷史和因果關係都是連續的。他們研究存在或發生於物質宇宙中的事物，絕不踰越物質世界的藩籬。神學家或許對自然世界也充滿了興趣，但他們通常還相信靈魂、精神、天使和神祇所盤據的超自然境域，並相信天堂或涅盤是信仰者死後的休息所在。這樣超自然的解釋就超出了科學的範疇。

科學與哲學的不同

劃分科學與哲學要比區別科學與神學困難許多，科學家和哲學家為了這個問題劍拔弩張，對峙了整個十九世紀。在古希臘文明中，科學與哲學原是一體的，兩者的分裂則始於科學革命時期。儘管如此，在康德、惠衛耳和赫歇耳之前，許多對科學有卓越貢獻之士，也同時身兼哲學家。稍後如馬赫和祝瑞胥，則是由科學界出身，而後轉入哲學的研究。

或許在哲學和科學間，其實並沒有清楚的分界吧！追尋真理、發現事實，顯然是科學的使命，但其間也有和哲學重疊之處；許多科學家認為，構思理論、歸納通則和建立理論架構，是他們職責的一部分，事實上，這也是使他們成為真正科學家的要素；然而許多科學哲學家也深感理論和觀念的形成應屬哲學的版圖。不管是好是壞，這項工作近幾十年來已由科學家接手，許多生物學家發展出來的基本觀念，稍後也為哲學家接納，融入哲學的觀念中。

為了取代從前主要的研究主題，科學哲學家開始找尋科學家在回答「是什麼」、「為什麼」、「如何」等問題時的規則，並對闡釋理論或觀念形成時所依據的原則深入探究。與科學相關的哲學領域如今強調的是驗證的邏輯，以及說明解釋的方法學（請見第3章）。就不好的層面來看，這類哲學型態易流於邏輯思想的拆解和語意的詭辯，好的影響則是它迫使科學家趨向嚴謹負責的態度。

雖然科學哲學家常聲明，他們的方法論的規則純為說明性質，而非規範，仍有一些科學哲學家認為，決定科學家應做些什麼，是他們的責任。可惜通常科學家並不注意這類規範式的建議，而會選擇他們認為能最快推導出結果的方法，至於科學家採用的方法，則

會依案例不同而異。

　　或許科學哲學家所犯的最大錯誤，是將物理奉為科學之圭臬，這使得所謂的科學哲學最後淪為物理哲學。一直到數年前，受到擅長生物哲學的年輕哲學家影響，這種情形才逐漸有所改善。今日哲學與生物學的密切關係，可由《生物與哲學》期刊明顯看出。透過這些年輕哲學家的努力，生物學所用的方法和概念，如今已成科學哲學的重要元素。

　　這是哲學界與生物學界都欣於見到的發展。能夠彙整自己對自然的觀點，並對哲學思想有所貢獻，相信是每一名科學家的目標。倘若哲學一直囿限於物理的定律和方法，生物學家就無從參與這項重任。幸好，情況已有了轉機。

　　生物學的融入，對科學哲學發揮了根本的影響，也使得許多科學哲學的教條做了相當的修正，我們將會在第3、4章中詳述。這些修正包括了廢除嚴格僵化的決定論、放棄對共通定律的依賴、接納機率性的預測和歷史性的敘述、尊重觀念對建立理論的重要性、表彰族群的觀念及個體的角色等。因現今機率論的優勢，原本建立在類型模式假設上的邏輯分析，開始顯得搖搖欲墜，而在笛卡兒之後就一直是哲學家追尋目標的絕對必然性，其重要性也日漸式微。

科學與人文的不同

　　由於從前的學者常傾向忽視科學和人文領域的異質性，使得在思考科學與人文的歧異時，產生了許多誤解。物理與演化生物學兩科學學門間的差異，可能要較歷史與演化生物學的差異還大。而就人文領域的異質性來說，文學評論顯然和其他人文範疇並無相通之處，和科學的關係就更薄弱了。

斯諾在1959年出版《兩種文化》（*Two Cultures*）一書，所描述的其實是物理與人文間的隔閡。就像同一時代的其他哲學家或科學家一樣，斯諾狹隘的假定物理足以代表所有科學範疇，他精確指出物理和人文間有著巨大的鴻溝。物理學研究的問題中，沒有銜接道德、文化、心靈、自由意志或其他人文學科所關心的議題，斯諾譴責這正是造成科學家與人文學家疏離的原因。然而斯諾並不知道，這些人文議題卻與生命科學有實質的關聯。

同樣的，當卡爾（E. M. Carr）將歷史與科學比較一番後，他列舉了五則相異點，卡爾認為：（1）歷史只處理獨特的案例，科學面對的是一般事件；（2）歷史不教人新知；（3）歷史無法像科學一樣做出預測；（4）歷史是主觀的，科學是客觀的；（5）歷史觸及宗教與道德議題，科學則否。卡爾無法看清，上述差異只對物理和功能性生物學有效（Carr, 1961）。卡爾在第1、3、5項中對歷史的陳述，同樣可套用在演化生物學上。卡爾自己承認，有些陳述（例如第2項）即使對歷史來說也不完全真確。換句話說，一旦將生物學納入科學的範圍後，科學與非科學間的尖銳分野就不存在了。[25]

科學與人文的失和，常歸咎於科學家不重視人的要素。其實，科學家不應承擔所有的罪名。某些基本的科學發現，特別是演化生物學、行為學、人類發育學或體質人類學，是大部分人文工作者應具備的知識。然而有太多人文學家並不吸收這類知識，並在著作中顯露出令人尷尬的無知，許多人會以「我無法了解數學」為搪塞的藉口，但事實上，這些生物領域很少牽涉到數學，達爾文的《物種原始》或我的《生物學思發展的歷史》（*Growth of Biological Thought*）都完全沒有用到任何數學公式。了解人類生物學應該是人文研究中不可或缺的要素，就拿從前隸屬於人文範疇、如今劃分

在生物領域之下的心理學來說，無論是歷史學家在鋪陳往事，或文學家在嘔心創作時，若對人類行為學沒有相當的認識，又要如何著書立言呢？

斯諾就確切的強調這一點。許多人對即使最簡單的科學事實，都有可歎的無知。舉例來說，有許許多多的作者，仍在描述他們無法相信動物眼睛的形成是一連串意外的結果；這樣的陳述就顯出書寫者對天擇的不解。天擇絕非偶然的意外，相反的，那是一種反抗機會的過程，演化的改變肇因於個體的某些性質適合生存於當前環境，使該項特質透過生存優勢和繁殖速率（也就是經過選擇）在後代的數量聚積增加。機會在演化過程中的確有部分功能，達爾文也深知這一點，但推動演化的主要機制——天擇，絕不是意外過程。

當人文學家被迫面對政治難題時，對生物學的無知更是一大傷害。全球人口膨脹、傳染病的擴散、自然資源的耗竭、氣候惡化、農產需求的增加、自然環境的破壞、犯罪行為的擴張、教育體系的崩壞，無一不與科學，尤其是生物學息息相關。可惜，我們太常見到這些重大議題就在政治人物的無知中進行。

科學研究的目標

我們常會遇到這樣的問題：「為什麼要研究科學？」或「科學研究能帶來什麼益處？」答案大致可分為兩類，第一是滿足人類無止盡的好奇心，及想要更了解所處世界的慾望。這是讓科學家醉心科學的主要原因，他們憑藉的信念則是，任何哲學或意識型態的理論，就長遠來看，都難以和科學對了解世界所做的貢獻相比。

能對了解世界有所貢獻，是科學家成就感的泉源，是振奮愉悅

的原因。雖然大眾注目的焦點常放在科學新發現，其中運氣又占了很大的因素，但是能穿越許多思想的屏障，融合種種從前看來不相干的事實，而成功發展出新觀念或建立新的理論基礎，所獲得的快樂，更是筆墨難以形容。這種滿足可以彌補平時不斷蒐集資料的枯燥無聊，可以補償因理論無效所帶來的沮喪、難堪，可以抵消研究某些題目無所成就的挫折感，以及其他種種挫折。[26]

第二類的科學目標則截然不同，是要利用科學控制這個世界的力量和資源，其中又以應用科學家（包括醫學、公共衛生、農業學界人士）、工程師、政治人物和一般市民會抱持這類想法。然而政治人物和一般選民經常忘記，要解決汙染公害、都市化問題、飢饉或人口爆炸的問題時，光是治標是不夠的，就像阿斯匹靈無法治癒瘧疾一樣，如果不追根究柢查出問題根源，是無法化解社會和經濟問題的。而如何才能消除種族歧視、犯罪率的升高、毒品的成癮、遊民及其他類似問題，更視我們對這些問題背後的生物學根源有多少了解。

科學的兩大目標——滿足好奇心和改善世界，並不是毫不相干的兩件事，因為即使是應用科學，尤其是與公共政策制定相關的科學，都倚賴基礎科學的發展。對大部分的科學家而言，更主要是受到了解世界複雜現象的慾望所驅動。

然而，無論是基礎科學或應用科學，凡是涉及研究目標的討論，總會伴隨價值的問題，例如，當我們了解像「超導超級對撞機」或太空站等巨型科學計畫的有限收穫後，我們的社會能負擔到什麼樣程度？又如在進行動物實驗時，特別是利用如狗、猴子、猩猩等哺乳動物時，如何才不會踰越道德的標準？以人類胚胎為實驗材料，是否可能引發不合倫理的危險？人類心理學或臨床醫學實驗

是否會對試驗對象造成傷害？

在物理學主導的年代中，科學無需考慮價值問題，因此在
1960 年代的學生暴動中，某些憤慨科學這種傲慢態度的團體吶喊
著「推翻這毫不考慮價值問題的冷血科學！」自從遺傳學和演化生
物學興起後，科學發現和科學理論對價值觀的衝擊愈來愈明顯。許
多達爾文主義的反對者，像是達爾文的老師塞吉威克就指控達爾文
摧毀了人類道德價值，即使到了今天，仍有神創論者攻訐演化生物
學，他們相信演化觀念破壞了基督教神學的價值；二十世紀的優生
學運動顯然是受到人類遺傳學的影響；還有社會生物學在 1970 年
代備受攻擊，也是因它倡導的某些政治價值不見容於對手。幾乎所
有主要的宗教和政治思想體系都支持某些源自科學的價值觀，但也
同時擁護其他與科學發現不合的價值觀。

費爾阿本和其他當代作者曾大膽假設，一個沒有科學的社會，
將會是一個更舒適的社會（Feyerabend, 1970）。我不能確定這是否
為真，沒有科學的社會，汙染、汙染帶來的癌症、擁擠，或其他龐
大社會的惡性副產物固然會減少，但也會有較高的嬰兒死亡率、
較短的平均壽命（大約只有三、四十年）、無法逃避夏天窒悶的熱
浪、無法免於冬天嚴酷的冰雪。當我們抱怨科學帶來害處時，很容
易忘記它所提供的其他種種益處，特別是農業和醫學的貢獻。所
謂邪惡的科學或技術，大部分是可避免的，科學家也知道該如何消
除，然而科學家的知識必須在轉化成可實施的法律後，才能發揮效
用；而這些知識卻常被政治人物和選民摒棄於門外。

我個人對科學的看法則與巴柏一致。巴柏曾說：「除了音樂
和藝術之外，人類精神層面上最偉大、最優美、最能啟發人心的成
就，就屬科學了。我憎惡時下知識份子一窩蜂抹黑科學，我讚嘆當

代生物學家完成的偉業；他們透過醫學，幫助這美麗地球上的每個受苦受難者減輕痛苦。」

科學家也是人

當你聽到「科學可以辦到這些」或「科學無法解決那些問題」時，真正的涵義是科學家能或不能完成某些事情。一名好科學家應是虔誠獻身於科學，有高度的進取心，細心謹慎，坦誠大方，並能相互合作。然而科學家也是人，並不總是能符合這些理想，而來自科學以外的政治、宗教或經費的因素，亦會影響科學家的判斷。

科學界有其獨特的傳統和價值觀，他們由良師、同儕或其他崇敬的偶像那兒，學習到不可作假，不可撒謊，也學習到當競爭對手優先做出發現時，應該將適當的榮耀歸於對手。一名好科學家會不屈不撓為自己的理念原創權辯護，在適當時機勇於批評；但實際上，科學家也常常會急於討好研究領域中的領導人，有時候還屈服在權威之下。

科學家若偽造任何數據，遲早會被發現，那時就是他科學生涯的終結。因此，欺詐在科學界絕不是求生存的選擇。「不一致」可能才是科學家比較常犯的錯誤，而且幾乎沒有人能完全避開這個盲點。萊伊爾在《地質學原理》一書中暢述均變說（又稱天律不變論），而深深影響了達爾文的思想，然而萊伊爾在同期提出的物種起源理論，卻又是如此與均變理論不符。即使是演化學大師達爾文，也有前後矛盾的毛病，達爾文以族群的觀念來解釋生物經由天擇以適應環境，但在談到種化作用時，卻又採用古代類型學的語言來討論。拉馬克也曾大力宣稱自己是嚴格忠實的機械論者，要全力以機械論點中的因果和力量來解釋所有的事物。不過在現代讀者眼

中，拉馬克在探討演化改變會無可避免趨向完美時，仍下意識的信奉非機械論的完美原理。在達爾文的信徒中，沒有人比華萊士更賣力提倡天擇觀念的了，但當要將天擇套用在人類演化上時，華萊士還是臨陣脫逃了。

科學家在自己假說和發現中的一些瑕疵，顯然是受困於一廂情願的想法。例如有一位早期研究者發現人類有 48 條染色體，後續的研究者紛紛證實了這項發現，因為 48 是他們在觀察時心中預期的數字，一直要到三種不同的新技術問世後，人類具有 46 條染色體的事實才塵埃落定。

鑑於錯誤和前後不連貫是科學界普遍的現象，巴柏在 1981 年提出了一套職業倫理供科學家參考。第一，科學界沒有權威的存在，因為科學的論斷遠遠超過任何人的統馭能力，包括所謂的專家。第二，任何時期，任何一位科學家，都有可能犯錯，我們必須找出錯誤，並分析錯誤的原因，以從中學習，試圖文飾錯誤是不可原諒的罪行。第三，自省固然重要，有些人可以幫助自己發現、更正錯誤，他們的批評也應該虛心接納；當他人提出質疑時，應予以致謝，他們能讓我們了解自己的盲點。最後，在指出他人錯誤的同時，也必須警惕自己可能有誤解。

科學家最主要的報酬，就是他在同儕間建立起來的威信。聲譽的建立則來自其科學發現的重要性和他對理念架構的貢獻。為什麼同儕的肯定如此重要呢？為什麼有少數科學家會試圖抹黑同儕或對手呢？科學家做出貢獻後會得到怎樣的回饋呢？科學家彼此之間，和科學家與社會上其他人的關係為何？上述問題在社會學的討論中都曾提及，其中又以默頓的論文最為重要。如同默頓所揭櫫的，現代科學大部分是經由研究團體共同完成的，而合作的聯盟常

是服膺相同教條才串聯起來的。[27] 儘管科學界中有某種程度的傾軋排擠，但二十世紀後半期，外界所感受到的卻是科學家社群的和諧一致。

這種情形尤其反映在科學的國際化上。英語很快就成為科學界的共同語言，在北歐、德國、法國等國家，重要的科學期刊都採用英文標題，論文主要也以英文撰寫。科學家在造訪其他國家時，例如美國科學家訪問俄羅斯或日本，與科學界的同僚共處時，都會感覺有如身處自己家中一樣。近日發表的科學論文，合作者更常來自不同的國家。一百年前，科學文章或書籍常帶有明顯的國家色彩，這種現象如今愈來愈罕見了。

能取得一定地位的科學家，往往是頗具企圖心並辛勤工作的人，從來就沒有所謂「朝九晚五」的科學家，許多科學家一天工作將近十五到十七個小時，或至少在事業生涯的某一階段是如此。然而由他們的傳記可以發現，大部分科學家興趣廣泛，有些甚至是業餘音樂家。但就其他方面而言，科學家也像任何團體一樣，有形形色色的組成份子，有的人外向，有的人內向，有的多產，有的則專注於撰寫少數重要的書籍或論文。我想並沒有一定的個性和性情來刻畫典型的科學家。

傳統上，會成為生物學家的人，不是經由醫學教育，就是因從小愛好自然。現代許多年輕人更是常能從媒體的介紹，認識到生命科學的多采多姿，像是電視上的自然影片、造訪博物館（尤其是恐龍化石的陳列大廳，更是吸引大量人潮），或透過教師的啟發。還有成千上萬的年輕鳥類觀察者，他們可能也會和我一樣，成為專業的生物學家。

無論啟發的途徑為何，最重要的成分是有一顆對生物歡喜讚嘆

的心，大部分生物學家終其一生都保有這種感覺，他們從未遺忘科學發現帶來的振奮，無論是實驗上或理論上的發現，也從未喪失對追尋新思想、新視界、新生命的熱愛。生物學中有太多因素都與個人環境及價值直接相關。我想，做為一名生物學家，並不代表擁有一份工作，而是意味著你選擇了一種生活方式。[28]

第 **3** 章

科學如何解釋自然世界？

大多數的科學家和科學哲學家基本上均同意，
科學是一個雙重步驟的過程，
第一步是新事實、新例外、新衝突的發現，
然後以假說、臆測或理論解釋之；
第二步則是測試、驗證這些理論。

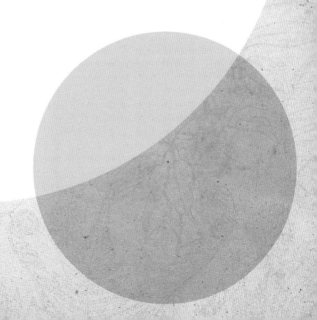

　　人類最早嘗試解釋自然世界時，常訴諸於超自然力量。從最原始的泛靈論，到偉大神聖的一神宗教，任何令人費解迷惑的現象都歸因於神靈或上帝的施為。古希臘人則另闢蹊徑，他們想以自然力量來解釋觀察現象，於是西元前六世紀，哲學應運而生，並逐漸擔負起解釋世界的任務，並嘗試建立理想的知識架構。雖然形上學在其中仍然扮演重要的角色，但希臘人的解釋主要還是依據觀察和思考。從那時開始，科學哲學逐漸發展成我們今日所認識的模樣。

　　另外還有一種嘗試則是在科學革命時興起的科學方法。超自然、哲學和科學，與其說是三個連貫相接的時期，不如說是獲得智識的三種互補方法。從人類思想的演變來看，這些方法相生相衍，中間並無明顯間隔或斷層，許多像康德之流的偉大哲學家，都曾將上帝納入他們的解釋體系中；達爾文之前的生物學家，大多能接受上帝為解釋的一部分。在科學興起之後，哲學繼續繁榮昌盛，只是改變了研究目標。當科學逐漸脫離哲學的束縛時，哲學家則開始省思科學家的成果，分析科學家的活動。

　　「科學最終的目標，是增進人類對世界的了解」，這是科學家和哲學家都一致同意的論點。科學家會針對未知現象提出問題，並企圖尋求解答。最早提出的回答，稱為臆測或假說，是暫時性的解釋。那麼什麼樣的回答可以成為真正的解釋呢？當我們在日常生活中遇到了困惑的情形時，最常見的解決之道是運用已知或合理的說法來解釋。例如月食是因地球的陰影所造成；又譬如南美洲的加拉巴哥群島與南美大陸之間並無任何銜接，因此這些火山島上的動植物，必定是經由海水的散布而來。但僅是合理的推測仍嫌不足，我們還必須確定答案的正確性，或者在現有的知識下，使答案愈接近真實情況愈好。科學家的這項目標也正是哲學家的目標。

從古希臘時期到現代，哲學家所爭論的，就是要如何建立和驗證人類對自然世界的解釋。許多哲學家竭盡心力，條列整理出一些原則，我們遵循這些原則，即可增進對世界的了解（或更常說成發現真理）。參與這項工作的哲學家有笛卡兒、萊布尼茲、洛克、休謨、康德、赫歇耳、惠衛耳、米爾、傑文斯、馬赫、羅素、巴柏。奇怪的是，有史以來最偉大的哲學家達爾文，卻很少被提及[29]，然而，現代生物學中有一大片領域，實際上是由達爾文所創建的。

哲學家的用意，是想要從他們的角度忠實報導科學家所運用的方法？還是試圖教導科學家應該如何建構和測試解釋，以使科學家的發現更能符合「良好科學」的條件呢？[30] 倘若情形是後者，哲學家的期望可能就要落空了。我從來不知道有哪位科學家在擬思理論時，會受到哲學家提出的標準所影響。科學家通常全心投入研究之中，很少在意方法學有什麼精妙論點，不過巴柏的「反證的堅持」（insistence on falsification）卻是唯一的例外（請見下文），這項原則雖然很難施行，但廣受生物學家的認同。

既然自科學革命以降，科學就勢如破竹，獲得空前的勝利，為什麼今日的哲學家仍憂心忡忡，關切科學家要如何建立和測試他們的解釋呢？當然，錯誤的科學理論偶爾會被採納，但很快就會在競逐中為對立學說所駁倒，重大科學理論被推翻的情形幾乎是微乎其微，因此整體說來，科學主張的可信度是毋庸置疑的。吉爾（R. N. Giere）認為，哲學家持續擔憂不已，是延續了科學革命時笛卡兒懷疑論的精神（Giere, 1988）。

當大眾媒體每日以聳動的方式報導科學界某項新發現可挑戰既有理論時，常誤導一般人以為科學無法確定任何事物的真相。然而事實正好相反，科學界中有許多超過五十年，甚至一百年的老理

論，曾經歷再三反覆測試後，仍屹立不搖。即使是頗具爭議性的演
化生物學，由達爾文在 1859 年所樹立的基本觀念架構，也是無比
強韌，過去一百多年來，想要推翻達爾文主義的嘗試無以計數，但
均鎩羽而歸。其他生物學領域的情形大多亦然。

　　儘管如此，我們必須承認，人類的感官難免受騙，思考推理更
是容易犯錯。因此審查科學家獲得知識的方法，建議科學家以最可
靠的方式來歸納和測試理論，的確是哲學界通情達理的任務。而哲
學範疇中處理人類知識及如何獲得知識的學說，就是知識論，可說
是目前科學哲學界最關切的主題。[31]

科學哲學簡史

　　知識論興起的時間和成因，與科學革命息息相關，並不令人意
外。由於當時天文和力學是顯學，因此觀察和數學在知識論中備受
重視，培根和笛卡兒（倡導幾何學）均是知識論的傳道者。

　　經由培根的鼓吹，歸納法成為確立的科學方法達兩世紀之久。
依據歸納法，科學家在發展理論時，心中不需預存任何假設或期
待，只要單純記錄、測量和描述觀察結果。當十九世紀歸納法盛行
於英國時，連達爾文也自詡為培根的真正繼承人，然而事實上達爾
文卻多少引用了假設演繹法*。[32] 達爾文後來也取笑歸納法，說那
些相信歸納法的人很可能會跑到碎石坑裡算著石頭數目，並描述石
頭的顏色！

＊ 譯注：假設演繹法（Hypothetico-deductive approach），根據觀察訂定假設模型，
　而後依模型推測結果，以驗證假設的真確性。

最早有一批有知科學家勇敢否定培根的歸納法，李比希是其中之一，他提出令人信服的主張，沒有任何科學家曾經或能夠完全遵循歸納法，因為歸納法本身無法產生新理論（Liebig, 1863）。李比希犀利的批評，終結了歸納法的王朝[33]，從此若稱呼某人為歸納主義者（或集郵者），都會被視為有毀謗譏諷的意味。然而批評這項經驗法則的人忽略了一件事實：數據是任何科學研究不可或缺的後盾，應被非難的並不是蒐集事實的動作，而是科學家如何利用這些事實來建構理論。在某些仰賴歷史敘述的科學領域（尤其是生物學），今日所用的核心方法基本上仍是歸納法。

到了十九世紀時，由於弗雷格和其他邏輯學家及數學家的著述，邏輯成為影響數學和物理哲學的主要元素；從物理學基本定律均偏重數學公式即可明顯看出（Frege, 1884）。但對充斥了多元論、機率論、定性分析、歷史現象，且無基本定律的生物學來說，邏輯並不適宜做為主導要素，因而造成照著物理學量身定做的科學哲學不能適用於生物學。

實證與反證

邏輯經驗主義是主導二十世紀英美科學界的主要哲學思想，衍生自 1920 和 1930 年代由萊亨巴赫、石里克、卡納普、費格等人組成的維也納學派所倡導的邏輯實證主義。邏輯經驗主義建立在三項基礎上：（1）二十世紀數學家和邏輯學家的成果；（2）由休謨提出，後經米爾、羅素和馬赫相傳的古典經驗主義；（3）物理學，特別是在相對論和量子力學發現之前的古典物理。

在邏輯實證主義的背書下，傳統的假設演繹法成為科學驗證的主要工具。而反覆測試更是評定一套理論的最佳方法。倘若測試的

結果肯定這套理論，科學家可說該理論已通過了驗證；驗證可強化理論，有時也可導致建設性的修正。但是我們千萬不可以為，驗證即等於證實理論為真，有時候一套錯誤的理論仍有可能通過演繹測試法的驗證。[34]

巴柏也同意邏輯實證主義者的觀點：愈能通過各項嚴格的獨立測試的理論，愈能令人滿意。但巴柏同時還堅信，反證是排除無效理論的最佳方法，如果一則理論無法通過測試，也就證明為偽。然而反證不是容易的事，並不像證明二加二不等於五一樣，反證對於測試機率性理論（包含大部分的生物學理論）更是不妥。在機率性理論下，隨機出現的單一例外未必即能構成反證。而一些像是演化生物學的領域，必須依賴歷史敘述來解釋特定的觀察，要毅然證明這樣一套理論的真偽，幾乎是艱難而不可能的事。「單一反證即足以廢除一則理論」這樣武斷的陳述，對建立在基本定律上的物理學來說可能適用，但卻不能直接套在演化生物學上。[35]

科學解釋的新模型

現代科學哲學起源於 1948 年由漢培爾和歐本翰合撰的一篇論文，而在 1965 年漢培爾精心闡述其論點後，揭開序幕。漢培爾在論文中揭櫫了科學解釋（也就是科學說明）的一種新模型，他稱為演繹律則模型，該體系在 1950、1960 年代達到全盛時期，被公認為標準觀點。

演繹律則學的基本概念大致如下：對於任一事件的科學解釋，必須能夠從一些公理和特定觀察結果演繹推論而得。根據這一觀點，科學理論成為一種「公理演繹系統」；在這系統中，公理就像律法一般規範著演繹推論的過程。

　　原始的演繹律則模型很像類型思考方式，且帶有濃厚決定論的色彩，但很快就經過修正，以因應機率或統計定律。每一年都不斷有新論文、新著作發表，提出這「標準觀點」中所含的實際和可能錯誤的更正之道，有些提出時宛如是全新理論一般，但追根究柢，它們都衍生自漢培爾的原始模型。

　　其中有一個稱為「理論結構之語意觀念」（semantic conception of theory structure）的修正版本 [36]，由比提（John Beatty）所提出（1981, 1987），主張一則理論即等於一個系統的定義，而理論的應用即為該理論的範例；理論的應用可能受到時空的限制，也可能不受時空限制，理論既不是概括性的，也不是永久的，它可以兼顧多元解答和演化改變。生物學中的公理很少不受時空限制，因此最後一個論點對生物學來說極為重要，由於這種語意理論忠實呈現了理論形成過程的演化特性，使得比提、湯普森（P. Thompson）、羅伊德（Elizabeth Lloyd）和其他哲學家都欣於採納。[37]

　　雖然這項理論避開了標準觀點的數個缺點，但對真正在構思理論的生物學家來說，仍有兩項難題：第一，當有人尋求語意理論方法的定義時，可能會從不同的語意學學者處得到差異極大的版本；第二個阻礙則是生物學家要如何運用此種觀點？哲學家在此提供的是有關科學家已發展出來的理論的現況敘述，但這段敘述並不足以形成規範，以教導生物學家如何發展新理論，至少在我看來是如此。而且在什麼樣的情況下，科學家所提出的學說會無法達到語意理論所敘述的標準呢？因此儘管和已過時的標準觀點比較起來，語意理論有許多顯著的優點，但由於無法回答上述問題，使我覺得這是語意方法不能為生物學家所接受的原因。現在科學家愈來愈重視的觀點是：（1）一個理論的評價不應單純取決於邏輯規則；（2）理

論的合理性必須要以比歸納法或演繹法所提供的邏輯還更寬廣的方式來建構。

　　二十世紀的每一種解釋體系都享有過十年以上的時尚，之後才有所修正，或為全新的體系所取代。[38] 雖然科學哲學在 1980 年代尤其活躍，但這些活動並未讓哲學家對如何建立和測試科學解釋取得共識。薩蒙（W. C. Salmon）在他所做的調查中曾寫道：「在我看來，目前至少有三個有力的思想學派，即實用主義派、演繹法派和機械論派，它們短期內是不太可能達成具體協議的（Salmon, 1988）。」

發現與證明

　　大多數的科學家和科學哲學家基本上均同意，科學是一種雙重步驟的過程，第一步是新事實、新例外、新衝突的發現，然後以假說、臆測或理論解釋之。第二步則是測試驗證這些理論。

　　對哲學家而言，通往新理論的開端是構思可以解答謎題的假說和推測，而下一步驟則是對這項假說進行嚴格的測試。但是對參與實際工作的科學家而言，起始點在更早之時，可向前推至他投入觀察和描述的最初階段。當科學家遇到從未解釋過的例外或不規則現象時，首先會提出疑問，再經由疑問引導出可能的假說和臆測。

　　每一位科學家偶爾會對某一項觀察的涵義和解釋有一些猜想，但只有在成功測試過這些猜測之後，才能將科學發現升格為「事實」。驗證是指測試假說、臆測或理論的方法，要禁得起邏輯分析，於是「驗證」這一步驟便成為科學哲學家念茲在茲的課題。由於發現這一步驟很少依循邏輯自前例而來，因此哲學家傳統上並不

將發現列入研究範圍，反而常將其歸因於機會、心理因素、時機，或更糟的是歸到社會經濟條件上。

舉例來說，巴柏就曾斷言：「一個人如何產生新觀念……與科學知識的邏輯分析並不相干；後者通常不涉入發現事實的問題……但卻關切驗證與確定的過程（Popper, 1968）。」然而在科學家眼中，反駁一項錯誤假說所用的方法，卻是旁枝末節的瑣事，而新事實的發現或新理論的形成，才是科學最重要的根本。[39]

理論形成的內外因素

沒有哪一位科學家是活在真空狀態的，科學家置身於理性、心靈、經濟、社會和科學的環境，這些因素對他所發展的理論會有什麼樣的衝擊呢？

知識史學家傾向認為，內在因子（科學界的內部發展）是影響新觀念新理論的主要因素；社會史學家則偏好外在因子，也就是社經環境的影響。但整體看來，社會學家的努力並不太成功。[40] 像達爾文和華萊士兩人的社經背景就有天壤之別，然而卻分別發展出相同的演化學說，即充分證實外在因子的無關緊要。事實上，我也不知道有任何證據，可以支持社經因素對某項生物理論有所影響。[41] 不過，反過來說卻是事實，科學或偽科學理論時常為政治人物所利用，以推銷他們所謀思的特殊議題。[42]

言及外在因素時，我們必須區分清楚社經因素與時機因素，或知識氛圍的不同。因為知識氛圍對新理論提出時的影響雖微，但在與既有信仰相衝突的知識轉變過程中，卻有極嚴重的阻礙效果。這就是為什麼達爾文的天擇說會遭遇到頑強抵抗的原因，在生物學家居維葉或阿格西的觀念架構下，是無法容納演化學說的。[43]

測試

　　科學家要如何判定其新假說的真確性？答案是對假說進行一些
測試。哲學家如何了解一項理論的好壞？答案也同樣是利用測試。
然而科學家所做的測試，與哲學家所用的測試，有時卻有極大的
差異。哲學家在測試過程中所依據的規則，往往比科學家更為嚴
格。[44] 但哲學家採用哪一套規則，會因所屬的學派而有別。

　　舉例來說，邏輯實證主義盛行後，科學哲學家強調的是學說
的預測能力，愈好的學說愈能做出正確的預測，在此預測指的是提
供一組既定因素時，我們能預期會有何種結果。這種哲學中的邏輯
性預測，與日常生活中預言未來的時序性預測是不同的，許多作者
（包括我個人從前在內）都曾把這兩種預測混為一談。科學很少能
做出時序性的預測，即便是物理學也一樣，人類無法推知未來的演
化途徑，就像恐龍在白堊紀初期時是最成功的陸生脊椎動物，又有
誰會知道牠們在白堊紀末期時，會因隕石的撞擊而告滅絕呢？

　　生物學家就像物理學家一樣，在測試過程中會檢驗預測並尋
找例外，但生物學家較不會因偶爾預測失敗而心煩意亂，因為他知
道生物世界的規律性遠不如共通的物理定律。在測試生物學說時，
預測的可用性也有很大的差異，有些學說具備了高度的預測價值，
特別是功能性的生物學理論；有些學說則受一組複雜因子的控制，
而難以做出一致的預測。由於生物現象具有變異性，還有種種偶發
情況和交互因子可以影響事件發展，生物學中的預測大多是機率性
的。對生物學家而言，學說是否能通過預測試驗並不要緊，重要的
是解決問題的能力。[45]

　　在功能性科學中，學說可透過實驗來進行測試，但對一些不

可能以實驗測試,或假說的預測價值有限的領域(通常是歷史學科),額外的觀察就是必要的補救方法。例如共祖理論(Theory of common descent)宣稱近代地質時期的動植物,是較古老地質時期的生物的後代,依此推論,長頸鹿和大象都是第三紀早期某一分類群的後裔。那麼,倘若有人在白堊紀的地層中發現了大象和長頸鹿化石,就會打擊共祖論的可信度。同樣的,源於中生代恐龍的化石卻在古生代地層中尋獲,也會引發對共祖論的懷疑。

除此之外,還有一種測試的方法是引用一組全然不同的事實依據。舉例來說,如果我根據生物的形態特質建立了一群生物的譜系發育樹;再根據數種分子生化證據,建立了另一組譜系發育樹,比對這兩組演化樹,其中若有差異,則需要其他獨立證據進一步查考。在生物地理學中,大陸銜接的學說,或不同生物的散布能力,都可以利用許多不同的測試方式,來駁斥或強化該學說。要證明恐龍在白堊紀時已完全滅絕,就必須察訪世界各地荒疆僻壤的第三紀沉積。每一則學說需要的觀察和測試,隨問題的性質而異,而專家學者對某一領域所需的觀察和測試,都有基本的共識。

活躍的生物學家

由於二十世紀所提出的科學哲學思想中,沒有一項可應用在演化生物學的理論發展,使得巴柏在 1974 年有了如下的結論:「不是因為所用的科學方法有缺失,而是達爾文主義根本就不是一項可以測試的科學理論,它較像是形上學的研究計畫。」其他同樣擁有物理或數學背景的哲學家,也曾表達過類似的陳述。

數年之後,巴柏撤回這項觀點,而主宰哲學思想長達四十年之

久的邏輯經驗主義，也在孔恩、拉卡托斯、比提、勞登、費爾阿本
和其他知名哲學家的批評下，為人所遺棄。就長遠來看，邏輯經驗
主義反而對生命科學造成負面影響，使許多生物學家醞釀出對科學
哲學的不信任。

　　儘管如此，據我看來，一般生物學家並不擔憂科學哲學的態
勢。當巴柏的思想在 1950 和 1960 年代盛行之時，我所認識的生物
學家每一位都信誓旦旦，聲稱自己是道地的巴柏主義者，然而實質
上卻依然固我，自行其事。標籤有時只是為了政治上的方便，並無
任何實質意義。這種情形使我想起一個小故事，有一名父親育有一
對雙生子，始終無法區別這對孿生兄弟，於是便將其中一子送至哈
佛大學，另一子送至耶魯大學，四年之後，哈佛畢業的兒子變成典
型高尚優雅的波士頓知識份子，耶魯畢業的則成為標準的耶魯頑固
份子，不過這名父親還是分不清兩人。

　　生物學家不會追問自己應該遵循哪一派哲學思想，當我們研究
各種科學理論的歷史時，就會對費爾阿本的「什麼方法都可以」產
生共鳴（Feyerabend, 1975）。事實上，這正是生物學家在構思理論
時所持的態度。生物學家從事的工作，就如賈科布對天擇說的評
語，是「修補破鍋」的工作（Jacob, 1977）。生物學家會利用任何
可使自己接近解答的方法。

解釋的五個階段

　　在機會、多元論、歷史和獨特事件為主要角色的生物學中（請
見第 4 章），一個具有彈性的理論構築和測試系統，似乎要比僵直
的原則來得適宜。這樣的系統可用五個字眼來表示：觀察、質問、
臆測、試驗、解釋；（1）科學家從觀察未被擾動過的自然，或從特

定目的的實驗中，發現一些現行理論未曾解釋或與一般觀點相衝突的現象；（2）這些觀察使科學家提出「如何」和「為什麼」之類的疑問；（3）為回答這些問題，研究者擬思出暫時性的臆測或可行假說；（4）為判定這些臆測的真確與否，研究者對假說施以反覆測試，包括精密設計的實驗，以及利用不同途徑策略所做的觀察，所得到的結果可以強化或減弱臆測成立的可能性；（5）最後採用的解釋，將是最能成功通過各項測試的假說。

常識實在主義

哲學家一直懷疑，在人類感官可接收到的訊息外，是否有一個真實世界存在，這世界與我們經感覺和科學測到的世界是否一模一樣？以柏克萊主教為代表的極端派，主張外在世界不過是人類印象對外的投射。[46] 但我認識的生物學家則是常識實在主義者，他們相信人類之外有一真實世界存在，如今已經有更多方法，例如透過儀器來測試我們的感官印象，而且依據觀察所做的預測總是正確的，因此無需再去挑戰生物學家進行研究時所依賴的常識實在主義（Commonsense realism）。

然而常識卻不是哲學家習於使用的工具，他們較喜好倚賴邏輯。相對的，對非邏輯學家而言，大多數的三段演繹法看起來都像是相同的公式，常識反而較能令人安心。同時，在判定一則因果關係的性質時，常識也通常是較有效率的方法。邏輯學家所使用的嚴格推論法則，對於由基本定律所主宰的決定論和本質論的世界可能相當適合，但對於由機會和偶發事件所統治，永遠需解釋獨特現象的機率世界，則較不適宜。白色、雜色和棕色的烏鴉，黑色和黑頸的天鵝，都存在於自然世界，但卻不是邏輯演繹擅長之所在。

科學的語言

　　每一科學學門各有各的一套專用術語，來表示該領域的事實、過程和觀念。通常代表物質或個體的辭彙，例如粒線體、染色體、細胞核、灰狼、日本豆金龜、紅杉等，不會造成任何問題。但生物學中還常用到一些描述複雜異質現象與過程的術語，例如競爭、演化、物種、適應、生態棲位、雜交、變種等等。當所有研究者所了解的涵義相同時，這些術語是相當有用且必要的。[47] 然而從科學史看來，真實情形卻常是誤解和爭論。

　　科學家可能遇到的語言問題，大致可分為三種，第一是字義本身可能會隨我們知識的累積而改變。會有這些變化並不足為奇，畢竟科學術語都假借自日常用語，因此也帶入了原本曖昧模糊和不完備的缺點。現代物理學中所用的力、場、熱等辭彙，和早期使用時的意義就有明顯的差別。現代分子生物學所說的複雜基因，包括了外顯子、內含子以及附近的其他序列，這和早期「一串珠子」的印象，或繆勒更精緻的描述截然不同，然而科學家仍援用約翰森在1909 年引進的「基因」來指稱遺傳實體。由於幾乎所有的科學術語都曾經歷過一定程度的改變，若要為每一個微小改變另造新詞，反而會造成更多混淆。新詞應保留給真正劇烈轉變的情況。事實上，術語必須具備相當的開放性，才能容納更進一步的科學發現。

　　第二種造成科學家誤解的情形，則是一個已用來形容某現象或過程的辭彙，被轉植到另一個完全不同的現象上。這種情可用摩根使用德弗里斯的「突變」一詞，來表示遺傳物質突然改變的例子說明。對德弗里斯而言，突變是指演化過程中，新物種的突然形成，因此突變原本是演化觀念，而不是遺傳觀念。非遺傳學家花了三、

四十年才領悟到摩根的突變和德弗里斯的突變是兩碼子事。[48] 已普遍使用於特別實體的辭彙，不應移植到不同的實體上，這是科學語言的基本原則，違反這項原則必會招致糾紛。

　　不過，最常發生且造成最嚴重混淆的，可能還是相同一個術語，卻代表了數種現象的情形。哲學文獻一般都會對特定字詞做一番複雜微妙的分析，奇怪的是，卻很少論文注意到一個字詞可能有的基本異質性。[49] 例如「目的論的」，就至少可用在四種不同的場合；像是「群體選擇」中的「群體」，也可指涉四種不同現象；「演化」一詞應用在三種差異極大的過程或觀念；「達爾文主義」更是不斷改變其涵義。[50]

　　這種詞意上的不明確，對生物學發展常造成可怕的阻礙。由於達爾文並未領悟到他所說的「變種」與動物學家或植物學家的用法不同，而使自己搞混了物種和種化作用的實質意義。[51] 孟德爾也曾遭遇到類似的命運，孟德爾並不清楚他用來進行相互交配實驗的三種豌豆的特性，並且就像多數的植物育種家一樣，他將異型合子的子代稱為雜交種。當孟德爾嘗試確認從其他「雜種」（不同物種交配產生的真正雜種）實驗所發現的法則時，卻失敗了。只因為使用了相同的術語來指稱兩種不同的生物現象，就嚴重阻礙了孟德爾後期的研究發展。[52]

　　要解決這種同字異意問題最實際的方法，是採用不同的辭彙來表示不同的事物。一旦有模稜兩可的可能性存在時，就立刻對有問題的辭彙，提出詳細精確的定義。倘若是觀念或現象的意義質變時，則須妥善更正定義。大部分科學術語的定義，都會因知識的增加而持續變化，就像幾乎所有物理學的基本用語，也都曾一再修正定義一樣。[53]

　　哲學家似乎不太願意提供定義，或許這就是為什麼哲學文獻中會有這麼多模稜兩可的情形吧！哲學家如此忌憚的原因，是因為「定義」在傳統哲學中有著特殊的意義，這是經院哲學的遺餘，根據的是本質論的原則。[54] 因此許多哲學家會使用「闡明」一詞，來代替科學家所說的定義。

　　然而科學界對明確定義的需求是如此強烈，使我無法了解，為什麼會有這麼多哲學家反對定義的賦予。巴柏也是堅決反對定義的哲學家之一，在他的自傳《無盡的探索》（ Unended Quest, 1974 ）中，他揭露了自己為何抱持這個觀點的原因。巴柏自承在年幼時，就學會了任何人永遠不應為字詞和其意義而爭論，因為這樣的爭吵總是似是而非又微不足道。因此當巴柏晚期讀到「對字義重要性的信仰幾乎是普遍一致」的敘述時，認為那顯然是本質論作祟的結果，而他對史賓諾莎著作的評語則是：「在我看來，其內容充滿了武斷、毫無意義和有問題的定義。」由此我們可以看出，巴柏真正反對的是邏輯學家在鋪設字詞的定義後，再以三段論法玩弄定義的遊戲。[55]

　　然而巴柏卻忽略了科學家所需要的清楚定義，和哲學上的定義完全不同。科學定義的目的是要排除模稜兩可的情形，倘若科學進展顯示原本一則觀念或過程的定義是錯誤或未盡完全的，那麼這項定義就必須也將會改變。沒有清晰明確的定義，也就不會有觀念和理論的澄清。

　　身為一名科學家，我的感受是哲學家應捐棄對定義的厭惡心理，而以精確的定義來測試他們普遍使用的辭彙，到底指涉的是單一主題，或是具有數種混合意義，這樣或可終結哲學文獻中的許多爭議。[56]

事實、學說、定律和觀念的界定

　　有許多哲學討論的內容，環繞著假說、臆測、學說、事實和定律等辭彙的涵義。譬如說，哲學家堅持區分假說和學說的不同，我不知道有什麼關於學說的定義，可提供明確的界定，在生命科學領域中尤其是如此。置身於田野或實驗桌前的科學家，通常沒有哲學家所希冀的精準，科學家在突然靈光一閃的當頭，可能會興奮大叫：「啊！我剛剛發現（或發明）了一個新學說。」然而他實際想到的，就哲學家的標準來看，可能僅是一項臆測或假說而已。

　　「模型」是另一個最近非常流行的辭彙，但就我所知，1970年代後期以前的演化學或系統分類學文獻中，從不曾使用過這個詞。模型和「研究中的假說」（working hypothesis）之間的差別為何？模型是否必須是數學性的？模型和演算法又有何不同？我如此慎重的提出這些「愚蠢」的問題，正是要點出我們需要哲學家更多的解釋。這些臆測、假說、模型、演算法、學說等辭彙，在科學家構思解釋時，全都是可相互替換使用的（在此也順便警告讀者，有時我也會不太嚴謹的使用「學說」一詞）。

事實與學說

　　穩固可靠的學說必定要有事實為基礎，但我們要如何劃分學說與事實呢？受到普遍支持且經過重複驗證的學說，什麼時候可以被考量為事實呢？就像現代的演化學家可能會說，演化理論如今已是不變的事實。當然，嚴格說來，學說是永遠不會變成事實的，反而是事實常取代學說。當科學家發現太陽系外圍的天王星和海王星運行軌道有不規律的現象時，有人便提出第九顆行星存在的學說，最

後果然又發現了冥王星，於是第九顆行星便不再是一項學說，而是
肯定的事實。同樣的，在發現 DNA 的結構和其控制蛋白質合成的
功能後，有學說建議應有遺傳密碼的存在，才能讓 DNA 的訊息正
確轉譯出來，這項學說也很快證實為真，如今遺傳密碼不再被視為
一則學說，而是確立的事實。1859 年達爾文有關物種和共祖的可
變性，也被認為是一項學說，然而在累積了無數支持這項學說的證
據，且又找不到任何反證的情況下，生物學家也開始接受這項理論
為事實。

　　因此，「事實」應可定義為：重複驗證而從未被駁倒過的經
驗命題（學說）；而那些尚未轉化為事實或還沒被事實所取代的學
說，則是啟發性的工具，特別是在感覺器官無法涵蓋的領域（例如
顯微範疇和生化範疇），或是需要建立歷史敘述以解釋過去事件的
科學（例如宇宙學和演化生物學）。

物理學的基本定律

　　在討論過學說和事實之後，接下來的問題則是，這兩者和基本
定律又有什麼關係？一般而言，定律和可預測結果的作用有關，但
許多物理定律，像是重力定律或熱力學定律，均可簡單稱為事實。
而「鳥類具有羽毛」這樣的一句陳述，卻只能算是一項事實，而非
定律。

　　崇信自然定律的人士，考慮的大多是自然界的規律性。人類日
出而做日落而息，憑藉的正是自然的規律；我們熟知春夏秋冬四季
變化，我們確定樹木每年增生一圈年輪，或是萊伊爾的均變論，根
據的都是天下萬物運行不悖的觀察。發生於過去的事件，也可能發
生於今日或未來。當物理學家為他們理論的必然性辯護時，必定會

指出物理學說根據的是沒有例外、不受時空限制的基本定律。

生命世界的規律現象同樣歷歷可數，但是大部分並不具有共通性，而且常有例外存在；生命世界的規則是機率性的，是會受時空限制的。史馬特和比提等哲學家相信，就算生物學有基本定律的話，為數也很稀少（Smart, 1963; Beatty, 1995）。當然，就分子層次而言，許多物理和化學定律在生物系統中也依然成立，但若觀察的是複雜系統，的確僅有少數可以通過物理學家和哲學家嚴格的定律定義。

因此當生物學家使用「定律」一詞時，大多意指的是一項可直接或間接導致證實或反對的觀察，並可運用於解釋和預測的一般邏輯性陳述。這樣的定律是任何科學分析或解釋都具有的基本組成。但如果有人將這樣的觀念，擴大成可規律的或一成不變的施用於所有生物學領域的話，那麼這則定律對建構理論的可用性就令人質疑了。機率性學說若根據這樣膨脹過的定律，反而會失去使用定律一詞時所期待的那種確定性。

生命科學的觀念

在生物學中，觀念對理論形成的影響，反而遠大於定律的影響。發現新事實（觀察）和發展新觀念，是促成生命科學新理論的兩大要素。

如果我們查閱字典中對觀念的定義，會得到相當廣泛的解釋：觀念，可以是任何心像。根據這項定義，當我默想到三時，數字「三」就是一個觀念；每一件在我腦海中浮現的物體，都可算是觀念。然而當哲學界談到觀念時，使用的則是較為嚴謹的涵義，雖然在這種嚴格的情況下，很難找到一個較好的定義。不過生物學家從

未懷疑過何者才是自身領域中的重要觀念，對演化生物學家來說，選擇、雌性選擇、領域性、競爭、利他、生物族群等等，都是重要的觀念。

觀念當然不是生物學所獨有，物理學亦有觀念的存在，物理學家暨科學史學家荷頓所說的「主要論題」（themata），正等同於生物學家所說的觀念（Holton, 1973）。然而就我印象所及，物理學和功能性生物學（例如生理學）的基本觀念極為有限，在這些領域中新事實的發現較為重要，事實上，這些領域中的一些帶領者曾宣稱，他們領域的進展都是由於發現了新事實。另一方面，在其餘大多數的生物學科中，觀念經常扮有重要的角色，雖然不是每一個新觀念都像演化生物學的天擇說那樣會帶來革命性衝擊，但大部分複雜的生命科學（生態學、行為科學、演化生物學）的最近發展，都是由新觀念推動的。

古典科學哲學很少提及觀念在理論形成過程中的角色，然而我研究這個問題愈久，愈感到物理學理論通常建立在定律上，生命科學理論則建構在觀念之上。我們雖然可以藉由「觀念以定律形式表現，定律可陳述為觀念」的說詞，來緩和其間的對比，但如果對定律和觀念賦予嚴格定義時，這樣的轉型就會有困難。這是將焦點放在物理學的科學哲學經常忽略的問題。

在下一章中，我們將更仔細檢視生物學家在構思和測試他們對生命世界的解釋時，應該考慮的獨特因子。

第 4 章

生物學如何解釋生命世界？

科學家在分析生物學問題時，
還會面對另一個複雜的層面，
所有的生物現象和運作，
都是兩種不同因果關係，
即所謂的近因和終極原因，
交織作用的結果。

　　蜂鳥為什麼只存在於美洲大陸？智人發源於何處？……生物學家時常會碰到一些有關獨特事件的問題，在回答這樣的問題時，生物學家很難援引一些共通的定律，而必須就已知的事實和因子，推論各種可能的結果，然後勾勒出大致情節，以解釋所觀察到的現象；換句話說，生物學家建構了一段歷史敘述。

　　由於這種研究方法與其他依據因果律以提出解釋的手法，有著基本的差異，使得來自邏輯、數學或物理背景的科學哲學家難以接受。不過由於近代研究者開始積極駁斥古老狹隘的觀點，並證明在解釋獨特事件時，歷史敘述不僅可行，同時也是唯一符合科學和哲學的方法。[57]

　　當然，想要證明一則歷史敘述絕對正確，是不可能的事；系統愈複雜，蘊含的交互作用也就愈多，這些交互作用通常難以自觀察中看出，只能透過推論而得。因此我們不難想像，推論本身將會受解釋者過去的背景和經歷影響，我們也不會訝異，當科學家在考量何者是「最好的」解釋時，彼此會迭生爭端。

　　然而，由於每一則敘述都必須經過公開的批評與反駁，因此可一而再、再而三的測試驗證。舉例來說，恐龍的滅絕曾一度歸因於致命疾病的感染，或地質因素造成的氣候劇變，然而這兩項假說既缺乏可信的證據支持，在解釋現象時也有重重困難。因此當阿瓦雷茲提出隕石撞擊說，後來又有人在中美洲的猶卡坦發現可能是當時留下的隕石坑時，過去的假說均隨之瓦解，因為所有的新證據都完美契合隕石撞擊的情節。

　　歷史性敘述在宇宙演化學、地質學、古生物學、譜系發育學、生物地理學和演化生物學中占有重要的位置，這些領域的共通特點是它們都充滿了獨特的現象。在生物世界中，每一種生物都是獨一

無二的，就遺傳的觀點來看，每一個體也是絕無僅有的。然而獨特性並不只局限於生命世界，太陽系的九大行星亦各具特色，地球上的每一道山脈溪流也各不相同。

　　這種獨特現象一直困擾著哲學家，因此休謨才會說出：「科學是無法圓滿說明任何單一現象之成因的。」如果休謨心中所想的是依因果律來解釋獨特事件的話，那麼休謨之言無可厚非。但若將歷史敘述納入科學的研究方法，通常即可完美說明獨特事件的成因，有時甚至還能做出可驗證的預測。[58]

　　歷史敘述之所以具有解釋事物的價值，是因為在一連串歷史演進中，早期事件的結果通常對後期事件的發展有所影響，例如白堊紀末期恐龍的滅絕，空出了許多生態棲位，使古新世和始新世的哺乳動物有了輻射發展的舞台。因此在建立一段歷史敘述時最重要的目標，是找尋影響後續事件發展的所有因子。建立一段歷史敘述並不意味放棄因果關係，而是提出一組絕對經驗性的因果解釋；它無關任何定律，只是單純解釋一個獨特事件。[59]

生物學中的因果關係

　　如果一則科學解釋依據的是現象背後的成因，通常都會受肯定為正確的解釋。[60] 在單純的交互作用中，例如一些簡單的化學反應，因果關係極易判定，科學家可確切指出特定的成因。在哲學文獻中處理因果關係的標準方法，大部分也是源自物理學，例如當我們在討論重力或熱力學問題時，「某某現象的成因為何」這問題的標準答案必定是某某定律的影響。

　　然而如此單純的解答，在生物學卻極為罕見，除非討論的問

題屬細胞分子層次。倘若我們所見到的現象只是一連串事件的最終結果，問題就格外複雜棘手。由於目的論思想的餘毒，使我們會很想去探索過程最初的起因，但這種嘗試運用在生物學問題時卻窒礙難行，事實上還常造成錯誤的結論。要從一冗長連鎖反應的最終結果，精確指出複雜系統的各項交互作用，就算可能的話，也是極為艱巨的工作，因此我們必須採用不同的思考方式。

當兩個人在進行交流溝通且還未達成結論之前，中間都會有一系列的階段變化，每一個人在每一階段中都可能擁有數種應對方案，他會選擇哪一個反應，並不嚴格取決於最初的情況，而會受到許多其他因素或偶發事件的影響。因此要找到確切成因，常常需要回溯過每一步驟的選項後才能得知。事實上，當以回顧的方式考慮整個過程時，將會發現即使是隨機事件都是有因果關係。因此我們可以有些似是而非的說，在複雜情況下的因果關係就是事後的重建。換個較淺顯的說法，因果關係是由一系列步驟所組成，這些步驟總合起來，即稱為「成因」。

近因與終極原因

科學家在分析生物學問題時，還會面對另一個複雜的層面，所有的生物現象和運作，都是兩種不同因果關係交織作用的結果。這兩種因果關係通常稱為近因（又稱功能性原因）和終極原因（又稱演化性原因）。

凡涉及程式指令的活動或反應，特別是受遺傳程式和體質程式影響的生理、發生和行為反應，均可劃分為近因，近因所回答的通常是「如何」之類的問題。另一方面，終極或演化原因則會修飾既有的遺傳程式，或導致新遺傳程式的源起，換句話說，終極原因

是指演化過程中促使基因型產生變異的所有事件和過程。由於終極原因均發生於過去，因此無法透過化學或物理的方法來探討，只能經由歷史敘述的推論和測試來重建，終極原因通常回答的是「為什麼」之類的問題。

　　每一種生物現象，我們都可提出近因和終極原因兩種解釋。舉例來說，許多生物具有兩性異型＊的現象，若依近因的解釋，則為荷爾蒙與性別控制基因等生理因素的影響。若以演化原因來解釋的話，則可能是性擇下的結果，或具有恫嚇敵人的生存優勢。許多生物學界著名的爭議，起源都是由於一派學者目中只有近因，另一派學者則堅持演化原因，造成相持不下的窘境。其實兼具近因和終極原因兩種作用，正是生命世界的特質之一。相對的，物質世界只受自然定律一套因果關係的控制。

多元論

　　當我們仔細檢視一道生物問題時，通常可以提出超過一種以上的解釋，例如在說明生命的多樣性時，達爾文相信「異域種化」和「同域種化」兩種作用均有貢獻（我們將在第9章中討論）；在解釋演化變異時，則有天擇和後天性狀遺傳兩種可能；關於遺傳又有混合遺傳和顆粒遺傳等學說。生物學這種對多元化解釋的信仰，使驗證或反駁一項理論，成為十分困難的事。提出支持天擇學說的證據，並不代表就可以顯示後天性狀遺傳為偽，而指出後天性狀遺傳的錯誤，也不表示天擇就是造成演化變異的唯一可能。

＊ 譯注：兩性異型（sexual dimorphism）也稱為雌雄雙型，指雌性與雄性具有不同的形態特徵。

　　奇怪的是，從前的博物學家反而較現代的專家學者更重視多元
化的生物解釋。十八世紀的生物地理學家季默曼（Eberhard A. W.
von Zimmermann）針對生物分布的不連續性問題，提出跳躍散布[*]
和割據分化兩種解釋。但近代有一些支持斷續平衡說的狂熱份子，
在撰寫論文時，卻表現出「那是造成演化變異唯一的可能」的偏狹
態度。事實上絕大多數的生物現象和運作，可能都必須以多元理論
來解釋，無法包容多元論（Pluralism）的科學哲學思想，是不適用
於解析生物學問題的。

　　然而，生物學中的多元因果關係本已複雜，又結合了一連串的
機率，想要判定某一現象的特定成因，若不是完全不可能的話，也
會有重重困難。譬如我們在一座小島上發現了某一種生物的蹤跡，
由於任何分布不連續的現象，都有兩種可能（原本相連土地的斷
裂，或穿越不適疆域而散布），因此推論該生物的來源，可能是在
島嶼和大陸還相連之時，就已播遷至此，也有可能是後來經由海潮
的散布而來到小島，當然也有可能以上兩種皆是。又譬如某一物種
的滅絕，可能是與他種生物競爭、受到人類的迫害、氣候的變化、
彗星的撞擊，或綜合上述種種因素所造成。對大部分發生於過去的
滅絕事件來說，要精確指出特定成因，是不可能的事。

　　回顧歷史上傳統的生物學爭議，會發現對峙的雙方都忽略他們
個別所堅持的論點以外的第三種可能。生機論者駁斥物理論者化約
主義的思想無法解釋生物現象時，所提出的相對主張也同樣帶有缺
陷，最後脫穎而出的是結合了物理論和生機論的第三種觀點——有

---

[*] 譯注：跳躍散布（dispersal jump），動物從發源地穿過已存在的地理屏障後，因
　與原族群隔離開來而形成新物種。

機生物論。在討論是必然抑或偶然時，結束論戰的也是第三種解答
——天擇。胚胎發生的先成說和後成說之爭，最後答案出自遺傳程
式。幾乎所有生物學界延宕多時的辯論，都是以捨棄舊有解釋，另
外開創新觀點為終結。

機率論

當物理論盛行之時，人們相信所有事物都是受一個可以查明
的因素所控制，於是在這樣嚴格的思想下，若將某一過程的結果解
釋為機會或意外的影響，會被視為不科學。達爾文的天擇雖無關機
會，但由於過程中牽涉許多隨機事件，因此被物理論者赫歇耳斥為
「亂七八糟的定律」。其實早在拉普拉斯時期，一些科學家就開始注
意到隨機過程的角色了。

生物學之所以會有這麼多隨機的理論，是因為現象的演變同時
受到數個因子的影響，其中有許多因子是隨機性的。由於有這種多
重因果關係存在，我們很難歸結出一個百分之百負責現象演變的成
因。如果我們說某一種特別的突變是隨機的，並不意味發生在基因
座上的突變可以任意改變，而僅是指出這項突變與生物目前的需求
無關，或是我們無法預測其發生。

具生物學意含的個案研究

科學哲學家在研究科學理論的公式化時，所用的個案幾乎全出
自物理學領域，然而我們已經知道，生物問題的解釋，特別是演化
生物學的問題，和物理學有著相當大的落差，因此讓我們在此檢視
少數案例，或許能更有助於明顯澄清其間的差距。[61]

就先從簡單的例子開始，在駱駝科生物中，有一些物種只出現

在亞洲、北非和南美洲。要如何解釋這種分布的不連續性呢？古生物學家阿格西依據他的生物觀，直接提出上帝兩度創造駱駝的解釋，一次產生了舊世界的真正駱駝，另一次則產生了南美洲的駱馬。這類觀點到了 1859 年之後，難以為人所接受，新學說則假設過去北美洲一定也曾有駱駝的存在，只是後來滅絕了。當豐富的駱駝化石在北美洲出土時，這項臆測也獲得證實。

　　另一個較難解的問題，則是化石紀錄的殘缺不全。在達爾文演化論中，連續性一直是重點。演化是在漸進變化下進展的。然而放眼現存生物，處處見到的都是不連續的現象，這種情形在化石紀錄中尤為明顯，新物種，甚至全新形態的生物，在找不到中間型的情況下，就突然冒了出來。當然，科學家偶爾也能幸運發現所謂的「失落的環節」，例如介於鳥類和爬蟲類之間的始祖鳥，但即使如此，將始祖鳥拿來與爬蟲類祖先及真正的鳥類比對，中間仍有一大段鴻溝。達爾文擇善固執，堅持連續性的存在，但要從斷斷續續的化石紀錄來證明生物的連續性，距離實在很遙遠，使得達爾文的結論在《物種原始》出版後的一百年內，都未能被廣泛接受。

　　我在 1954 年發表的論文中，也曾對物種演化提出可能的解釋：一個周邊孤立的創始族群，可歷經相當程度的遺傳物質重組和生態的轉移，而成為一個新譜系的起始點，不過像這樣的小族群很難會有化石保存下來。這種地理種化的理論為生物學家艾垂奇和古爾德採納，衍生出他們的「斷續平衡理論」（Eldredge & Gould, 1972）。[62] 在此我們見到了從本質論到族群觀念上的明顯轉變，事實上就我個人印象，舉凡生物學理論的重大轉折，都是肇因於觀念的改變。

　　對許多案例來說，即使當全新的因果關係提出後，新舊理論仍

十分相似。例如達爾文在 1839 年時為了解釋蘇格蘭洛伊谷（Glen Roy）一處稱為「平行路」的地質現象時，提出海岸線上升的推論。由於之前科學家也曾在安地斯山脈的高緯度地帶發現海洋生物的化石，並觀察到智利的海岸線在地震之後上升的現象，使得達爾文認為蘇格蘭地區發生如此大幅上升的現象並非不可能的事，更何況當時也沒有其他更合理的解釋。然而就在達爾文論文發表之後的數年內，阿格西提出了冰河理論，那些平行路顯然正是從前冰河湖的湖濱。雖然達爾文後來稱自己的詮釋是一大失敗，但平心而論，達爾文其實已經非常接近正確的解答，他洞見這些地質現象必定曾一度位於水岸邊，而在冰河理論出現之前，濱線地質現象的唯一解釋就是海岸；再者，地形大幅上升的案例在地質學文獻（特別是達爾文的指導老師萊伊爾的著作）中亦有詳細紀錄，因此後來以冰河活動來解釋並不算是重大的轉變。

另一個影響層面更為深遠廣大的類似情況，是自然神學家撰寫有關生物設計的論文。我們僅需把成因的解釋換成「並非是上帝使生物的設計趨向完美，而是因為天擇的作用」，則幾乎所有的論文就可改頭換面，成為支持達爾文主義的論文。我們可以找到許多其他類似的案例，都只需要改變成因，而絲毫無損學說的基本架構。

認知演化知識論

「知識論」是哲學範疇中研究人類知道什麼，又是如何獲得這些知識的領域。過去二十五年間，該領域曾掀起一道「演化知識論」的風潮，促使學者以全新的角度來思考人類知識的吸收。其中有一主要學派甚至稱為「新哥白尼革命」，如此堂皇的名稱卻激起

了反對者的抗議，認為這樣的宣稱不僅有誤導之嫌，而且對演化知識論也沒什麼貢獻。

演化知識論基本上可以運用在兩種截然不同的場合，一個是即將在第 5 章討論的「達爾文演化知識論」（Darwin evolution epistemology），另一個即為「認知演化知識論」（Cognitive evolution epistemology）。認知演化知識論主張，人類大腦的某些構造，在天擇的作用下演化，獲得應付外界真實情況的能力，倘若少了這些腦部結構，人類將無所適從；所有應付外界能力低下的個體，遲早都會遭到淘汰的命運，無法留下任何後代。

然而真實世界含有太多可感知的事物，現代科學家深知人類能接觸到的，只是其中極小部分而已。研究原生動物的學者揭露了單細胞生物所認識的世界，生物學家尤克斯卡爾（J. J. von Uexküll）曾栩栩如生的描繪狗眼中的世界和人類的世界是如何不同。在電磁波光譜中，人類只能見到從紅光到紫光這極小區段的光波，也能感受到紅外線所帶來的溫暖，然而還有一大片寬廣的區段，像是蜂和其他昆蟲可以見到花朵的紫外色彩，許多生物能察覺並依此行動的電磁資訊則是人類無法體會的。在聲音的世界中，許多生物能聽到人類聽不到的聲波，在豐富的氣味世界中，更有大部分哺乳動物或昆蟲可嗅出而人類卻聞不到的氣息。

是什麼因子決定了人類可以感知到的特定層面呢？最合理的推論是，察覺這些事物對生物祖先的生存和繁殖最為重要。這樣的觀念等於是建議有許多小世界的存在，其中只有一種是人類可接觸到的。這個世界有時又稱為「中間世界」（mesokosmos），是一個居於中間尺度的世界，範圍小從分子大到銀河系，在中間世界之下，是基本粒子的世界，在中間世界之上，則是超越銀河的時空。

　　面對一張實心的桌子，物理學家會提醒我們，這張桌子「實際上」一點也不實心，它是由彼此間隔遙遠的原子核和電子組成的。大部分我所認識的生物學家，對於基因、夸克、似星體、黑洞、暗物質等現象的解釋，或是次原子粒子與銀河系外宇宙之間的關係，都能欣然接受，儘管我們的感官無法真正感受到這些現象，但理論的成功使我們相信這些假設性實體的存在，就和親眼觀察到的實體一樣真實。這種科學實在主義是科學家所共有的信仰。

　　但坦白而言，多數人在日常生活中不會以「原子核及電子」的方式來看待一張桌子，包括物理學家在內。再者，增加人類對更小或更大世界的了解，也不會對我們能感受到的中間世界有所助益。雖然物理學家和工程師所設計的儀器，開啟了炫目神奇的次原子世界和超銀河世界，但它們畢竟不是正常的感官世界，對常識實在主義也無貢獻，當然更不是人類生存的基本需求。

　　但是時間和空間也不是人類可以直接察覺的，那麼我們又是如何發展出這些基本特質的概念呢？於此，康德的哲學思想對知識論學者有相當的影響。如果我所了解的是正確的話，基本上，康德相信人在出生之時，腦中已經蘊藏了這些特質的資訊。我們必須記得，康德的思想大體上是屬於本質主義的，他認為這多變世界中各種不同類型的現象，都各有一個形式存在於我們的思維系統中，這些他命名為「物自身」（Ding an sich）的事物是與生俱來的，存在於任何經驗之前的。

　　當勞倫茲 1941 年在科尼斯堡大學擔任康德講座時，根據康德的論點：「早在任何個體經驗之前，人類就已經具備了感受和思考的功能結構」，他發展出演化知識論學說。勞倫茲主張，為了要能適應世界，新生兒出生之時腦部就具備了認知的構造，就像幼鯨在

出生之時就有鰭可以游泳一樣；當人類從一個適應區遷移至另一個適應區時，也篩選了適當的心智構造，過程就像身體構造的適應選擇一般。勞倫茲還說，人類感受和思考的內在結構，和形態結構或其他任何形式的適應是一模一樣的。在我看來，勞倫茲的說法就和「胚胎在不能目視之前，就早已經長好眼睛」是一樣的意思。[63] 即使是最原始的原生生物，都配備了可偵測並反應棲息環境中的機會和危險的裝置。超過十億年的天擇作用，將遺傳程式由簡單原生動物的版本，精雕細琢成人類的遺傳程式。這項生物學的新了解，終於解釋了長久以來困擾哲學家的謎題。

我相信我們必須接受，從靈長類到人類的這段歷程中，腦部必定曾快速演化，以解決黑猩猩也無法排解的一些問題。然而我們還是遺漏了一個問題：現代人的腦部結構究竟有多麼獨特？

封閉與開放的行為程式

科學家有充分的證據顯示，人類始祖還處在原始未開化的狀態時，腦容量就已達到目前所見的大小。十萬年前文明還相當原始時的人腦，和現代可以設計和使用電腦的人腦，並無二致。我們今日高度特化的心智活動，看起來似乎不需要特別的腦結構。天擇過程篩選出來的腦，並不是專為所有登峰造極的智力成就而設計的。

雖然人類不同的才能，是由腦部不同區域所控制，但由於人類現今對腦部運作架構的無知，妄然推測哪一區域負責哪些認知能力，反而會有誤導的危險。不過根據目前的了解，我們還是可將人腦大致分為三種區域。

第一種區域含有出生之前就已嚴格預定安排的封閉行為程式，像是低等動物的直覺反應，以及低等和高等動物均有的反射和大部

分的運動模式。但人類還有一些較複雜的行為模式，是否也屬於此類別，目前尚不得而知，從嬰幼兒的行為和性情研究看來，這種固定行為模式可能比我們原先想像的還要多。[64]

除了封閉程式外，人腦有某些區域與開放程式有關。這一部分資訊不像直覺反應那樣僵化不變，但當幼小生物所處的環境中含有這些訊息時，腦部特定區域便會立刻轉換以吸收這些資訊。我們的許多認知能力，例如語言的學習或接納道德標準的能力，顯然在早期特定年齡時吸收效果最佳，而且一旦獲得之後就不會輕易遺忘或被取代。這一類的學習和動物行為學家所說的「銘印」，有許多相通之處。出生不久的幼鵝，在特定的敏感期，會深深烙印下母親的形態特質，幼鵝的腦顯然早已準備好嵌入這「必須尾隨之物體」的資訊。成長中的幼兒也有類似的現象，每一件新奇的經驗，都會記錄在這小腦袋的適當位置，並且在遇到相關情況時，更加強化原本的經驗印象。[65]康德、勞倫茲和其他演化知識論學者，描繪人類在出生時即具有的世界知識，可能就是指開放行為程式吧！

最後，人腦似乎還具有一種區域，可儲存一生中獲得的各式訊息。不過，目前我們對不同類別的一般資訊分別儲存在哪些區域（例如短期記憶區和長期記憶區），幾乎是一無所悉。

認知演化知識論所關切的主題，應該是上文所談到的第二種類別。腦結構經由選擇過程，演化出最適合的開放程式，使新生兒能儲存重要的特別認知訊息，它們純粹是達爾文演化下的產物，並不含一絲形上學或本質論的成分在內，而目前還未知的部分，主要是這些區域的特化程度。根據一則相關案例顯示，有一名孩童腦部有大片區域受創，但許多功能仍可由其他區域替代執行，顯示這些區域的特化可能是在出生之後才發展而成的。

　　在總結上述的討論後，我們應如何評估認知演化知識論呢？我認為，人類感受所處的世界時，並不需要高度特化的腦結構，而演化在改進中樞神經系統時，也並不是促成高度特化的神經構造，而是持續加強腦部的一般結構。最後形成的腦，不僅使原始人能應付實際生活中的生存挑戰，同時也可以有弈棋的智力。整體看來，認知演化知識論並不是革命性的創新學說，它只是將達爾文的演化思想應用在神經學和知識論上而已。

真確性的探求

　　我們常會說「科學的目標是追尋真理」，但什麼是真理？那些信奉基督教的達爾文主義反對者，從不曾質疑過《聖經》中的一字一句，因而歸納出上帝創造世界的結論。然而一些從前視為邪魔異教的想法，像是地球繞著太陽旋轉，如今卻成為絕對的真理；地球是圓的而非扁平的，也不再會被任何有理性的人所否定。科學史學家可細數一堆從前是不容懷疑的真理，而後皆證明為偽的案例。在克卜勒之前的天文學家，理所當然以為天體運行的軌道必定是完美的圓；在達爾文之前的大部分哲學家，認定生物物種是永恆不變的；在 1880 年代之前，人們還普遍相信後天獲得的性狀可以傳給下一代。那麼又有誰知道，我們這一代所公認的一些假設，不會在未來科學之輪的前進下，被碾碎得蕩然無存呢？

　　科學家如今接受，地層中化石的順序清楚真實的記錄了演化過程，但其他還有許多科學發現仍是假設性的，或許目前具有高度的可信度，但若最後為其他理論取代，我們也不至於太焦慮。科學家已不再堅持「絕對真理」的存在，只要某一項理論能禁得起所有反

證的攻擊，且能說明它應解釋的現象，科學家就已經心滿意足了。幾世紀以來，大家相信牛頓的天體運行方程式是終極的真理，然而愛因斯坦的相對論卻指出，在一些特定的條件下，這些方程式也有失效的時候，無論它們在地球上的一般狀態下如何通用。

有些常識性的共識看起來像是十分肯定的科學總結，因此可視為絕對真確，其他常識只是暫時性的真理，有著程度不一的確實性。如果有兩個理論相互競爭，而無法確知何者更真實，勞登建議可以採用較能成功解決問題，或者能解答最多問題的學說（Laudan, 1977）。

然而解釋的真實性其實是很脆弱的。「鳥類能獲得羽毛是因天擇的輔助」，這句陳述幾乎可以為真，但就像大部分發生於遙遠過去的事物一樣，我們永遠無法確定，也就是說這是無法證明的。為什麼獲得羽毛可享有選擇優勢，更是難以證明。是為了使這些溫血脊椎動物較能抵禦嚴寒？或是保護牠們免於照射到過量的太陽輻射呢？[66]

每一個科學學門中，都有一些完全未解的觀察現象：為什麼某些無脊椎動物（特別是所謂的活化石）的表現型，經過了一億年的光陰絲毫沒有改變，而與牠們相關的動物卻不是完全滅絕，就是急遽演化？為什麼雄性不負責育兒工作的鳥類，和雄性擔負起養育後代活動的鳥類，在生存上會同樣的成功呢？（答案可能與雛鳥被餵食的是小蟲或果實有關。）許多諸如此類的謎題，已經存在有五十年或一百年之久，在此期間，也有極高比例的問題獲得圓滿解釋，例如為什麼社會性昆蟲中不能生育的成員會幫助女王撫養幼蟲？[67]近幾年來，生物化學更是幾乎釐清了所有生理難題，目前在生命世界的複雜運作中，最重要且尚未獲得解釋的問題，僅剩受精卵長至

成體的發生過程，以及中樞神經系統如何運作，而科學家也已探索
清楚這兩個領域的許多個別過程，但整合各個過程的解釋，以及它
們的協調控制，仍在我們的理解範圍之外。

　　由於尚有這些不確定的問題，有一些非科學家的偏激人士宣
稱，科學發現的事物沒有一項是具有真確性的，甚至有些哲學家懷
疑，人類是否可為所有事物尋找到最終真理。因不確定而引發出來
的種種問題，我們將在第 5 章〈科學會進步嗎？〉中繼續討論。

第 5 章

科學會進步嗎？

每一個科學疑問的解答，
不分大小輕重，都會衍生出新的問號。
每一個領域中，通常會有一些未解的謎題，
所謂的黑盒子——隨意的假設，
仍需要詳細的分析和解釋。
就此層面來看，科學是沒有止盡的。

　　幾乎所有科學家和對科學持有高度興趣的一般大眾都相信，在一代代科學家的努力下，我們對自然的了解將會持續增加，有關世界如何運轉的知識，也會一點一滴累積起來。根據這種觀點，雖然人類可能永遠無法回答某類問題，像是為什麼會有世界的存在？或為什麼世界會建造成現在這個模樣？但其他無數的問題，仍然可以透過每一個科學學門的深入研究，尋獲解答。

　　但並不是每個人都抱持這種科學會持續進步的信念。在過去五十年間，科學哲學的思想由嚴格決定論和信仰絕對真理，轉變為趨近於真相的態度，就被一些評論家視為科學沒有進步的證據，並導致反科學運動，他們宣稱科學不過是一項無謂的活動，不能推導出任何有關我們所處世界的最終真理。

　　如果有人讀過最近的生物學期刊，不難了解為什麼會有這類負面觀點的存在。對外來觀察者來說，環繞在斷續平衡理論、競爭在生態系中扮演的角色、散布理論在生物地理學的地位、生物多樣性的控制、適應程度的研究、物種定義等議題上不休的爭論，讓人覺得這些問題在短期內難以達成共識，因而做出科學沒有任何進展的結論。甚至連少數科學家本身都相信，人類正接近科學所能回答問題的極限。[68]

　　有一則克契爾（Philip Kitcher）稱之為「傳奇」的論點這樣說：「科學已成功達成其目標……連續數代的科學家正逐漸拼湊出世界的全貌……倡導這傳奇的人士已見到一股愈來愈向真理邁進的趨勢（Kitcher, 1993）。」然而檢視整個科學哲學界，卻普遍對這傳奇存著反對態度。如果我招認自己對這則傳奇堅信不疑，一定會引來「老古董」之類的訕笑，但我想知道的是，這些評論者所談的科學到底是什麼，我必須坦承，從我所熟知的科學領域看來，它們的

確都符合這則傳奇的敘述。

舉例來說，自萊伊爾和維爾納以降，迄至現代的板塊構造說，加上由拉馬克主義到 1940 年代綜合學說的生物演化觀念之演變，地質學的發展已經動搖了前人對不變世界的信仰。從托勒密到哥白尼、克卜勒、牛頓及現代天文學，也持續增進我們對宇宙的了解。從亞里斯多德到伽利略、愛因斯坦和量子力學，人類思想的演進又是另一則科學進步的傳奇。

其他如形態學、生理學、系統分類學、行為生物學、生態學，也可以見到類似的階段演進。起源於 1940 年代的分子生物學，更是屢建佳績，從無間斷，由原本一無所有，進展到現在超級科學的規模。而醫學的一切進展，都建立在生物學和其他基礎科學的進步上。我可以一個接著一個提出不同的生物學問題，來說明成功的理論是如何在持續不斷的改進下，變得愈來愈強大，能夠解釋已知的事實。

當我們說到科學的進步或科學的演進時，指的是建立起更能解釋現象、且更能抵禦反駁的科學理論。大部分科學領域中，更好的理論還同時意味著準確的預測能力，和較不易被其他臆測所取代的特性。當有兩個或數個學說並列時，何者才是較好的理論，常常是科學界爭論的焦點。然而，昭昭歷史顯示，這些針對特定問題而起的爭議，最終都會得到圓滿的解決。一般而言，其中的一個理論通常會較與之競爭的學說獲得更多的肯定。有時則是同時淘汰兩個相對立的理論，而以第三種學說取而代之。

更常發生的是，當一個理論非常成功時，最後再也沒有任何學說可與之匹敵。然而在某段期間能解釋現象或運作的唯一學說，並不一定就是最終的結論。曾經一度廣為接受的理論，可能會在進

一步的科學證據出現之後，被批評得體無完膚，並被公認為無效的理論。這種情形在科學界屢見不鮮，其中少數較為人知的有混合遺傳、許旺的新細胞起源說（新細胞由細胞核產生）、五個生物界間的關係、後天性狀遺傳，以及無數的生理學說。這些如今已遭推翻的學說，在提出時是依據該領域既有資訊和觀念架構所能形成的最佳解釋。但很少科學家會滿於現狀，他們總是不斷嘗試改進理論，或以更清晰明瞭的學說來取代舊學說。而替代的新學說同樣必須經歷無數的挑戰，並要能和目前所得的最新證據連貫一致。

有些學者具有相當高的「打擊率」，提出的學說都能成功解釋現象，達爾文就是其中的佼佼者。但即使是達爾文，也有被駁倒的時候，例如泛生論和同域種化，就是飽受批評的假說。遺傳學的發展史更是充滿了許多因駁斥錯誤理論而促成科學進步的絕佳例證。

當然，並非所有科學理論的改變都可以做為進步的證據。事實上，1890 年代末期就曾發生過捨棄核素而以蛋白質為遺傳物質的倒退情形。重新發現孟德爾遺傳定律的科學家（貝特森、德弗里斯）也曾排斥當時盛行的族群思考的漸進演化觀念，而傾向類型思考的跳躍演化觀念。生物學發展史中有許多這種暫時退化發展的例子，它們正好可以做為教訓：不要輕易放棄看起來已被駁倒的理論，除非經過反覆測試發現有確實的錯誤。

通往新視界的道路，並不一定皆是筆直大道，反而時常在交互啟發的原則下曲折前行。每一個科學疑問的解答，不分大小輕重，都會衍生出新的問號。每一個領域中，通常都會有一些未解的謎題，所謂的黑盒子——隨意的假設，仍需要詳細的分析和解釋。就此層面來看，科學是沒有止盡的。

但並不是讓科學家投入時間和精力的所有活動，都能導致科學

的進步。在每一個領域中，都會有一些「書記員」，從事表列彙整的工作，他們樂於建立資料庫，有助於其他研究者，這種工作卻不會造就該領域顯著的進步。還有更多的「工人」，或許基於很好的理由，他們不斷重複別人已做過的工作，只是換個類似的系統依樣畫葫蘆，卻畏懼面對自己領域中真正待解的重大問題。另有一些科學家製造了一堆新事實、新現象，但卻不能從中歸納出一些通則。

有些學者畫地自限，局促在特定問題上，而疏於與鄰近學科交流觀念。科學解釋常常需要結合鄰近學科的資訊和觀念，理論的演進更常是相關領域來回激盪下的結果。有時候，進展並不是單純來自於駁斥其他理論，而是在統合數個學科後，拓寬解釋的基礎。

那些攻擊科學沒有進步的人士，大多是哲學家或其他非科學家。他們並沒有足夠的專業知識，來評估人類知識是否有真正的進展，我所知道的科學事蹟，每一件都使我無法苟同這些評論家的論點。當前的科學原則或學說，大部分已經維持了三十年、五十年、一百年、甚至二百年，仍屹立不搖，而我們對世界的基本知識，依然蓬勃發展。

然而不可否認，人類的知識仍有少數缺口，例如大腦的運作，或基因型彼此的作用。我們必須強調，這只是例外，然而卻足以使外界對科學的進展抱持懷疑的態度，特別是對生物學。為了證實這種情形，我將在下面詳細分析具體的實例。

細胞生物學的進展

想要闡述生物學的長足進展，最適宜的例子莫過於細胞學。[69]細胞學的發展，顯然與顯微鏡的發明息息相關。透過顯微鏡，虎克

發表了該領域的第一部著作《顯微圖解》（*Micrographia*），這本書中第一次以 cell 來稱呼細胞。雖然後續的一百五十年間，還有其他傑出的顯微鏡專家，例如葛魯、馬爾匹吉、雷文霍克，描述了許多微小的物體，但基本上，早期顯微鏡的使用恐怕是娛樂性大於研究性，因此從 1740 到 1820 年間，很少有新發現。「細胞」一辭雖然偶爾還會被提及，但都是用來描述一些纖維或長條構造，而非細胞本身。

　　1820 到 1880 或 1890 年間，細胞學終於有了重大突破，主要是因為製鏡技術的進步（物理學家阿貝是最主要的貢獻者）以及油浸法的發現（將接物鏡浸泡在油滴中），其他如固定組織和活體物質的方法也不斷改進，增加觀察物體的透光率。各式染料的使用，更提供了明顯對比，使細胞壁、細胞質、細胞核及其他胞器清晰可辨。像布朗、許來登、許旺等人使用的顯微鏡，都還是簡單原始的自製顯微鏡，到了十九世紀初時，開始有光學公司生產改良式顯微鏡，更加速了細胞學研究的腳步和普及程度。但由於早期儀器的粗陋，時常導致錯誤的觀察結果，而引發許多爭議。

　　一般人皆以為細胞學研究始於許來登和許旺。其實早在他們之前，梅恩已發表了一篇相當正確的專題論文，詳述植物細胞的分裂繁殖、葉綠體結構，以及可用碘酒呈色的澱粉顆粒。[70] 如果梅恩不是英年早逝，必定能垂名生物學發展史。梅恩也不是唯一對細胞研究有興趣的人，與他同時的還有好幾位研究者，不斷為精確描述細胞的工作貢獻心力。

　　1831 年 11 月，布朗發表了一項重要的觀察結果：所有細胞內都含有一個實體，他將這種實體命名為「細胞核」。至於細胞核的意義為何，布朗卻很謹慎節制，不願多做臆測，要到 1838 年時，

才由許來登提出「新細胞源於細胞核」的理論，許來登還因此將細胞核重新命名為「細胞胚」。至於細胞核本身，許來登則認為是由細胞的液態內容物所形成，這種後成式的細胞起源說，頗能融入當時反對先成論的學術氣氛。但梅恩立刻提出反駁，重申他觀察到的細胞分裂現象，可惜這項觀察結果未能幫助梅恩釐清細胞核的真正意義。

身為植物學家的許來登，使用的研究素材自然是具有細胞壁的植物細胞。許來登驗證了梅恩早已歸納出的結論：雖然有些植物細胞經過修飾而形態各異，但整棵植物基本上完全是由細胞所構成。

那麼動物呢？動物也是由細胞組成的嗎？這項工作則由許旺完成。在檢查過不同的動物組織後，許旺發現不管各組織的外觀和功能如何歧異，建構組織的成分都是細胞。然而對於細胞的來源，許旺也支持許來登的錯誤理論，在非常仔細的研究後，許旺只輕描淡寫的加上：新細胞核可能源自細胞之間形狀不定的物質。

生物學的著作中，很少會像許旺的論文激起如此巨大的波瀾。因為它顯示動物和植物都是由相同的基本建材所構成，因此整個生物世界存在著一致性，該論述同時也為化約主義思想提出強力的背書，因為所有生物都可以拆解為基本組成——細胞。

許來登後來出書詳述自己的科學觀，內容強調歸納法的重要，並嚴厲批評哲學家黑格爾和謝林的科學理論。然而許來登並不如自己所想的那麼重歸納和經驗原則，最後結論仍充斥著目的論的影子。他的科學理論其實是依據康德的觀點。許旺也有相同的情形，許旺是虔誠的天主教徒，他的世界觀一樣帶有目的論色彩。

許來登和許旺的新細胞核起源說，不僅符合後成論的思想，同時還符合當時盛行的「自然發生」理論，由此可知意識型態對理論

接受度的影響。這種「新細胞核是由不定形有機物質所形成」的錯誤理論，到了 1852 年才由胚胎學家雷馬克推翻。雷馬克利用發育中的蛙胚，證明從生物第一次分裂開始，所有組織中的每個細胞都是由既存細胞分裂形成的。1855 年時，雷馬克完成了更詳盡的專題討論，徹底瓦解了許來登和許旺的理論。同年，德國醫生魏修在採用了雷馬克的結論後，再另外加上一句至理名言：「所有細胞皆來自細胞」，即形成了新的細胞學說。

要判定是什麼因素造成細胞起源說的全面改變，並不容易，一般相信是顯微鏡和顯微技術的改良，當然，雷馬克選用的特殊材料（發育中的蛙胚）也是重要的原因。另一方面，新理論顯然與當時盛行的後成論和自然發生論相對，因此至少由此例看來，經驗性的發現可以掃除任何因違反眾議所帶來的不安。

探訪細胞核

雖然雷馬克曾指出，在細胞分裂之前，細胞核會先行分裂，然而由於這項觀察被其他研究者所否定，包括非常具有開創精神的植物學家霍夫梅斯特，而且新細胞學說對解釋細胞核的功能和意義也無助益，使得細胞學界又多花了三十年的光陰，才由生物學家佛萊明提出「所有細胞核皆源自細胞核」的口號。

使細胞核來源得以真相大白的重要線索，來自對受精作用的研究。首先，科立克和葛根葆分別證實卵和精子這兩種生殖要素實為細胞。然而對於精子和卵在受精及發生過程中所扮演的角色為何，科學家最初有不同的見解。物理論者認為，受精作用不過是一種物理現象，是精子接觸卵後所產生的傳導訊號，引發卵的分裂。反對派則主張，精子所帶來的訊息才是受精作用的真正意義。

後者的觀點取得了最後的勝利，許多的錯誤觀念（像是卵或精子裡頭含有迷你小人）也隨之淘汰。在布魯門巴赫的帶領下，先成論遭到毫不留情面的訕笑，最後為後成論所取代，後成論主張發生始於一團形狀不定的物質，會在外力協助下長大成形。

除了後成論之外，第二個被普遍接受的觀念是「精子與卵對發育中胚胎的特徵有均等的貢獻」，換句話說，科學家開始考慮受精作用的遺傳意義。植物學家寇俄如特是最早提出相關證據的學者，在1760年代時，他就依據雜交實驗歸納出這項結論，雖然寇俄如特的研究成果一直未能受到重視，但後續幾年其他研究者也紛紛發表類似的結果，終於使眾人接受精子除了可激化受精卵的分裂外，還有其他更重要的功能。令人驚訝的是，到了1840年代末期，發現核酸的米契爾卻還墨守著物理論式的詮釋。[71]

1850年到1876年之間，一再觀察到精子穿入卵中，甚至兩個細胞核融合的畫面，但由於研究者觀念架構的錯誤，而無法正確詮釋這項觀察結果。直到赫特維希證實了，在精子進入卵，且兩個細胞核融合後，新形成合子的細胞核分裂，才啟動胚胎的發生（Hertwig, 1876）。動物學家福爾（Hermann Fol）在1879年再度驗證這項觀察結果，並加以擴充。

在這之前，「細胞核在每次細胞分裂前會溶解」的觀念已經普遍流行了幾十年，如今顯然不再成立，至少對受精過程來說是如此。由於顯微技術的改良，科學家很快證實，每一次的細胞分裂，都是由細胞核的有絲分裂開始。

然而當時科學家還未完全明瞭，精子在受精過程中扮演雙重角色，除了原先已知啟動合子發生的功能外，來自父方的遺傳物質也會在受精過程中送入卵中。精子擁有這兩種截然不同的角色，是物

理論者從未領悟到的。洛布以化學物質啟動未受精卵的發生，宣稱這是單性生殖的案例，顯露出他對受精作用的遺傳意義毫無概念。

在 1870 年之前，許多優秀的研究者開始注意到，精子與卵的細胞核融合是具有遺傳意義的。然而這意義為何？遺傳物質又如何傳遞給子代？科學家對這些問題的解釋概念卻仍模糊不明。科學家還需要的，是發現細胞核中染色體和生殖細胞減數分裂的現象，並賦予正確的詮釋。上述成就是由魏斯曼、班尼登和包法利完成的。

經驗主義者利用顯微鏡完成許多出色的研究工作，但卻常常因為缺乏適當的理論架構，沒有追問為什麼會發生這種現象，而未能掌握研究發現的真實意義。以盧威廉為例，他非常敏銳的問道：為什麼有絲分裂要有如此複雜的過程？為什麼不簡單將細胞核切割為二，各分給兩個子細胞呢？盧威廉一針見血指出，唯有細胞核中的物質具有高度的異質性，以確保每個子細胞都能獲得原來細胞核的不同組成，有絲分裂才需要如此耗時、精緻的方法。

同樣有趣的是，這一時期有許多正確的觀察和理論卻常遭受到忽視的命運，要到後來才被重新挖掘出來，或許應該這麼說，「真正的涵義」要到後來才被發現。就像上述盧威廉的例子，連盧威廉本人都捨棄自己正確的看法，只因其觀察結果與一些發育中的卵的觀察結果相牴觸。又譬如班尼登準確觀察到，精子核內的染色體並不會與卵核內的染色體融合，這項結果正可做為孟德爾遺傳定理的基礎，但也同樣被打入冷宮，直到 1900 年後才受到青睞。

這段期間，學說的發展沒有一項與科學哲學文獻中有關理論形成的推測相符，包括錯誤的觀察結果或猜測。細胞學的進展有時由新發現所推動，有時由新理論所牽引，還有時是因為研究者選擇了全新的生物模型，例如赫特維希的海膽卵，以及雷馬克的青蛙胚

胎。當然，新技術的發展亦功不可沒，例如後期細胞學家常用的苯胺染料。顯然當時這些科學家所完成的各種新觀察和新理論，提供了達爾文天擇說的素材來源。遲早將有一項無懈可擊的觀察或解釋會被視為「真理」，即使這項理論後來又給推翻，就像遺傳物質是蛋白質的假說遭到推翻一樣，雖然該假說至少曾被接受了三、四十年之久。由於蛋白質假說的觀念是如此根深柢固，當 DNA 假說取而代之以後，許多研究者仍拒絕相信，包括著名的遺傳學家戈德施密特。

1880 年後的四十年間，顯微鏡的改良使科學家能更精確描述細胞核，以及細胞核在有絲分裂與減數分裂時的變化，並解釋這些變化的意義。這些知識的獲得是一段極為複雜的歷程，是一些優秀的技術人員詳實記錄受精和成熟過程中的各個層面，再加上傑出理論家的沉思、構想所共同創造的偉業。[72]

了解染色體

由於科學家觀察到細胞休止狀態時（非細胞分裂期），核內含有一些形狀不規則的顆粒狀團塊或細絲網路狀的染色質，會在細胞分裂期間轉變為形狀明確固定的染色質體（稍後改稱為染色體），而且每一種生物的染色體數還是固定的，使科學家開始思索染色體的這項轉變所蘊含的意義。當然，在對染色質的生物功能一無所悉的情況下，很難發展出解釋理論，因此雖然有人說染色質即為核素，但由於這結論並未獲得普遍認同，況且也沒有人知道核素的功能為何，因此這項指認並沒有實質的幫助。

到了魏斯曼時，雖然他主張的遺傳理論中有許多細節是錯的，但由於魏斯曼堅持遺傳物質就位在染色體上，因此將其他研究者的

注意力帶往正確的方向。其中尤以包法利對染色體的了解，貢獻最多。包法利由染色體數目固定的這項簡單觀察為起點，在選用適當素材的情況下，首先證實染色體的個體性，也就是說包法利為每一個染色體都找到了可檢定的特徵；包法利也發現，當這些染色體在細胞休止狀態「溶解」為核素後，會在下一次有絲分裂期間再度形成和前次分裂時數目相等、特徵相同的染色體。這項觀察結果使包法利發展出染色體的連續性學說：染色體即使在細胞休止狀態時仍維持其獨立個體性，而且終細胞一生都不會失去這種特性。雖然包法利的學說遭到包括赫特維希在內的其他細胞學家強烈攻擊，但根據連續性學說，包法利和薩登最後仍發展出染色體的遺傳學說。

　　由於染色體的連續性無法直接觀察到，因此包法利的學說主要是根據推論而得。是否有更深刻的觀念或意識型態，使包法利確信自己是正確的呢？反對這項學說的人，背後是否也有不同觀念或意識型態，使他們堅決否定包法利的想法呢？

　　不幸的是，依目前既有的文獻，我無法推斷得知；然而我卻懷疑，在包法利和赫特維希的背景中，必定有一些觀念的影響，才造成彼此看法的歧異。他們的結論同樣都是根據觀察結果，經由邏輯推演出來的，但截至目前為止，尚未有任何說法能解釋兩人之間的歧見，否則應該可以為哲學家的理論形成爭議，帶來一線光明。由於赫特維希主張胚胎後成論，而包法利主張先成論，因此兩人對染色體在細胞休止期間的持續性爭論，是否是受到先成與後成之爭的戰火波及呢？

　　1900 年以後，細胞學的進展不曾片刻減緩過，最初主要的貢獻者來自遺傳學和細胞生理學，其後在電子顯微鏡的幫助下，科學家可以對細胞的細部構造做更詳盡的探索。經由分子生物學，更可

分析細胞質中的所有組成。雖然觀察仍然是新發展的濫觴，但理論的形成顯然不再是單純推論的結果，而是經由觀察提出疑問，由疑問引申出臆測，在證實或推翻臆測後，產生新的學說和解釋。

從錯誤學說的失敗、競爭學說間的爭鬥，到最後由最具解釋價值的詮釋獲得勝利，細胞學的發展史提供了最生動的實例，來說明科學的漸進發展。我們現今對細胞及其組成的解釋，遠優於一百五十年前盛行的觀念，是不容爭議的事實。

科學是經由革命而進步的嗎？

如果我們從上述的細胞學或其他案例來看，應該能歸納出「科學可以持續增進人類對自然的了解」的結論。接下來應考慮的問題則是，這些進步是如何發生的。這主題頗具爭議性，在當代科學哲學文獻中占了極大的篇幅，從中我們大致可區分出兩個主要學派，第一是孔恩所主張的「常態科學」與「科學革命」，第二派則是達爾文演化知識論。

在科學哲學界中，鮮少有著作會像孔恩 1962 年出版的《科學革命的結構》一書，激起如此巨大的騷動。根據孔恩的原始論文，科學進展是由偶發的科學革命所帶動，中間夾雜了漫長的常態科學時期；在科學革命期間，一門學科會採納一套全新典範，而該典範則會延續主導後續的常態科學時期。

革命（或說典範的轉移）和常態科學時期只是孔恩理論中的兩個主要論點，除此之外，孔恩也預設新舊典範間存在著不相容性。有一名孔恩的批評者宣稱，孔恩在第一版著作中使用「典範」一辭時，至少有二十種不同的意義。然而在這些不同的意義中，最重要

的是稍後孔恩改稱為「學科基質」（disciplinary matrix）的觀念。根據孔恩的說法，學科基質蘊含的意義遠超過一種新學說，學科基質是信仰、價值和象徵概念系統。因此孔恩所言的「學科基質」，和其他哲學家的「研究傳統」是有幾分相似性的。[73]

　　許多學者肯定孔恩的結論，但或許有更多的學者無法接受。要討論孔恩理論的各個層面，最有效的方法是具體檢視一些實例，才能了解理論的演變是否遵循孔恩的法則。因此下面我將謹記這個前提，分析生物學中幾則主要理論的變遷。

系統分類學的進展

　　在動物和植物的分類科學中（系統分類學，詳見第 7 章），我們可看出，從十六世紀草藥專家到林奈的早期階段，分類主要是建立在邏輯劃分上，生物從某一分類群轉移到另一分類群時，憑藉的是權衡不同性狀的重要性，以及被分類的物種數量。這種分類方法稱為「下行分類」（downward classification）。

　　然而後來科學家領悟到，「下行分類」實際上只是鑑定生物的方法，於是又提供了另一種非常不同的「上行分類」（upward classification）。「上行分類」以層級方式排列，也就是將一大群相關物種劃分於同一類。此種分類最早出現在一些草藥專家的研究中，之後馬格諾（Magnol, 1689）和亞丹森（Adanson, 1763）亦曾使用。但上行分類真正獲得普遍採納，要到十八世紀末期的二、三十年間。然而下行分類並未就此遭到捨棄，田野生物鑑定指南和分類學的專題論文中，仍繼續以下行分類來建立檢索表。如今上行分類和下行分類雖然運用在不同目的上，但由於兩者並存，因此並未發生所謂革命性的替換。

　　達爾文在 1859 年提出共祖理論，有一些人可能預期將會為分類學帶來重大革命，但事實並非如此。上行分類根據最多生物共有的性狀來區分群體，於是劃分在同一分類群下的組成物種，通常都來自最近的共同祖先。達爾文的學說正好為上行分類提供理論依據，因此並未造成系統分類學的科學革命。

　　一百年後，也就是 1950 年後，數值表型學派與支序學派＊這個兩巨觀分類學（macrotaxonomy）學派被建立了。那麼這可算是革命嗎？由於數值表型學派所建立的分類系統並不能令人滿意，因此並未造成太大的影響；再者，它所帶來的只是分類新方法，而非新觀念。相對的，如果我們翻閱一下當代科學文獻，反而會傾向認為支序學派造成了重要的改革呢！事實上，就如同海尼格本人在 1950 年所指出的，依據共有衍徵來認定分類群這種做法在過去就已經廣泛被實踐。然而毫無疑問，後來積極持續運用支序學派的分析方法，仍對分類學造成明顯的衝擊。

　　如果有人因此指稱這就是科學革命的話，那麼過程顯然與孔恩描述的有所差異。在這轉折過程中，並沒有某一典範突然取代另一不同典範的情形發生，海尼格建立次序的系統（支序學派）和傳統的達爾文分類法（演化分類），始終是共續共存的。兩系統不僅使用的方法學不同，目標也各異。支序系統僅對譜系發育史的發現和描述有興趣，而達爾文演化系統則運用在最相似和血緣非常接近的物種的分類群上，對生活史的研究和生態學尤其有效。由於這兩種方法的適用範圍並不重疊，未來也應該會繼續並立。

＊ 譯注：支序學派（cladistics）是依共同祖先的演化分支來分類的學派，數值表型學派（numerical phenetics）則是依生物可測量的相似性和相異性做數值分析的分類學派。

演化生物學的進展

　　演化生物學提供了另一個測試科學革命理論的依據。十七世紀末，人們對《聖經》神創故事中所描繪的簡單景象開始失去了信心，到了十八世紀，科學家確立了不同地區具有地理差異，描述了豐富的化石發現，並逐漸重視地質和天文的悠久歷史，於是有關生物起源的假說情節紛紛出爐，像是重複創造論。然而這些理論仍受神造萬物觀念的左右，與一般大眾信仰的《聖經》神創故事並立共存。法國博物學家布方是真正嚴厲批評這種神創觀點的第一人，在布方的思維中有許多觀念與當時本質主義的神創論對立，後來狄德羅、布魯門巴赫、赫爾德、拉馬克等學者的演化思想，實際上皆是從布方的觀念衍生形成的。拉馬克在 1800 年提出第一個純正漸進演化學說，概念上僅有少數變動，因此並不算是科學革命。再者像紀歐佛洛和張伯斯等拉馬克的信徒，彼此的觀念也有相當多的差異，顯然拉馬克主義並未成為理論新典範。

　　相對的，卻沒有人能否定達爾文的《物種原始》的確引發一場真正的科學革命，事實上，這場革命還號稱是科學史上最重要的一次革命，然而其性質卻與孔恩所描述的科學革命不同。要分析達爾文的革命有許多困難之處，因為達爾文所提的典範實際上是由一整套理論組成，其中有五項學說最為重要（請見第 9 章）[74]，但若將革命分為兩次處理，問題會比較清晰明顯。

　　第一次達爾文革命是共祖演化觀念的被接受。而其所造成的變革可以就兩層面來看，第一，共祖學說以自然具體的漸進演化解釋，取代超自然的創造觀念。第二，早期演化學家所採納的是直線演化模式，共祖學說則為樹枝狀的演化模式，只需單一生命起源，

即可產生多樣化生物。共祖學說正是繼林奈之後，無數學者欲尋求的解答，即一個自然的系統。這項學說淘汰了所有超自然的解釋，進一步剝除了人類的獨特地位，將人類放回動物序列之中。共祖觀念很快就為人接受，並促成後達爾文時期最活躍、甚至可能是最成功的研究計畫。這項學說與形態學和系統分類學配合得天衣無縫，因為它提供了理論，可以解釋從前發現的經驗證據，例如林奈的分類層級，以及歐文、馮貝爾所提出的原型學說，因此並未引起劇烈的典範轉變。再者，如果我們認為從布方（Buffon, 1749）到《物種原始》（1858）提出的這段期間為常態科學時期，將會忽略許多較小型革命的重要性，其中包括了發現地球古老年歲、生物滅絕現象、廢除依形態類型排列的自然階層、生物地理區域、物種觀的具體化等進展。這些都是造成達爾文學說的先決要素，是第一次革命的重要組成，使我們可將這次革命的起始點向前推至 1749 年。[75]

第二次達爾文革命，則是由天擇說引發的。雖然天擇說早在 1859 年時便已經提出，並具備了詳盡的解釋，但由於與當時盛行的五種意識型態（神創論、本質論、目的論、物理論、化約主義）相牴觸，因此遭遇到頑強的抵抗，直到 1930 到 1940 年演化綜合學說出現後，才被普遍接受。即使是現今的法國、德國和其他一些國家，對天擇說仍相當排斥。

因此我們不禁追問，第二次達爾文革命究竟發生於何時？是 1859 年提出之際，還是 1940 年代廣受接納之時呢？我們能將 1859 年到 1940 年代期間視為常態科學時期嗎？這段期間生物學界也有許多小型的革命發生，像是推翻後天性狀遺傳（Weismann, 1883）、推翻混合遺傳學說（Mendel, 1866 及後續的文獻）、生物物種觀（biological species concept）的發展（波爾頓、約丹、麥爾）、造成

遺傳變異的突變、基因重組、雙倍體等現象的發現、重視演化的隨機過程（古利克、萊特）、演化創始者原理，以及無數遺傳過程對演化影響的研究等等。其中有許多觀念對演化學家的思維都有革命性的衝擊，但卻沒有任何一項符合孔恩科學革命的條件。

讓我們再從 1950 年之後看起，在演化綜合學說被普遍接受後，幾乎綜合學說的每個層面都有人提出修正，有些也獲得採用。然而儘管如此，從 1800 年到現今，演化生物學界無疑有時風平浪靜，有時則有激烈的爭論和轉變。換句話說，孔恩所形容在漫長常態科學時期間夾雜有簡短革命的情形並不正確，所謂緩慢、持續、穩定的進展也並不存在。

如果我們能逐一分析，各個生物領域中的重大突破是否真有新典範取代的情形發生，又花了多久時間完成交替，將是有趣的事。譬如說，勞倫茲和丁伯根的動物行為學，或者許來登和許旺的細胞學說，是否算是科學革命？而二十世紀生物學界最大的變革，可能就是分子生物學的興起，它開發了全新的科學領域，凝聚了一批新的科學家，探究新問題，利用新實驗方法，並印製了新期刊、新教科書，也造就了新的文化英雄。然而在觀念上，分子生物學其實是遺傳學的延續，也並未產生不相容的典範[76]，分子生物學以更精細的分析，取代從前粗糙的了解，以前所未見的新方法來發展。分子生物學的興起是革命性的，但絕非孔恩式的革命。

生物學的漸進發展

嘗試要將孔恩的論點套用在生物學說轉變上的學者，幾乎都發現孔恩的理論基本上在生物學領域是行不通的，即使有符合革命性改變的實例，歷程也與孔恩所描繪的有異：在革命與常態科學之

間，並沒有明確的界線存在，我們見到的理論改變，只有從重大到微小的漸次差別而已。在任何一段孔恩可能稱之為常態科學的期間中，不斷有許多次要革命發生，孔恩也承認此點，但他並未因此放棄對革命和常態科學的劃分。[77]

剛引進的新典範，絕不可能立即取代舊典範，革命性的新理論可能會與舊觀念並駕齊驅，事實上，有時甚至可能有三、四個以上的典範同時存在。就像達爾文和華萊士提出天擇演化機制後，跳躍演化、定向演化、拉馬克主義等學說，仍與之競爭了八十餘年。[78]直到1940年代演化綜合學說出現，才使其他典範失去可信度。

此外，理論的演進究竟是透過新發現，抑或是由新觀念引發的，孔恩也未能有所區別。因為新發現而造成的改變，對既有典範的衝擊，通常遠不如新觀念所帶來的變動劇烈，例如，當科學家發現DNA的雙股螺旋結構時，雖因而開創了分子生物學，但對觀念的影響卻很有限，因此從遺傳學進展到分子生物學的期間，並無實質典範的轉變。其他還有許多例子，可以證明新發現對理論架構的影響有限，像梅恩和雷馬克意外發現，新細胞是由舊細胞分裂而來，而非由細胞核轉變而來，這幾乎是波瀾不掀；同樣的，在考慮遺傳理論時，遺傳物質為核酸而非蛋白質的發現，也未引起主要典範的轉變。

但若談到新觀念的影響時，就是另一番局面了。例如以族群思考方式取代本質主義式的思考方式，對系統分類學、演化生物學，甚至科學之外的領域（政治），都有革命性的衝擊，這項轉變深遠的影響了我們對演化漸變論、種化（物種形成）、巨演化、天擇和種族主義的詮釋；而放棄宇宙目的論和《聖經》權威性，對演化和適應觀念也有同等劇烈的效果。當達爾文的共祖說迫使我們將人類

納入演化樹時，更是激起了一場意識型態的革命。相對的，誠如巴柏所指出（Popper, 1975），孟德爾的新遺傳典範並未引起太多騷動。因此我們也不宜過分強調觀念的發展，就一定較新發現重要。

　　相同的理論對不同領域的影響也不盡相同，板塊構造說即為很好的範例。板塊構造說提出之後，對地質學的衝擊可用驚天動地來形容，然而對生物地理學的影響，卻十分輕微；若考慮飛禽類的分布，則有無此學說，絲毫不會改變原先建立的歷史敘述（第三紀時跨北大西洋的陸地相連是唯一一例外）。[79] 而澳洲大陸飛禽分布也與當時提出的板塊重組結果不符（但隨後的地質學研究顯示，最初推測的板塊重組情形是錯誤的，修正過後的版本就和生物學證據相符）。[80] 事實上，早在板塊構造說提出之前，古生物學家也曾推測在二疊紀到三疊紀時，有一塊連成一片的盤古大陸存在。換句話說，板塊構造說對我們詮釋地球生命的影響，並不若其對地質學的影響那般劇烈。

　　引進一項新概念典範的主要衝擊，可能就是加速該領域研究工作的進展。我們可由達爾文共祖說被倡議之後，譜系發育研究爆炸性湧現看出。1860 年後無論是比較解剖學或是古生物學，絕大部分的研究都被引導至探尋特定分類群的譜系發育位置，尤其是那些被認為原始或不尋常的分類群。

　　既然孔恩的論點在生物學理論演進的實例中，找不到任何相符之處，使我們不禁追問，是什麼因素使孔恩構思出這樣的想法？生物學和物理學不同的一點是，物理學的解釋絕大多數是根據基本定律的作用，而牽涉基本定律的解釋有可能是遵循孔恩式的革命。我們必須記得，孔恩是物理學家，他的論點也反映出許多物理學家共有的本質主義及跳躍主義思想，至少從他早期著作中看來是如此。

對孔恩那個時代來說，每一項典範都形同一個柏拉圖式的理想型式，只能用新的理想來取代改變。在這樣的觀念架構下，科學的漸變論是不可思議的想法。在經院哲學家看來，理想的輕微變異只能算是意外事件，因為變異在兩典範轉移期間並不重要，不過是在兩個科學革命之間的常態科學罷了。

科學是經由天擇過程進展的嗎？

孔恩在 1962 年時為科學理論演進所繪製的圖像，與物理論者的本質主義思想在性質上是相通的，但與達爾文主義的理念則格格不入，無怪乎達爾文主義者會偏好另一套截然不同的觀念體系，這套體系常被稱為達爾文演化知識論。費爾阿本曾指出，達爾文演化知識論實際上是非常古老的哲學概念，「知識的進展是在各類觀點競爭與繁衍下形成的」（Feyerabend, 1970）。這個概念最早由前蘇格拉底學派提出（巴柏也曾強調此點），之後由米爾發揚光大為一般哲學思想。至於「各類理論的競爭是科學的關鍵要素」的概念，則是由馬赫和波茲曼引進，主要受達爾文主義的影響。

達爾文知識演化論的主要中心思想是，科學的演進如同有機世界的演化一般，是經由達爾文演化的天擇方式，其特色則為變異和選擇。更精確的說，愈強大、愈逼真、愈具解釋能力、愈能排解問題的學說，也愈能在一代代競爭中贏得接納而生存下來（Thompson, 1988: 235）。我們從達爾文理論形成的過程中即可觀察到這種現象，達爾文年輕時期曾提出許多不同的演化學說，但總又不斷推翻這些想法，直到最後構思出「生物世系的演化是經由天擇作用推動」的概念。[81] 到了後達爾文時期，仍有其他各式演化理論

與天擇說較勁，包括了拉馬克主義、跳躍演化說和定向演化說，然而最後只有天擇說屹立不搖。當我們在處理知識論的問題時，會發現與天擇非常相像，各式臆測和假說彼此競爭，最後只有一個取得勝利。就表面看來，科學理論的演進史無疑和達爾文的生物演化過程有異曲同工之妙。

　　但是我們仔細分析之後，卻又會發現兩者事實上有許多不同之處。[82] 舉例來說，遺傳變異是隨機形成的，而理論變異卻是由倡導者的思維理念所造成。這項論點雖是事實，但卻不足為慮。畢竟遺傳變異的來源對演化過程影響並不大，達爾文本人也曾認為，拉馬克的用進廢退說和環境的直接影響是遺傳新變異的來源；即使是新綜合演化學說也承認突變、重組、偏向變異、水平轉移、雜交等多種變異來源，因此變異是否是隨機形成的，無關緊要。

　　再論及其他相異點，在演化知識論中，知識的傳遞是透過代代的文化傳承，而文化傳承的性質與遺傳顯然非常不同。同時，和遺傳變異對生物族群的影響相比，重大的理論變革（即孔恩所說的革命）可要更劇烈得多。

　　然而，即使知識的變革與演化的改變並不完全類似，但知識的變異和選擇基本上依循達爾文的演化模式，卻是不爭的事實。在一群競爭理論中，會取得最後優勢者，必定是可圓滿解釋最多現象，遭遇困難最少的理論，換句話說，也就是最適者。這不正像達爾文演化過程嗎？在生物族群中，新變異會不斷形成，在知識論中，新臆測會不斷出現。有些較能成功適應情況的臆測就會被採納，直到下一個更好的修正或替代解釋出現。理論改變所造成的影響也各不相同，有些改變的僅是旁枝末節，有些則大到足以稱為革命。樹狀分枝世系、天擇說，以及核酸（而非蛋白質）攜帶了遺傳訊息，就

是生物知識演進中最具革命性影響的理論。

　　從上述的種種觀察，我們可歸納出以下幾點結論：（1）在生物學發展史中，的確有從重大到次要規模不等的革命發生，然而即使是重大的革命，也不代表就會有突然且劇烈的典範轉變；（2）早期和後續的典範有時可以並存一段很長的時間，不一定會不相容；（3）在活躍的生物學領域中，似乎並無所謂的常態科學時期，重大革命與次要革命總是間雜接踵而至，只有在較不活躍的領域才可見到休止期，但若稱這段沒有任何革新的時期為常態科學，似乎不妥當；（4）相較於孔恩的科學觀，達爾文演化知識論更能貼切描繪生物學理論的演進，活躍的領域持續有新臆測形成（達爾文式的變異），某些假說較其他臆測成功，因此可以說這則假說被「選擇」，直到有更好的理論取代。我們也以可說較差或不合理的臆測和理論被淘汰，因此最後剩下的是最能成功解釋現象的理論；（5）盛行的典範會受到新觀念影響的可能性比較高，受新發現影響的可能性比較低。

為什麼科學共識難以達成？

　　不具科學背景的人士常天真的以為，一種新的科學解釋或理論在提出之後，應該很快就會被接納採用。然而實際上，因新洞見突然出現而使某一領域豁然開展的情形並不多見，大部分現代科學的理論都曾遭遇來自領域內外的長期頑強抵抗。就像達爾文和華萊士的天擇說，從 1859 年提出之後到 1940 年之間，未能贏得多數科學家的採信。大陸漂移說在 1912 年由韋格納首次發表之時（雖然在此之前已經有其他科學家建立了許多先驅性的工作），同樣面臨了地球物理學家的一致反對，他們辯稱並沒有什麼已知的力量可以

推動大陸的漂移，且該學說也不能解釋海底的地質現象。當時用來支持漂移說的生物地理學現象（更新世生物的分布模式），又是極容易被辯倒的錯誤選擇。然而，支持大陸漂移的證據累積得愈來愈多，特別是來自古生物學家的研究結果，因此當 1960 年代早期發現海底擴張和相關的磁場現象後，大陸漂移說也在數年之內普遍獲得接受。[83]

　　「地理隔離種化」的觀念（解釋物種增加的學說），亦是很久才獲重視的例子。起初達爾文根據他在加拉巴哥群島蒐集的證據支持地理隔離造成的種化（1840 年代），但稍後他也接受同域種化的觀念（1850 年代），甚至認為那是更重要也更常發生的作用。[84] 華格納（Wagner, 1864, 1889）所持「種化作用皆為地理分隔造成」的觀點，在 1942 年之前都僅是少數微弱的意見。[85] 要到《物種原始》發表之後的八十年，在詳細調查過鳥類、哺乳類、蝴蝶、蝸牛等動物的亞種、起始種及相近種的分布之後，才確定地理隔離種化是有性生殖生物的主要種化作用機制，甚或是唯一的機制。在此之後，當然還會出現許多新論點傾向支持同域種化和其他非地理隔離種化作用模式。這些機制是否真的發生？如果有的話，影響程度又如何？這些都是目前尚有爭議的問題。這些爭議顯然與學者的觀念立場有關，有些學者站在族群地理學的角度來探討，有些則依地區生態學推導結論。

　　為什麼有些理論需要奮鬥將近一個世紀才能獲得肯定，有些新觀念卻可在剛推出時就立刻成功，原因是多方面的，在此我將列舉六點說明。[86]

　　不同的證據會導出不同的結論，是使科學家耗費長時間才能達成共識的原因之一。例如研究地理隔離種化的科學家，觀察到的

是種化作用的漸進過程，因此認定這是漸進演化的明證。相對的，古生物學家對化石紀錄中物種之間或較高分類群之間的斷層，也同樣印象深刻，於是相信跳躍演化學說。因此接下來的挑戰，是如何以物種演化的漸進觀念，來化解化石紀錄不連續的問題。這正是麥爾、艾垂奇、古爾德、史坦利等人致力的目標。[87]

　　科學共識難以達成的第二項原因，則是意見相左的科學家各自墨守不同的意識型態，使得一方能接受的理論，卻為另一方所拒。天擇說在提出的十年之內，都不為神創論者、自然神學家、目的論者和持決定主義的物理論者所接受，正是這種情形。倘若欲改變的是意識型態（或說根深柢固的典範），所遭遇的阻力就要比改變錯誤理論還要更激烈了。就像生機論、本質論、神創論、目的論和自然神學，是許多人世界觀的基本核心，不可能被輕易放棄，因此對峙觀念的傳播自然會非常緩慢，只能吸收那些尚無堅定世界觀的人士當做追隨者。

　　第三項原因是在某一段時間內，數種解釋似乎都能說明同一現象，例如鳥類長途遷徙的定向問題，就有人曾推測與太陽的位置、磁場、嗅覺和其他因素有關。

　　對某些案例來說，的確答案可能相當多元，例如種化可以透過交配前或交配後的隔離機制。快速的地理隔離種化，可能發生於創始族群或生存環境改變的族群中。物種的地位可經由染色體的重整而獲得。

　　有時由於一派考慮的是鄰近成因，另一派則著重演化成因，使得共識難以達成。對遺傳學家摩根而言，生物的兩性異型是性染色體和荷爾蒙造成的（近因）。但對演化生物學家來說，則是生殖優勢的選擇結果（演化原因）。

　　有時阻礙新觀念的接受的因子並不是科學上的，可能只是因為作者曾惹惱當道者或不為當權派喜好，而另一個後續的相對學說會超乎預期的成功，是因作者隸屬於一個強勢的派別。當解釋的架構涉及不同學派或國家的傳統時，共識就更難以達成了。一旦傳統建立之後，人們便會頑固執拗的墨守，即使面對的全是相反的證據。當天擇說已經在大多數國家取得勝利時，許多法國學者仍長期堅持拉馬克主義為演化的解釋，便是其中一例。一個國家的科學當權派通常較能接受本國學者發表的研究成果，或是用相同語言寫成的論文。以俄文、日文或其他非英語的歐語發表的重要結果，不是完全遭忽略，就是不受重視，就算其中的概念最後幸蒙採納，通常也會歸功於後來學者的重新發現，而之前的著作早已為人所遺忘。

科學的極限

　　杜布瓦雷蒙在 1872 年所發表的〈我們不懂，我們也永遠不會明瞭〉（Ignoramus, ignorabimus）著名論文中，列舉了一些他認為人類將永遠無法解決的科學問題。然而到了 1887 年時，杜氏卻不得不承認，其中有些已不再是問題了。事實上，批評者甚至認為，杜氏列出的所有問題，原則上都已經有解答，或至少有了些眉目。

　　偶爾，我們會讀到一些狂熱的言詞，宣稱科學可以解決人類的所有疑惑，但任何冷靜的科學家都知道這並非事實。[88] 科學有其極限，有時限制來自現實因素，有時則是原則上的考量。譬如有一些人體實驗，一般人皆有共識，這會違反人類的倫理標準和道德感，因此原則上是不容許的；另一方面，某些大型物理實驗計畫，則因所費不貲而難獲支持，在此限制因素則是現實問題。

當科學研究進行之時，更會遭遇到一個實際且重大的阻礙，那就是想要解釋極度複雜系統的困難，譬如胚胎發生過程、腦部的運作、生態系。我深信，原則上人類未來一定能明瞭這些系統，然而就拿腦來說，裡面含有超過十億個神經元，若想要完整分析某一特別思考過程的運作機制，可能永遠都會因為太過繁瑣複雜而難以做細部探究。

基因組的調節機制也是一種我們所知甚少的複雜系統。生物的基因庫中含有數量龐大且類型各異的非編碼 DNA，有時這些不含任何蛋白質合成資訊的序列，總和要比編碼基因還多，這些 DNA 是否具有功能？又有何種特殊作用呢？對達爾文主義者來說，單純將這些 DNA 歸為多餘的副產物（廢棄物），是無法令人滿意的解釋。也曾有其他非達爾文式的推論，但同樣難以令人信服，顯然這一未完成的科學領域仍有待開發研究。我個人猜想其中有些 DNA 的確是沒被天擇選到（或尚未經過選擇）的副產物，但其他可能是基因組複雜調節裝置中的組成零件。

在人類提出的疑問中，大部分有關「是什麼」和「如何」之類的問題，都可以透過科學闡明，但「為什麼」之類的問題，則有許多是難以回答的，特別是有關分子基本特性的問題。為什麼元素金會有金色光澤？為什麼某些波長的電磁波在人類眼中會產生紅色的感覺？為什麼視紫質是唯一能將光波轉換為神經衝動的分子？為什麼物體會對重力有反應？為什麼原子核由基本粒子組成？

其中有些問題可用化學、量子力學和分子生物學來解釋，但還有一些關於價值觀念的終極問題，則可能永遠無解。其中包括了非科學家也常問到的問題，像是為什麼我會存在？這個世界的目的是什麼？在宇宙誕生之前又有什麼？有無數這樣的疑問，都是科學

範疇之外的問題。

　　這些問題有時是為未來科學而提出的。有鑑於人類對知識的渴求永不止息、目前人類所知仍不全，還有以科學為根基的技術大放異彩，毫無疑問的，未來科學的發展會像過去二百五十年一樣，繼續蓬勃發展、日益精進。誠如著名工程師布許（Vannevar Bush）所說的，科學永無止盡。

第 6 章

生命科學的來龍去脈

為了合理劃分所有的生物學科，
以處理生物學發展所帶來的各式現象，
科學家投入許多心力重整生物學的架構，
但至今還沒有任何提案是完全的成功；
有人將生物學分為敘述性、功能性和實驗性三類，
更是有嚴重誤導之嫌。

　　生物學是一門格外多樣化的科學。部分是因為生物學研究的對象從病毒和細菌，到真菌、植物、動物，包含成千上萬種生物；同時也因生物學面對的，是由有機巨分子和基因，到組織、器官、生物體等不同層級的系統；除此之外，生物學還需研究個體之間的交互作用，和由個體組成的家庭、族群、社會、群聚、物種及整個生物相。每一層級的活動與組織都是一個專門領域，有其特別名稱，諸如細胞學、解剖學、遺傳學、分類學、行為學或生態學，這些只是生物學的少數子學門而已呢！再者，生物學的應用範圍廣泛，舉凡醫學、公共衛生、農業、林業、漁業、動植物育種、蟲害防治和海洋生物學，無不是因生物學而興起，或至少有生物學參與發展。

　　雖然生物學是始於十九世紀中葉的現代科學，但如同前文所述，其根源可上溯至古希臘時期。有兩項超過兩千年的獨特傳統：由希波克拉底所代表的醫學傳統，以及自然史傳統，在今日生物學中仍清晰可辨其輪廓。醫學的傳統在加倫之時臻於顛峰，並引領出解剖學和生理學的發展，而自然史則在亞里斯多德的《動物史》和其餘生物著作中達到極至，最後促成系統分類學、比較生物學、生態學和演化生物學的誕生。

　　到了中世紀和文藝復興時期，醫學和自然史仍繼續保持分道而行的情形，最後終因植物學而串聯起來，因為在自然史的研究中，有一子學門專門找尋可能具有藥性的植物。事實上，十六世紀到十八世紀間主要的植物學家，除了約翰·芮之外，從切薩爾皮諾到林奈，均是醫學界出身。最後，醫學中較具生物學成分的領域，分別發展出解剖學和生理學，自然史則衍生出植物學和動物學，古生物學在當時則歸屬在地質學的範疇之下，生命科學就以這樣的型態度過了十八、十九世紀，到了二十世紀才有改變。[89]

　　至於影響西方科技深遠的科學革命，對生物學則僅有輕微的衝擊。真正造成生物學急遽變化的，是全球千變萬化、超乎想像的動植物種類的發現。那些由官派航海家或個人探險家（例如林奈）所帶回的豐富戰利品，推動了自然博物館的興建，促進了分類學的欣欣向榮（請見第 7 章）。事實上，在林奈的時代，除了醫學院教授解剖學和生理學外，整個生物學界幾乎全是分類學的天下。

　　那時所有關於生命科學的著作都屬敘述性質，然而若因此認定當時沒有任何觀念發展的話，那就大錯特錯了。經由布方對自然史的研究，畢查特和馬尚地對生理學的貢獻，歌德對理想形態的探討，布魯門巴赫和其追隨者居維葉、歐肯、歐文的成就，以及自然哲學的深思，都為後續觀念的突破奠下堅固的基石。然而鑑於生物世界的多樣化和獨特性，生物學所需的事實基礎，要遠較物理科學更廣博。除了分類學外，生物學還依賴比較解剖學、古生物學、生物地理學和其他相關科學的支持。

　　「生物學」一詞最早是在 1800 年時，由拉馬克、崔佛納斯和布達赫等人開始使用。[90] 然而，那時候並沒有任何研究領域配得上這個稱謂，它毋寧是宣示一股潮流、目標或信息，欲將原本對敘述性分類學的專注，轉移至對生物更廣泛的興趣。我們從崔佛納斯的論述：「我們研究的對象將是生命變化萬千的形態與現象、控制生物存在的條件和定律，以及影響生物的因果；凡是符合這些主題的科學，我們即應賦予它『生物學』或『生命科學』之名（Treviranus, 1802）。」便可以看出這種訊息。

　　至於我們今日所認識的生物學，則發軔於 1828 到 1866 年之間。參與這項重大突破的科學家，有馮貝爾（胚胎學）、許旺和許來登（細胞學說）、穆勒、李比希、亥姆霍茲、杜布瓦雷蒙、伯納

德（生理學）、華萊士與達爾文（譜系發育學、生物地理、演化學說）、和孟德爾（遺傳學）。

生物學中的比較方法和實驗方法

從古希臘到現代，哲學家及科學家在找尋自然界的秩序時會採用兩種主要方法：第一是追查規律現象背後的定律；第二則是找尋「關係」，在此所說的關係並不是指譜系發育的那種親緣關係，而是自然界中「共同的特質」。要達成上述的目標，都需要有「比較」做為基礎。

比較法最光輝燦爛的成就，是由居維葉和同事所發展的比較形態學。雖然比較法最初純靠觀察經驗，但在達爾文提出共祖說之後，開始逐漸變成嚴格精準的科學方法，並成功運用在其他生物學領域，衍生出比較生理學、比較胚胎學、比較心理學等學科。現代的巨觀分類學也幾乎全仰賴比較法。

新儀器的發明和發展，對生物學這門新興科學更有推波助瀾的功效，其中由穆勒與其學生，還有伯納德所研發的各式儀器，更是造成生理學創新發展的關鍵因素。然而，沒有任何儀器能比得上顯微鏡，對生物學的興起造成如此巨大的衝擊和影響，胚胎學和細胞學這兩門新學科也於焉誕生。[91]

到了 1870 年時，生物學界卻發生了原因不明的重大分裂，其中一派主要以研究演化原因的生物學家為主，強調譜系發育史，主要以比較法和觀察為依據。另一派則由研究近因的生理學家和實驗胚胎學家組成，著重的則是實驗法則，並批評前者所用的方法純為臆測。兩派人馬為此激烈爭執不休。當然，今天我們已經清楚，這

兩種成因都是研究生物問題時必須探討的層面。

之後，科學家又發現，動植物的細胞具有相同的結構和功能，而且兩者個體特徵的遺傳模式亦雷同時，把生物學劃分為植物學和動物學的舊有分野，就顯得不再具有意義了。當我們更進一步了解這兩生物界所使用的分子極為相近，事實上根本可說是一模一樣，但卻與真菌和原核生物明顯不同時，更顯示出我們對生物分類的觀念，不可再依據生物的形態，而必須找尋新的秩序原則。

近代由於細胞學和分子生物學的發展，有些人可能認為我們再也不需要動物學和植物學了，然而在某些特定的領域，像是分類學和形態學，仍有分別處理動植物的必要。同樣的，動物和植物的發生及生理過程亦不相同，行為學更是只考慮動物層面。無論分子生物學的進展多麼輝煌，以整個生物體為研究對象的生物學科，仍有繼續存在的需要，雖然這樣的生物學和傳統生物學的架構已有相當的差距。

除了上述的特殊領域外，關於動植物的生物學問題，基本上都是相等的。有趣的是，在一門新學科草創之時，動物學家和植物學家的貢獻常常可以相提並論。例如在細胞學中，細胞核是植物學家布朗發現的，細胞學說則是由植物學家許來登和動物學家許旺分別提出，再由動物學和醫學出身的魏修進一步發揚光大。至於受精現象之謎，則是靠動物學家和植物學家一系列研究共同解答出來的，稍後發展的遺傳學，情形亦是如此。

為了能合理劃分所有生物學科，以便處理因生物學發展所帶來的各式現象，科學家投入了許多心力在重整生物學結構，但至今還沒有任何提案能算是完全的成功。其中還有一種提案欲將生物學粗分為敘述性、功能性與實驗性三大類，更是有嚴重誤導之嫌，這種

劃分法不僅可能使整個領域（例如演化生物學）被排拒在外，且忽視敘述在所有生物學科中的必要性、以及實驗為功能性生物學的主要工具的事實。再者，實驗不僅是蒐集資料的方法，同時也是驗證臆測的最重要途徑。

　　祝瑞胥評論到德國大學僅將主任一職授予實驗科學家而非分類學家的做法是如何明智，卻也顯露出他對生物學結構的了解很膚淺。祝瑞胥將演化生物學、動物行為學、生態學和分類學等探討整個生物體的學科歸類為敘述性科學，只因它們不是實驗性科學。吉利斯皮（Charles C. Gillispie）提出批評，認為分類學引不起歷史學家的興趣，則是另一個不了解各生物學科間性質歧異的錯誤例子。

重建生物學的架構

　　1955 年在美國，生物學評議會（Biology Council）舉辦了一次特別的研討會，宗旨為分析生物學的觀念，以及如何展現生物學的架構。[92] 會議中，每位學者提出用來劃分生物學門的準則差異頗大，其中較受歡迎的是由曼克斯（Felix Mainx）所提出，依形態為劃分依據的方法，曼克斯將生物學劃分為形態學、生理學、胚胎學和其他一些標準學科，再由這些標準學科細分出細胞學、組織學、整體器官生理學等等。另一個獲得普遍支持的，是由魏斯提議的層級劃分法：分子生物學、細胞生物學、遺傳生物學、發生生物學、調節生物學、群體及環境生物學。[93] 美國國家科學基金會審查小組的許多委員，也可以根據此種分類方法來貼上標籤。有趣但並不令人意外的是，像是系統分類學、演化、環境和行為生物學等牽涉到生物個體的科學，在實驗論者魏斯的手中，全混合為同一個大單元

——群體及環境生物學，但他卻保留了五個同等地位的單元，給研究層級小於完整生物個體的學科。

一般說來，劃分生物學科所援引的條件，會深受學者本身的背景影響。有物理背景，或者有根深柢固的物理思想的學者，必定會傾向於強調實驗、化約論和一元論的重要，而將焦點放在功能性的學科[94]；相對的，受自然主義薰陶的生物學家，則會以多樣性、獨特性、族群系統、由觀察結果推論，以及演化層面為首。

1970 年，美國國家科學院生命科學委員會確認了十二個類別，其中至少有三項為應用領域，它們分別是：（1）生物化學及分子生物學、（2）遺傳學、（3）細胞生物學、（4）生理學、（5）發生生物學、（6）形態學、（7）演化及系統分類學、（8）生態學、（9）行為學、（10）營養學、（11）疾病機制、（12）藥理學。[95] 這項分類比其他系統改進許多，但仍有一些問題存在，像是將系統分類學和演化生物學歸為一類，就有些不妥。

如果我們能了解科學研究時會追問的三類問題，應可引發出更合邏輯的劃分方法，而生物學的三大問題為：「是什麼」、「如何」和「為什麼」。

「是什麼」之類的問題

沒有人能在未先建立事實基礎的情況下，從事任何科學研究；而所謂事實基礎，即為記錄理論所根據的觀察和發現。因此，敘述在任何科學領域中都是最重要的一個層面。

然而奇怪的是，凡是貼上了敘述性標籤的科學，總是會有一點被蔑視的味道。生理家可能會譏笑形態學家的研究是敘述性的，雖然嚴格說來他們自己的研究也和形態學家一樣。還有一些分子生物

學家曾覺得羞慚,坦承在他們的領域中有太多論文純是記錄事實而已,換言之也就是敘述性的。事實上分子生物學家無需為此感到羞愧,因為所有新興領域都一定會經歷這一階段。

敘述是任何生物學範疇進展的第一步,若特別區分出敘述性生物學,反而會造成誤解。以辨識物種或更高分類群為目標的分類學,並不比細胞生物學、分子生物學或基因組計畫更為敘述性。敘述絕不是壞事,而是生物學中所有解釋性研究的必要基石。[96]

然而更奇怪的是,在任希、麥爾、辛浦森、海尼格之前的分類學家,對自己的專業領域也不夠重視,在一次名為「當前生物理論之趨勢」的研討會中,傑出的蟻類分類學家惠樂竟說,分類學「是生物學門中沒有理論的科學,純粹是鑑定識別和分門別類」。這樣的觀念真是大錯特錯,從海尼格、辛浦森、基士林、麥爾、波克(W. Bock)、阿席拉克(P. Ashlock)、和胡爾(D. L. Hull)等人論文,均可以反駁這項說法。[97]

所有科學都需要處理現象和運作這兩個層面,只不過某些科學中研究現象者較占優勢,而其他科學則偏重運作的研究。生理學家關切的是生命結構的解釋,因此面對的主要是運作問題;演化生物學家在探討新適應和新分類群的演化改變時,處理的同樣也是運作問題。但對某些生物學門中的博物學家而言(特別是分類學和生態學),生命的多樣性才是研究重點,而生物多樣性又牽涉了複雜系統中的交互作用;與可以在實驗室中進行分析的簡單生理作用比較起來,生物多樣性的研究需要採用不同的策略和角度。

當我們在研究多樣性的問題時,精確明瞭的敘述是不可或缺的首要步驟,對分類學(包括古生物學和寄生蟲學)、生物地理學、個體生態學和其他比較生物學的子學門(包括比較生化學)來說,

這句陳述格外真確。有了上述學科建立的敘述性基礎，演化生物學才能比較，進而歸納出一般通則。科學活動產生的最重要結果，就是依據原始事實基礎所推演出來的通則和學說。只有在科學家不去鑽研敘述背後的理論時，批評敘述性的科學才師出有名。

在任何領域中，蒐集資料的工作都是沒有止盡的，這不僅是因為科學整體的無邊無際，就算僅是科學的一個子體系，也都是沒有終點的。每當有新的蒐集方法可用時，就開啟了另一個全新的視界，這樣的實例比比皆是：細胞學因為電子顯微鏡的出現而更上層樓；水肺使潛水生物研究得以進行；以新的方法來蒐集茂密雨林遮蔽下的動物資料；還有因技術的發展，而能採集海底沉積物、遠洋浮游生物、遠海動物相，以及海底火山熱氣口附近的生物，都因此促使了無脊椎動物學的突飛猛進。

生物學家在回溯生物學歷史時，看到從前對高等動植物以外的生物輕視忽略，幾乎都會慚愧。舉例來說，以前凡是不具有動物特徵的生物，就會被劃分在植物範疇下，直到後來生物學家了解到真菌與植物間的巨大差異（事實上，真菌和動物之間的關係反而更親近呢）。而原核生物（細菌類生物）和真核生物（包括原生生物、真菌、植物、動物）的天壤之別，則要到更後來才為科學家所注意。如今原核生物已經劃分為另外的超界（super kingdom），這正好提供了絕佳的範例，來說明生物學的無邊無際，即使只是在敘述性層面也是如此。

「如何」和「為什麼」問題

光回答「是什麼」之類的問題，並不足以為生物學門的劃分問題找出圓滿的解決之道，在此讓我們將焦點轉向「如何」和「為什

麼」問題。[98] 在功能性生物學中，例如研究範圍小至分子大至整個器官的生理學，探討的主題多屬「如何」之類的問題：某分子是如何執行其功能？整個器官如何運轉？像這樣涉及立即性問題的研究，又稱為近因的研究，所解決的問題，主要是分子以上到整個生物體的運作機制。

　　「如何」是物理學最常見的問題，引導科學家找出重要的自然定律；在十九世紀以前，「如何」也是生物學主要的問題，因為主導當時生物學的生理學和胚胎學，普遍瀰漫著物理論思想，而且這兩門學科目光所及之處，盡是與近因相關的研究。雖然「為什麼」之類的問題偶爾也會出現在功能性生物學中，但當時由於基督信仰主宰了西方世界的意識型態，「為什麼」之類的問題將無可避免對應「神是創造者」（神創論）、「神是定律訂定者」（物理論）、「神是設計者」（自然神學）之類的回答。

　　「為什麼」這類問題處理的，則是使生物能存在過去和現在的歷史因素和演化因素，例如為什麼蜂鳥只存在於新大陸？為什麼沙漠動物的體色通常和地表顏色相近？為什麼生活在溫帶且以昆蟲為主食的鳥類，在秋天時需要遷徙至亞熱帶或熱帶？這些問題通常與適應或生物多樣性有關，在傳統上稱為「終極原因」的追尋，這類疑問一直要到演化理論提出之後，更準確的說，是在 1859 年達爾文提出天擇機制後，才晉身為科學問題。

　　很少有人意識到，是達爾文使「為什麼」之類的問題，成為合理的科學問題，而且經由詢問這類問題，達爾文也將整個自然史帶進科學界。赫歇耳和拉塞福等物理論者一直將自然史排拒在科學的大門外，因為自然史不符合物理學的方法學原則，不具遺傳程式，不具生命的物體，無法以「為什麼」之類的問題來闡明。而達爾文

的貢獻，就是將一種最重要的方法學，加入科學研究的裝備中。

其實「近因」和「終極原因」的術語來源，有一段歷史淵源，可上溯至自然神學盛行的時候，當時「終極」指的是上帝之手。之後一般認為是史賓塞開始論及終極和鄰近成因，但從我所找到的文獻紀錄中卻顯示，這些詞彙最早出現在羅曼尼斯 1880 年時給達爾文的一封信，寫道：「提供……分子運動……為遺傳的完整解釋，在我看來就好像是說糖尿病這難纏的疾病是由持續力量所造成的一樣，毫無疑問這是終極原因，但一名病理學家的研究若要有價值的話，他還需建立更多的鄰近成因（Romanes, 1897: 98）。」

考慮到這段話的曖昧不明，就不難理解為什麼要到四十年後，才由貝克定義出較佳的用法，在此我們最好完整引述貝克是如何使用這些詞彙的：「動物經由繁殖，演化出對特定刺激反應的能力。在寒帶和溫帶的氣候下，通常生物會選擇較適合幼小動物生長的季節進行繁殖。有人可能會說這些氣候環境條件是動物繁殖期在特定時間的終極成因，當然由於我們並沒有任何理由相信適合幼兒的特定環境條件是鄰近成因，可刺激親代開始繁殖。因此幼兒食物（昆蟲）的充裕性可能是終極成因，而日照的長短，則是繁殖季節的鄰近成因（Baker, 1938: 162）。」

拉克援引了貝克的修辭法，而我則又兼容並蓄的採納了上述兩位作者的想法（即使在達爾文之後，終極原因專門指演化原因），這個觀念很快被歐瑞安斯（Orians, 1962）和其他動物行為家更進一步發展。即使在 1961 年前，精明的生物學家也早已意識到生物學的雙重性，例如魏斯曾說到：「所有生物系統均有雙重面貌，那就是因果機制和演化結果……生理學可能想要謹守在可重複、可駕馭現象的那一面，而把無法重複的單一歷史演化留給他人（Weiss,

1947: 524）。」但魏斯和其他作者都未能再進一步詳述這些提示，直到我在 1961 年時正式區分其間的差異。

從功能性形態學到生化學研究，我們了解到近因與生物體及其組成的功能，乃至發生都有關，近因處理的是遺傳和體質程式解碼後的資訊。另一方面，演化原因（或稱歷史或終極原因）則嘗試解釋為什麼生物會演化成我們所見的模樣，演化原因細述遺傳程式的起源和歷史。近因回答的是「如何」之類的問題，演化原因回答的則是「為什麼」之類的問題。

不幸的是，在過去一百三十年的生物學發展史中，為解釋生物現象的努力，都集中在其中一種因果關係的論述上。實驗論者強調發生現象完全是由於成長胚胎的生理運作，演化生物學家則會質問為什麼魚卵總是會發育成魚，蛙卵總是長出青蛙，如果不考慮演化觀點，這一切生命現象都將失去意義。過去生物學界的重大爭議，像是遺傳和行為的天生或後天之爭，或是實驗胚胎學對海克爾比較胚胎學的反抗[99]，都是因偏重單方面所造成的結果。

這種長期持續對近因和終極原因的混淆不清，在結構主義者和理想主義形態學家的著作中尤為明顯，他們的思維基本上是反選擇主義，且略帶目的論的傾向。他們見到的生物學領域是有邏輯、有秩序、理性的。[100] 他們對機會性的解釋蹙眉不悅，因為對他們而言，機會是有方向性選擇的替代方法，而非同時性的過程。他們儘可能避免將歷史演化因素納入生物現象的解釋中。[101] 結構主義者並不認同「大部分生物現象均需考慮近因和終極原因（除非是純粹生理化學的現象）」的觀念。

有了生物學研究可拆解成兩類問題的認識，將有助於化解觀念上的衝突，澄清方法學中的問題（何時該使用何種方法），並使不

同生物學門之間有較清楚的界線，這項認識同時還可促使科學家注意歷史性的終極原因，及影響生理機制的近因。大部分生物學家不是終極原因陣營的成員，就是隸屬近因集團，端賴他們選擇的研究領域。然而就像我一直堅持的，在尚未以近因和終極原因分別解釋之前，沒有任何生物現象可說是完全釐清，即使大部分生物學門都將焦點放在其中一類型的問題上，但它們多少都必須思考一下另一類型的因果關係。

就拿分子生物學來說吧，某一分子在生物體內具有某項功能，這分子是如何執行其功能？又如何與其他分子交互作用？在能量平衡上的角色為何？當我們問到這些問題時，所衍生出來的是近因的研究。但為什麼細胞會有這個分子？這分子在生物生命中的角色是什麼？在演化過程中又有什麼變化？它和其他生物體內的同種分子差異在哪裡？又為什麼會有這些差異？這些問題的解釋，則屬終極原因。這兩種因果的研究是同等合理且必要的。

動物行為學研究是另一個可顯示兩種因果緊密相關的領域。生物會表現出某特別的行為模式，是演化的產物，但要解釋該特殊行為的神經生理機制，就必須以神經生理研究來了解近因。

近因可追查生物的表現型，也就是形態和行為，終極原因則有助於解釋基因型及基因型的歷史；近因較偏向機械性，終極原因則為機率性；近因是發生於個體生命週期中某一時刻某一階段的立即過程，終極原因則長期活躍運作於物種過去的演化歷程中；近因牽涉既有遺傳和體質程式的解碼資訊，終極原因則負責新遺傳程式的起源和改變；要判定近因通常利用實驗方法，要理解終極原因則是由歷史敘述推論而得。

根據「如何」和「為什麼」所建立的新劃分法

如果我們依據每一學門關切的是近因或演化原因，來劃分生命科學的話，會產生怎樣的結果呢？所有生理學（包括器官生理學、細胞生理學、感官生理學、神經生理學及內分泌學）和分子生物學、功能性形態學、發生學、生理遺傳學的大部分範疇，都吻合近因的條件；而演化生物學、傳遞遺傳學、行為學、系統分類學、比較形態學和生態學則適合歸屬在演化原因之門下。

這種嘗試性的劃分法將會立刻遭遇到一些困難，例如遺傳學給拆解成傳遞（和族群）遺傳學及生理遺傳學，而形態學也分裂為功能性和比較性兩派。然而，我們需了解的是，這些學門雖擁有相同的標籤，但在觀念上卻已分道揚鑣許久了，例如功能性形態學常是由敘述性形態學家負責，而研究譜系發育史的學者則大量運用分子生物學的方法。生態學是其中較難定位的一門科學，它研究的對象大多是複雜的系統，許多生態問題常同時牽涉了近因與終極原因。最後還有一段關於細胞學的補充，雖然在十九世紀許旺、許來登和魏修發展出細胞學說時，細胞學顯然是形態學的一支，即使到電子顯微鏡的全盛時期，情況依然如此，但若看現代的細胞生物學，已經幾乎等同於分子生物學領域了。

生物學界的權力轉移

在重建生物學架構的過程中，必會經歷許多對峙、衝突和易位的情形。每當有一門新科學成功時，就會為爭取更有利的地位而戰，竭盡可能從既有其他學科中吸取更多的注意和資源，有時甚至

形成獨占壟斷的現象。當我於 1926 年在柏林獲得博士學位時，好
幾位學有專精的動物學家勸告我，若要選擇動物學為專業的話，最
好快快轉到實驗胚胎學的門派下，他們這樣告訴我：「司培曼已占
據所有的職缺了！」

　　杜布瓦雷蒙從不曾掩飾他藐視自己老師穆勒的敘述性動物學，
即使我們在回顧杜氏的貢獻後會發現，杜氏的成就也未必比穆勒高
超。每一時期稱霸的領域，都會設法排擠與其競爭的其他領域，能
占奪愈多席位愈好。最近一次發生的實例則是分子生物學，當時生
化學家沃爾德還曾大言刺刺宣稱，生物學只有一種，那就是分子生
物學，「所有生物學領域都是分子生物學，」他這麼說道。美國大
學中許多個體生物學的教授職，也都為分子生物學家占去。

　　就像傳統上諾貝爾獎偏好物理學一樣，當生物學界在推選國家
科學院院士或向政府及工業界建言的人才時，思想和研究題材愈接
近物理學的領域也就愈受重視，至於其他的學科，例如對生物多樣
性的研究，則持續遭到冷落。在演化綜合學說出現之前，生物多樣
性的起源（演化學兩大主要問題之一），更是完全被演化遺傳學家
遺忘。至於與醫學相關的領域，顯然有很好的理由，總是研究經費
審查單位的寵兒，在美國，類似的計畫分別送到國家衛生研究院和
國家科學基金會兩單位時，從國家衛生研究院申請到的經費，總是
遠高於國家科學基金會。

　　植物學在這樣的趨勢下更是首當其衝；植物學在林奈的時代可
說是科學之后，一直到二十世紀初期，許多植物學家依然領導著生
物學的發展，尤其是在細胞學和生態學領域。塵封已久的孟德爾遺
傳定律得以重見天日，也是三位植物學家的貢獻（德弗里斯、柯倫
斯、謝馬克），但從此，植物學就承受著一連串的打擊和挫折。首

先是真菌學的獨立，緊接著更嚴重的是，原核生物也脫離了植物學的範疇，大約在 1910 年後，動物學家成為細胞學、遺傳學、神經生理學和行為學等領域的專家，並開始拒絕被稱呼為動物學家，因為「動物學家」令他們聯想到形態學和分類學，而他們所研究的則是基本生物現象，所以應稱為生物學家，於是生物學一辭逐漸廣泛使用於動植物學的結合體。例如，1931 年哈佛大學生物系設立了生物學實驗室，在這新系所中，雖仍有教授繼續研究植物課題，像是植物形態學、植物生理學、植物分類學、植物生殖學，但他們如今都得和研究相關問題但以動物為對象的同事雜處。

　　美國生物科學研究所於 1947 年成立時，旗下學門包含了植物學、動物學和其他生物科學。當時植物學家還憂心，植物獨特的性質可能會在過度合併的情況下為人所遺忘。當 1975 年美國國家科學院重組所屬部門的結構時，動物學門被廢，而代之以族群生物學、演化生物學和生態學。植物學門雖然也受鼓勵做相同的變革，然而基於上述的擔憂，植物學家仍堅持保留原來的部門。但許多植物學家紛紛跳槽到其他一般學門之下，像是遺傳學或族群生物學。[102]

　　不過，植物學是絕對不會被忘卻的，最近在熱帶生物學的研究上又再度取得領導地位，草藥學和植物學期刊也仍繼續有卓越的成就，許多大學的植物系所依然活躍。事實上在生態保育觀念的覺醒下，現今植物學的貢獻比從前任何時代都要豐碩富饒。

　　幾乎是所有新傳統的代表，新學門的創始者都會無可避免認為這些新事物的出現，已使古典生物學顯得蹣跚老朽。但事實上，即使是最傳統的生物學子學門──系統分類學、解剖學、胚胎學和生理學，都仍有存在的必要，不僅因為負有資料庫的功能，同時還因為它們的發展是沒有止盡的，我們需要這些科學來讓我們的生命世

界觀更完滿。每一門科學似乎都有其黃金時代，有些學科可能還可攀越數個顛峰，但即使有朝一日報酬遞減定律發生時，也不可以因而拋棄那已成為「古典」的學科。[103]

生物學：多樣化的科學

本書的第 1 章和第 2 章中，我們列舉了許多生物學和物理、神學、哲學及人文科學歧異的觀念和特徵，然而生物學本身的內在分歧，也是同樣重要。每一個生物學子學門都有自己的資料庫、學說、和觀念架構，各自有不同的教科書、期刊和學會。雖然各學科在處理近因和終極原因時仍有些相似性存在，但彼此在基本觀念和優勢理論的性質上，都有顯著的不同。

然而若要對每一專門領域都做一番詳盡的分析，所耗篇幅非本書所能容納，同時也不是我能力所及的工作，因此在後續章節中，我將嘗試簡單分析以下四門領域：系統分類學、發生學、演化學、以及生態學，以傳達對立理論之間競爭的本質，還有這些領域中較為成熟的觀念架構。

但在著手這項任務之前，或許我應再次說明序文中提過的一點，為什麼我並未將某些學科列入討論的理由。有些學科幾乎涉及所有的生物問題，就像遺傳學。遺傳程式是生物一切運作的基礎，對生物體的結構、發展、功能和活動都有決定性的影響，而最能充分說明遺傳學觀念的方法，是利用遺傳學的發展史為工具，這正是我在《生物學思發展的歷史》一書中所嘗試的，但當時我只有處理傳遞遺傳學那一部分。由於分子生物學崛起，如今遺傳學的重心轉移到發生遺傳學上，實質上幾乎已經成為分子生物學的子學門。

　　然而比遺傳學更強勢，甚至沒有任何學科可超越的，是分子生物學。無論我們面對的是生理學、發生學、遺傳學、神經科學或行為學，所有現象最終都受分子運作的影響。某些具有一致性的現象目前已釐清，像是同源匣基因（homeobox）的作用，科學家也已朦朧察覺到其他問題的一些線索。然而每當我嘗試以鳥瞰的方式來呈現整體分子生物學時，都因龐大繁雜的細節而目眩心搖，因此本書並沒有為分子生物學開闢特別章節，原因並不是我覺得這一部分不重要，相反的，是因為處理分子生物學需要特別的能力，那是我所缺乏的。不過在第 8 章和第 9 章中，我仍強調了由分子生物學家自己歸納出來的一項通則（定律）。

　　神經科學和心理學也是極重要的科學，但我也因同樣的理由未能討論。然而我仍衷心希望，以整體角度來處理生物學的方法，能為那些未在本書中詳盡討論的生物學子學門帶來一些啟發。

第 7 章

生物多樣性研究：
探討生物學中的 What

分類學家經由兩個步驟，
將秩序帶入變化萬千的自然世界：
第一步是區別各個物種，
這種研究稱為「微觀分類學」；
第二步則將物種劃入相關的群體，
此類活動稱為「巨觀分類學」。

　　生物世界最令人嘆為觀止的一面，就是它的多樣性：凡是經有性生殖繁衍的生物，沒有任何兩個體是完全相同的；也沒有任何兩族群、物種或更高分類群是一模一樣的。無論我們望向自然世界的那一個角落，所發現的都是獨特性。

　　過去的三百年間，我們對生命多樣性的認知，是以指數式的方式快速成長。最早是由航海家和個人探險家記錄並蒐集每一片新大陸、每一座新島嶼上的動植物開始，之後科學家對淡水或海洋生物（包括深海生物）的研究更開啟了生物多樣性的另一面向；而對微小動植物、寄生蟲和化石的調查，也使我們進一步通曉地球生物的獨特性；最後，還有原核生物的發現和研究（包括現存生物和化石種）。生物學中有一個研究範疇，專門負責描述和區別龐大複雜的自然世界，那就是「分類學」。

　　古希臘時代，亞里斯多德和泰奧弗拉斯特斯等人對劃分生物掀起一陣狂熱，接著分類學沉寂了很長一段時間，直到文藝復興時期，因林奈的卓越貢獻，才二度興盛起來。但緊接而來的則是再一次的衰危，要到達爾文於 1859 年發表《物種原始》後，才終止了分類學的頹勢。[104] 基本上，《物種原始》可說是分類研究的成果，之後分類學繼續在演化理論的發展過程中扮演重要的角色，提供了生物物種觀、種化作用和巨演化等理論的基石（詳見下文）。

　　生物多樣性研究的重要，不是只有描述和清點生物物種的功能而已，辛浦森曾建議以「分類學」來標示傳統的分類方法，而以「系統分類學」來稱呼研究生物種類和多樣性以及生物物種間關係的科學領域。因此系統分類學即含有多樣性科學的意義，這種寬闊的新觀念已廣為生物學家所採用。[105]

　　在系統分類學的研究中，不僅要鑑定和區別生物，同時還需要

比較物種的所有特徵，並解釋生物在自然經濟和演化歷史中的角色及地位。許多生物學子學門的發展，完全仰賴系統分類學的工作，這些子學門包括了生物地理學、細胞遺傳學、海洋生物學、地層學和分子生物學的某些範疇。[106] 系統分類學是由多種知識、理論和方法所形成的綜合體，終極目標不僅要描繪生物世界的多樣性，同時還要增進我們對生物多樣性的了解。[107]

生物學中的分類法

在日常生活中，要處理大量且性質駁雜的事物時，唯一解決的辦法，就是將它們分門別類。分類可建立工具、藥品和藝術品的秩序，也可運用在理論、觀念和靈感上。當我們進行分類工作時，會依據物品共有的特性，將它們集合成一類，因此每一個種類即為一群相似且相關實體的集合。

每一種分類系統均具有兩項重要的功能：「加速資料取出與回溯」的效率，以及做為比較研究的基礎。分類是任何資料儲存系統的關鍵，在生物領域中，這資料儲存系統則由博物館的收藏、書籍、期刊和其他形式的科學文獻所組成。而分類體系的品質，則取決於它儲存相近資訊單元的能力，和是否可快速搜尋並取出原本儲存的資訊。分類可說是一個啟發性（heuristic）的系統。

想想從人類始祖開始，對事物分門別類一直是人類的日常活動之一，就不難想像為什麼至今會有如此多的歧見和不確定；再想想分類在所有科學領域中都是非常重要的步驟，就不得不奇怪惠衛耳之後的科學哲學家，竟然都忽視這項議題（Whewell, 1840）。然而即便如此，意圖將生物分門別類的人，仍可從圖書館的書籍分類，

或商店陳設貨品的分類等一般性活動中，歸納出一些基本法則：
（1）集合在一類的物品性質愈相近愈好；（2）要將一獨立物品納入
某一類別時，應與該類別中的成員共有最多相同的屬性；（3）當
有任一物品和從前建立的類別差異太大時，應建立另一門新類別；
（4）類別間差異的程度，應以層層含括的層級方式表現出來，每一
層級中的類目都代表一特定程度的差異。上述的這些法則同樣也可
適用於生物學分類，只需再另外補充一些其他的規則。

　　雖然分類研究對許多生物學子學門（如果不是全部的話）是不
可缺少的，但令人詫異的是，近幾年來分類學遭遇到的卻是輕視的
態度和威信的喪失。比較法是許多生物學科採用的主要研究方法，
然而這些比較若不是建立在扎實穩固的分類學基礎上，是不可能產
生任何有意義的結論的。事實上從比較解剖學、比較生理學，到比
較心理學，這些比較學科根據的全都是分類學的發現。

　　分類學在生物領域中所參與的角色，可總結如下：（1）分類學
是唯一可提供現存地球生物多樣化樣貌的科學；（2）提供大部分重
建生命譜系發育史所需的資訊；（3）透露許多有趣的演化現象，並
使其他生物學門也能偶爾探究這些有趣的現象；（4）提供了生物地
理學和地層學等生物學科幾乎所有需要的資料；（5）分類學的排序
系統或分類系統，對大部分生物學子學門，像是演化生化學、免疫
學、生態學、遺傳學、動物行為學、地質史，都有啟發和解釋的價
值；（6）經由傑出的系統分類學家的研究，系統分類學對生物學觀
念有著重要的貢獻，例如族群思考方式（請見第 8 章），這些觀念
是實驗生物學家無法輕易接觸到的，它們拓寬了生物學的視野，並
使整個生物科學能立於較佳的平衡點上。

　　分類學家經由兩步驟，將秩序帶入變化萬千的自然世界：

第一步是區別各個物種，這種研究稱為「微觀分類學」（micro-taxonomy）；第二步則將物種劃入相關的群體，此類活動稱為「巨觀分類學」。辛浦森將結合這兩個步驟的分類學定義為：界定生物種類，並予以區別劃分的理論和操作（Simpson, 1961）。

微觀分類學：劃清物種間的界線

辨識、描述和界定物種，是分類學家非常特殊的活動，在這過程中充滿了語意和觀念的難題，通常這些難題又稱為「物種問題」。「物種」一詞單純意指「生物的種類」，然而生物世界的變化是如此劇烈，因此我們必須先精確定義何謂「種類」。雄性與雌性，老人與嬰兒，都可視為不同種生物。假如我們相信每種生物都是由上帝分別創造出來的話，一個物種則是由上帝所創的第一對該種生物所繁衍的後代組成的。

研究鳥類和哺乳動物這些高等生物的博物學家，從不曾為「何謂物種」這個問題困擾過，對他們來說物種單純只是一群和其他群體相異的生物，而相異是指外表形態特徵明顯可見的差異。這種觀念在十九世紀末期時仍相當普遍（事實上是一致接受的想法），至於一些特徵差異不大，未達物種標準的生物，則被林奈和達爾文稱為「變種」。這樣的物種觀就稱為「模式或本質論物種觀」（或誤稱為形態物種觀）。

模式物種觀（typological species concept）提出四點物種應具有的特徵：（1）物種由相似且具有相同「要素」的個體組成；（2）每一種物種和其他物種間都有明確清楚的區別；（3）每一個物種在空間或時間上都是恆久不變的；（4）一物種之下所有的可能變異極其

有限。哲學家稱這種蘊藏了本質主義的物種，稱為「自然的種類」。

　　然而這種類型模式或本質式的物種觀，在十九世紀末期開始日漸式微，達爾文更是駁斥物種恆久不變的主張。追蹤生物地理上的變異，以及分析區域族群樣本的研究均證實，物種是由一些具有個體差異且性質會隨區域不同而改變的族群所組成。所謂的模式或要素並不存在於生物界。

　　模式物種觀除了有上述的缺陷外，在實際界定物種時也有障礙：有時可相互交配的族群，或是相同種類的兩個族群，它們在形態上的差異，反而遠較形態相似但卻無法交配的族群還大，因此純以形態外觀來界定物種並不可靠。更糟的是，科學家還發現一些外型無分軒輊的血親族群（自然族群），卻因生理或行為上的屏障而無法交配，也就是說兩族群間有生殖隔離機制，這種現象普遍存在於幾乎所有較高的分類群中。因此分類學有必要找尋不同劃分物種的準繩，而這項新標準正是從生殖隔離的族群身上找到的。

　　以無法進行交配繁殖的條件來劃分物種的概念，稱為「生物物種觀」，這項概念主張物種是一群因生理或行為屏障，與其他群體生殖（遺傳）隔離的自然族群。若要充分了解生物物種觀的適用性，唯一的方法就是詢問達爾文主義式的「為什麼」問題：為什麼會有物種？為什麼在自然界中無法找到不間斷的連續性，而使類似或相異的個體都能相互交配呢？雜種生物的研究提供了上述問題的解答。如果生物的親代並非相同的物種，例如馬和驢交配產生的騾，通常都有無法生育且生存率降低的情形，至少從第二代看來是如此。這現象因此形成了一種選擇機制，偏好交配的個體為血緣相近的同種個體（conspecifics），而防止關係較遠的個體交配。這種選擇即是透過生殖隔離機制來達成，因此物種可說是確保基因型均

衡和諧的一種制度。

　　這種新準繩之所以稱為生物物種觀，是因為它為物種的存在提供了生物學的解釋，換句話說，也就是防止不相容個體的交配。如果一物種還具有其他的特性，例如棲息於不同生態棲位，或是有該物種專屬的形態或行為特徵，可因此與其他物種區別的話，也都只是附帶的性質。[108]

　　生物物種觀能獲得普遍採納的主要理由，是這對其他生物領域也有應用價值。生態學家、行為學家、地區性生物相的研究者，甚至生理學家、分子生物學家，對那些共存但不相互交配的族群感興趣，在許多情況下，研究者並不會完全依形態標準來辨識物種，而是由生物的行為、生活史和遺傳特質為準繩。

　　只要互相交配的族群生存於同一個區域，生物種定義就無任何適用上的困難。但在兩種狀況下卻會陷入困境。第一是行無性生殖的生物，它們既沒有族群，也不相互交配，生物物種觀顯然無法套用在此類生物身上，究竟我們應該如何為那些行無性生殖的生物界定出物種，至今仍不清楚。曾有人建議以殖株（clone）之間形態差異的程度和棲位的不同，來劃分無性生殖的生物，不過這項方法尚未經過充分的測試。在林奈的分類系統下，這些無配子的生物都被歸入「種」的類別中。

　　生物物種觀所遭遇的第二個難題，是某一物種下的各個族群，很少只局限在一特定區域內，通常多少都會向四方擴散，當這樣的族群之間產生可見的差異時，通常會被視為「亞種」，亞種常是一連續族群系列的一部分，它們可自由交配和交換基因。但還有許多亞種因地理區隔而失去了交換基因的機會，造成各自發展出不同形態，經過一段時期後，亞種即可能達到一完整物種的地位，因為它

們已經獲得了新的隔離機制。含有數種亞種的生物種稱為多型種，而沒有亞種分支的生物種則稱單型種。

當一些關係較遠的族群和其他同種族群有了地理上的隔離時，問題就浮現出來了：這些孤立的族群可算是原物種的成員嗎？我們要用什麼樣的標準，來判定哪些族群可獨立為一完整的生物種？又有哪些族群可與其他族群結合為一個多型種？地理隔離族群的物種地位，只能透過推論決定，尤其是形態上的歧異程度。[109]

生物物種觀的形成，經歷了一段漫長道路，布方曾掌握過其中要旨[110]，達爾文也曾在筆記中寫下「物種的地位只是單純的本能衝動，以保持生物的隔離」，他稱物種對雜交有「相互的厭惡」，並指出許多物種在外形上幾無二致，換句話說，物種地位與形態差異沒有任何關連。但奇怪的是，達爾文在晚期的著作中，卻又放棄了生物性的概念，而轉變為類型模式的概念。

十九世紀後半期和二十世紀的前三十年間，愈來愈多的博物學家開始以生物特質來考量物種，雖然他們並未提出正式的定義，但像波爾頓、約丹、斯徹斯曼（Erwin Stresemann）基本上都已認同生物物種觀。然而要到我 1940 年時提出正式的定義，並在 1942 年出版的《系統分類學與物種原始》一書中，提供充分支持的證據，生物物種觀才真正廣為採用。

生物種能受到較多支持的原因，是因為競爭觀點本身的脆弱，其中包括了唯名物種觀（nominalist species concept）、演化物種觀（evolutionary species concept）、譜系發育物種觀（phylogenetic species concept）、與辨識物種觀（recognition species concept）。雖然這些觀念至今仍有其支持者，但沒有任何一個能比生物物種觀更實際有效的界定物種。

物種觀之間的競爭

在唯名物種觀的主張中，自然界只有個體的存在，物種純粹是人類虛擬的概念，也就是說，是人類（而非自然界）將生物集合起來置於物種的名稱之下。然而這種關於人類武斷性的批評，卻不符合任何探索自然世界者所遭遇的實際狀況，任何一名博物學家在觀察過英國林地裡的四種山雀，或者新英格蘭森林內各式鳴鳥後，都能體會物種的劃分完全不是任意、武斷的，物種的確是大自然的產物。那些居住在新幾內亞山區的原始土著，雖然還生活在石器時代，但他們對物種的區別和命名，竟然和現代西方博物學家分類的結果一模一樣，就更使我確信物種乃自然之現象。要相信唯名物種觀，還真需要對生物和人類行為完全無知才有可能呢！

演化物種觀，則是沿著時間軸追蹤物種發展的古生物學家所支持的物種觀念。根據辛浦森的定義（Simpson, 1961: 153），演化物種即為一個世系（祖先和後代的族群譜系），和其他生物有著不同的演化途徑，具有自己單一獨有的演化角色和傾向。此定義最大的問題是，它幾乎可適用於任何隔離的族群上，而且世系並不等於族群。除此之外，這項概念也規避何謂單一的演化角色，或為什麼不同世系之間不會相互交配等重要問題。最後，它無法確實解決原本的目標：劃分時間軸上的物種分類群，因為在單一漸進演化的世系中，我們無法利用演化物種觀來判定一個物種何時生成，何時結束，而這樣的譜系又有哪一部分是單一角色？演化物種的定義忽略了物種的根本問題：現存生物種間不連續性的成因和維持的方法。這理論原本是為了界定化石物種而產生的，卻連這項任務也告失敗。

演化物種定義忽視了一項重要事實，新生物的起源有兩種方

式：（1）在不改變物種的數目下，一支生物譜系逐漸改變成另一種不同的物種；（2）因地理上的隔離而使物種數目增加，就像達爾文在加拉巴哥群島上所見的情形。分類學家遇到的問題，大多是因空間造成的物種增加，而非時間上的物種轉變；當演化物種定義埋頭處理系統演化時，生物種卻可一針見血解決物種增加的問題。畢竟，當我們說起種化作用的時候，一般意指的是物種增加的情形。

　　譜系發育物種觀是許多演化支序學者採用的觀點，它主張當任何族群內產生新的衍徵時，也就是新物種的誕生。就像羅森（D. Rosen）發現，生活在中南美洲河川支流中的魚類幾乎都具有地域性基因，因此提議將所有族群均提升至物種層級。[111] 羅森的批評者就正確指出，在自然界高頻率的基因突變下，每一個體動輒有可能與親代產生不只一個基因以上的差異，這種情況下我們要如何判定何時族群才歧異到可自成一獨立物種呢？這項觀察清楚顯示出，想要將巨觀分類學的支序概念，套用在物種觀念上的荒謬悖理。

　　另外有一個辨識物種觀，則是由派特森（H. Paterson）提出來的，基本上是生物物種觀的變形，只是派特森自己誤解了。[112]

物種觀、階元，以及分類群

　　物種一詞可適用於三種不同的物體或現象：物種概念、物種階元，和物種的分類群。在文獻中不斷出現混淆紛亂，主要都是因作者無法區別物種的三種不同涵義所致。

　　物種觀是物種在生物學上的意義或定義。物種階元則是林奈傳統分類方法中的一個層級，例如種、屬、科、目、綱、門、界的每一個層級即為階元；要判定一群生物是否歸屬於物種階元時，必須先以物種定義來做測試。至於物種分類群則是已符合物種定義的特

別族群，分類群是特定項目，我們無法為它下定義，只能描述和彼此劃分。

　　在林奈時期，鑑定物種是分類學家首要的重點，但這不再是今日分類學家關切的主題。演化生物學家如今已明瞭，物種是演化過程的重要實體，每一個物種都是一項生物實驗，我們無法從初期的物種看出未來生物的走向，生物可能鑽進死胡同，也可能進入一個全新且寬廣的適應區。即使演化學家可以高談闊論趨勢、適應、特化或退化等現象，但都無法不提及真實展現這些趨勢的實體——物種。由於生殖隔離的原因，發生在某一物種身上的任何演化事件，都只局限於該物種及其後代，這就是為什麼我們有時候會說物種是演化改變拋擲的「硬幣」。

　　在很大程度上，物種同時還是生態環境的基本單元，若要全面了解一個生態系，必得先詳查其組成物種，以及物種之間的交互作用。無論一物種中的成員如何，物種都是以一個整體的單位，與同環境中的其他物種交流互動。

　　動物研究也有類似的情形，物種是行為科學的重要單元，同一物種的成員通常都共有許多該物種專有的行為模式，尤其是社會性行為，例如同一物種中的個體在求偶過程中，會使用相同的訊號系統。個體間的溝通方式大多也是物種所獨有的，例如以嗅覺溝通的生物，會分泌該物種特有的費洛蒙。

　　物種代表了生物系統中一個非常重要的層級，是建立許多重大生物現象次序的有效工具，即使我們並沒有一個特別的名詞來稱呼物種的科學，就像細胞學之於細胞的科學，但毫無疑問，這門科學的確存在，而且是現代生物學中最活躍的領域之一。

巨觀分類學：物種的分門別類

分類學中處理物種層級以上的劃分與歸類的研究，稱為「巨觀分類學」。幸運的是，大部分物種似乎都可以歸入自然界中容易辨識的較高層集合，例如哺乳類、鳥類、蝴蝶類或蜂類等。但是當我們遇到某一物種介於兩種類別之間，或看起來不屬於任何集團時，又該如何解決？

在分類學的發展史中，曾經提出許多劃分生物的方法和原則，根據這些原則所發展出來的分類法，有時目標會有些微的差異，這或許就是為什麼今日分類學家對「最好的」分類法仍無法達成共識的原因吧！

下行分類

在藥用植物盛行的文藝復興期前後，對動植物的物種知識仍十分原始，而正確鑑定出具有治療功效的植物是非常重要的，因此使用下行分類法，此分類法的主要目的是辨識不同形態的動植物。

下行分類法運用了亞里斯多德的邏輯分割法，將一個大類往下切割為數個子集，譬如動物可分為溫血動物或冷血動物，溫血動物也可分為有毛髮的動物和有羽毛的動物（哺乳類和鳥類），我們可以繼續以二分法往下區別，直到我們嘗試鑑定的標本找到其所屬的物種。

這種下行分類原則在十八世紀之前一直主導著分類學，並反映在林奈所提的分類法和檢索表上；至今我們仍可在野外求生指南及分類修訂的檢索表中看到這種方法，只是名稱已不再是分類法，而換成較貼切的鑑定法。

這種鑑定體系有許多嚴重的缺點，無法實際用在真正的分類系統上。這種方法完全仰賴單一性狀（生物學中的性狀意指顯著的特性或屬性，相當於日常用語中的特徵），而由分類學家隨意選擇的性狀的次序，又控制了二分法下產生的類別，某些特質的選擇常會導致高度異質性（不自然）的集合，使得任何逐步改進這種分類法的努力，都徒勞無功。

當然，人們很早就對一些自然族群有所認識，例如說魚類、爬蟲類、蕨類、苔蘚類、針葉樹類等，十八世紀末時，分類學家努力想以更自然的系統來取代林奈的人工體系，但如何決定分類的標準，仍有極大的不確定性。

上行分類

大約從 1770 年開始，林奈、亞丹森和其他分類學家開始倡導較適宜用來分類的上行分類。這種分類法在詳細檢查過物種之後，會將類似或相關的物種集合成一組較大的分類群，再從這些新單元中選擇最相近的結合為更高層級的單元，直到形成一完整的分類群層級體系。這種分類法純粹是我們日常劃分生物群體所用方法的應用。

然而，上行分類的倡導者並未發展出一套嚴謹的方法學，這分類體系仍有強調單一顯著性狀的傾向。它並沒有任何理論可說明何以會有可合理區分的群體或分類群層級的存在，每一位分類學家多少都得發展自己的一套方法。

1770 到 1859 年可說是分類學的過渡期，下行分類已明顯被捨棄不用，但上行分類的原則卻沒有清晰連貫的方法，時常必須由分類學家獨斷的判定。在這段期間，依上行分類產生的類別也常帶有

所謂特殊的目的，而不是完全依據生物性狀來劃分。例如蕈類可能
會因烹調的理由，而分成可食和不可食的（有毒的），這種依特殊
目的來分類的方法，可追溯至泰奧弗拉斯特斯的時代，他曾依生長
形式將植物區分為樹木、灌木、藥草、草。以特別目的來分類，在
生態學中仍十分有用，湖沼學家可將浮游生物分成自營生物、草食
生物、獵食者和食碎屑生物。然而沒有任何分類系統，能像達爾文
分類系統般涵蓋了豐富的資訊。

演化或達爾文分類法

在《物種原始》精采絕倫的第 13 章中，達爾文提出了以生物
的譜系學（共祖）和相似程度（演化累積的變異）為分類依據方
法。這堅實穩固的分類系統立刻消弭了所有分類學的不確定性，而
這套分類稱為演化分類系統或達爾文分類系統。

哲學家和實際參與分類工作的人，都希望在集合物體時，有可
以說明的理論存在，而這些解釋將可做為劃分物體的考量依據。因
此，十八世紀時對人類疾病的劃分，會在十九世紀和二十世紀時被
依據疾病病源的分類系統所取代，依此，疾病可分成由傳染原引起
的、因缺陷基因造成的、因年老體衰自然產生的、由有毒物質或有
害輻射刺激的、因疾病的惡性併發等等。任何依成因來分類的方法
都會受到嚴格的管制，以免成為純人為的系統。

當達爾文發展出共祖理論時，他很快就領悟到，一個自然的
分類群（或獨特的生物群），是由最近共同祖先產生的後代所組成
的，這樣的分類群稱為單系群（monophyletic group）。[113] 一個完全
依單系群為分類依歸的系統，稱為譜系排列系統。

但是達爾文非常清楚，單獨譜系本身並不足以進行分類，只

依譜系學來分類，無異於另一套具有特殊目的分類系統。對達爾
文而言，世系的標準並不是生物相似性的替代品，而是在一般人極
易接受的相似性標準上，再多加一道考量。而我們不能忽略相似性
的理由是，在譜系發育樹的分支上，生物會進行不同程度的修飾，
這些可在不同的屬、科、節或目等層級上表現出來（Darwin, 1859:
420）。換句話說，在譜系發育史出現分歧時產生的差異程度，必須
從分類群的界定與排列方面斟酌考量，以產生一個真實的分類體
系。因此，良好的達爾文分類法必須均衡考慮生物的譜系和性狀的
相似性（或差異程度）。

　　想了解相似性在達爾文分類法中的角色，我們必須先了解同源
的觀念。當兩個或更多分類群具有的某個性狀，是源自它們最近共
同祖先的相同性狀時，我們即可稱此性狀為同源，同源性狀的存在
常可暗示物種間或更高分類群間的關係。可用來判定同源性的證據
有許多種，包括某構造與鄰近結構間的相對位置、個體發生的相似
程度、中間型化石的存在、連接兩相異階段的中間階段，以及相關
單系群分類群的比較研究。[114]

　　但生物之間的相似性並不一定是同源的緣故，演化過程中有三
種變化都可能與同源有相似效果，亦即同塑（homoplasy），它們分
別為趨同演化、平行演化和退化。趨同演化是沒有血緣關係的演化
支系，各自發展出相同的性狀，就像鳥類和蝙蝠分別長出翅膀的情
形。平行演化則為兩相關支系，因具有某種性狀的遺傳傾向，而各
自發展出該性狀來，即使它們的共同祖先並未表現出此性狀，平行
演化最為人所知的例子，是無瓣蠅類（acalypterate fly）分別獲柄眼
的現象。退化則是數個支系分別失去了同一種演化的性狀。經由譜
系分析將可釐清生物間相似性的來源，並排除不是出自共同祖先，

但卻相似的物種（或更高的分類群）。

　　達爾文將相似性納入分類的標準，是因為生物分支和歧異並不是絕對相關的。有許多演化樹的模式是每一條分支均以相同速度發散，而語言的發展也有類似的分支，雖然情形不盡相同。原因是，造成語言演化的因素，並不是適應性的，而是隨機性的。當盎格魯撒克遜人穿越北海聚居於英國時，他們的語言並沒有變得比較適應英國的氣候或政治的變化。但是當一群爬蟲類（恐龍）征服了空中的生態棲位時，為適應新生活方式，牠們的基因型則會經歷大幅的修飾調整；而與鳥類血緣相關、但仍維持和祖先一樣生態棲位的恐龍，則未有任何改變。考量生態因子及其對基因型的影響，是達爾文分類法的一項特色。

　　1965年之前，達爾文分類法幾乎是通用的分類系統，就算在今天也是相當受歡迎的系統。[115] 當我們利用達爾文分類法時，第一步驟是比較生物的相似性，以界定和區分相關物種，第二步則是驗證這些群體是否為單系群以及譜系排列。這是唯一可符合達爾文的兩項準則，並獲得圓滿分類結果的途徑。[116]

　　然而分類學家在應用達爾文分類法時所面對的難題，是不同組性狀的演化情形不一致。例如若以生命週期中幼年期或成年期的性狀當做依據，就可能發展出完全不同的分類結果。米奇納（C. D. Michener）在研究一群蜂的分類時，發現當他將物種依（1）幼蟲、（2）蛹、（3）成蟲外表形態、（4）雄性生殖器，四組不同性狀的相似性來分類時，竟可得到四種不同的結果（Michener, 1977）。當分類學家使用一組新性狀時，幾乎無可避免會產生新的分類群，或改變原本的層級。即使是生命週期中同一階段的特徵，都可能以不一樣的速度演化。

舉例來說，當我們比較人類和其近親黑猩猩時，將會發現人屬與黑猩猩屬的某些分子性狀，甚至要較同在果蠅屬底下的某些種之間的差異還更小。然而我們都知道，人類和這些類人猿在一些傳統性狀（例如中樞神經系統及其具備的能力）上的差異是非常巨大的，牠們所棲息的適應區也顯著不同。在一演化支系中，每一個器官系統或每一組分子有不同的演化速度，這些速度並不是固定的，有時飛快進行，有時減速徐行。齧齒動物的某些DNA改變速度是靈長類的5倍。由於不同表現型會有不同的演化速度，因此在選擇分類所依據的性狀時，必須格外小心，使用不同組的性狀，可能會導致差異極大的結果。

在傳統林奈分類法中的層級，例如種、屬、目等等，稱為階元。[117] 在愈低層級的分類群中，所含物種間的相似性也愈多，它們的共同祖先也距今愈近，然而較高層級的階元卻沒有任何操作性的定義。許多較高層級的分類群有著清楚的區別，可準確無疑描述出來，例如鳥類或企鵝，但該將牠們放在哪一級階元之下，卻常是主觀的人為判定。一群特別的屬，某些作者可能會稱為「族」，而其他作者則會稱為「亞科」或「科」。

目前最新的分類是在比較解剖學全盛時期發展出來的（約緊接在達爾文時期之後），當時生物學家若要尋找某一物種的祖先，目標並不是單一的主幹物種，而是一整個分類群。因此，有一些相同或較低層級階元的哺乳動物，最近共同祖先是獸弓目爬蟲動物，而鳥類的最近共同祖先則是恐龍（或其他爬蟲類）。由於這種單系群的觀念和定義，傳統分類中所有的分類群都是單系群的，沒有並系群的存在；對支序學者而言，一個群體如果包含一主要演化支，該演化支還另外衍生出其他分類群（不屬於此群體），這樣的群體即

可算是並系群（paraphyletic group）。這種觀念在達爾文分類系統中根本說不通，對達爾文而言，一個分類群中的所有成員如果均來自最近的共同祖先（包含與共同祖先相同或更低的層級），就是單系群，直到今天達爾文分類學家還持有這種觀念。

林奈分類層級的特點是具有許多不連續性，例如在現存的爬蟲類和哺乳類之間，在管鼻目鳥類和企鵝之間，在渦蟲和吸蟲之間，都沒有中間型存在，這些令人困惑的觀察結果，誘發了非達爾文主義者跳躍演化的想法，然而演化生物學研究卻增進了我們對多樣化模式的了解。

大部分新類型模式的生物都不是經由現有類型的同一支譜系生物逐漸轉變形成，而是一個創始物種在進入全新的適應區時，為要能在新環境中生存，而快速調整適應；一旦創始物種達到最佳適存度時，這一支新譜系便會進入停滯期，在此期間可能會有大量的種化作用發生，但卻不再有基本結構形態的重整。自然界中兩千種以上的果蠅，和五千種以上的鳴禽，均是同一架構下產生各種變異的具體實例。

表現型隨時間改變，以及多樣性的增加（種化作用），這兩種產生新物種的演化程序之間僅有鬆散的關連，這種現象可用來解釋林奈分類層級中分類群之間的明顯斷層，或在同一分類群下的生物體型大小上有極大差異的現象。當一個創始物種已達最適狀態，可能會在沒有任何選擇壓力迫使其基本結構改變的情況下，進行旺盛的種化作用。[118] 達爾文分類系統格外適用於體型差異極大的分類群，並可反映出衍生物種與其祖先物種間的斷層差異。

然而當我們想要將依據達爾文分類原則，從現存物種所建立的分類系統擴展到已滅絕的生物相時，問題就產生了。現存生物相是

由演化樹無數分支的終點所組成，高層分類群之間因趨異演化和滅絕的因素而彼此間隔遙遠。然而一個完整的分類體系還必須能納入滅絕的生物群，因為它們與現存生物都有血緣關係，那我們要如何處理介於兩現存物種間的化石分類群呢？由於新分類群幾乎都是透過「出芽」的模式產生，而其祖先物種仍繼續繁茂生長著，但由於化石紀錄的殘缺不全，使得要驗證某一衍生新分類群應附屬於哪一個主幹物種，變得極為困難。這些因化石種分類而引發的歧見，到目前仍未能達成共識。

　　達爾文分類法所依據的兩個準則——譜系學和相似性，從1859年到二十世紀中葉，都沒有任何其他的原則可挑戰，當然其中也有許多分類學家並未完全謹守單系群的測試或審慎評估相似性。一直到1960年代時，才有人提出全新的分類法，而每一種新方法都利用了達爾文分類法中的一項準則，數值表型學派根據的是相似性，支序學派（海尼格系統）依據的則是譜系學。

數值表型學派

　　數值表型學派的目標是在分類物種時，以數值分析方式將具有許多性狀相同的生物集合成群，目的在避免主觀與武斷的情形。數值分類學家相信，來自同一祖先的後代會帶有許多共有性狀，而能自動形成明確的分類群。

　　反對數值分類學派的重要理由如下：數值分類學派使用的方法極其累贅，需要分析五十種以上，最好超過一百種的性狀；無法衡量不同性狀的不同重要程度；不具有訂定分類群等級的方法；無法考量一組性狀中的各項具有不同的演化速度；當使用不同組性狀時，會產生不同的分類結果；而且無法逐步改進。

在僅有形態性狀的情況下，數值分類學派是無法令人滿意的，因為沒有足夠的性狀可以列入分析。但是當有大量分子性狀可供評估時，情形就大為改觀，DNA 雜交實驗其實就是一種表型分類法，但避免了標準數值分析需納入大量性狀的缺點。以電腦進行分類所使用的計算「距離」的方法，本質上也屬數值分類法。然而相較於其他方法（例如「簡約法則」），目前對這些方法的評價，仍然有許多爭議存在。

支序學派

新近提出用以替代達爾文分類法的另一種排序系統，則完全建立在譜系學上。1950 年時，海尼格以德文發表了一種分類方法，宣稱可以建立一個明確的譜系分類體系。該分類所依據的準則是，只用確切無疑的衍徵（生物共有的衍生性狀），而忽略其祖先具備的近始型性狀（也就是「祖徵」）。同時，每一個分類群均需含蓋主幹物種及其所有的分支後代，包括所有的外群（outgroup），也就是已經過劇烈修飾的後代，例如鳥類和哺乳類為爬蟲類的外群。因此海尼格的參考系統僅由譜系發育樹的分支組成，而不考慮任何相似性的問題（演化改變的程度）。

達爾文分類法在評估相似性時，會盡量選用多種性狀來比較，而非僅參考衍徵，包括近始型性狀也都會妥善納入考慮，因為近始型性狀通常對分類群的狀態和地位都有強烈的影響，而在排列姊妹分類群時考慮「獨有衍徵」亦有相同的意義。盡量使用多種性狀，給予達爾文分類法另一項優勢：「將某一物種劃分到某一單元的動作，能反映出愈多有關物種的性質愈好，對一個極佳的排序系統來說，最理想的狀況是可從正確的分類結果，看出這物種的一切特性

（Dupré, 1993: 18）。」

　　相較於嚴格的數值分類學派，達爾文分類法和支序學派相信，在將生物劃分成群時所採用的原因，應經過人為的考量評估，也因此這兩大學派都堅持分類群的單系群。根據傳統的定義，若是一分類群中的所有成員皆衍生自最近的共同祖先，即可稱之為單系群，這種定義至今仍為達爾文分類學家所採用。然而海尼格卻提出另一個截然不同的原則，對海尼格來說，當一個群體是由主幹物種的所有後裔組成時，才可稱之為單系群，當然這個定義導致了全然不同的分類群劃分，阿席拉克因此提議以全系群（holophyletic group）來稱呼海尼格的新觀念（Ashlock, 1971）。傳統的單系群是成為一分類群的資格條件，而海尼格的全系群則是界定分類群的方法，雖然依照傳統分類所得的分類群，和依據海尼格分類法所得的分類群或許會不相同，但是這兩種分類群的層級都遵循嚴格的譜系學。

　　由於海尼格系統下的分類群，和達爾文分類原則下的分類群並不相同，因而需要賦予不同的名稱——支序單元。[119] 每一個支序單元中，都含有其主幹物種，也就是在這演化支中第一個表現出衍徵的物種。由於演化支是海尼格系統的基礎，為能與純正的分類法區別，我們將它稱為「支序分類」。

　　至於區別獨特衍生性狀和祖先型性狀的方法學，則稱之為支序分析，這是非常卓越的譜系發育（親緣關係）分析方法，適合用來測試分類群的單系群。如果有人對性狀的譜系發育感興趣，將會發現支序分類是一個極適合建立物種和分類群次序的方法。然而儘管支序圖對譜系發育的研究很重要，但卻幾乎違反了所有傳統分類的原則。支序分類的缺點如下：

　　（1）大部分的演化支（或支序單元）具有高度的異質性，同一

演化支下的群體與其他姊妹演化支的相似性，可能要較與它們自己演化支群體內的相似性還要大。換句話說，支序分類將許多不相似的物種結合在同一支序單元下，而具有相似性的物種群（姊妹主幹群）反而被分配到不同的支序單元。

（2）傳統分類中，主幹物種或整個主幹群常常會納入一個祖先分類群之下，例如哺乳類的祖先獸弓類列於爬蟲動物綱，鳥類的祖先恐龍亦列於爬蟲動物綱。如果將這些主幹生物群移出它們一向所屬的分類群，將使這個分類群變成並系群，根據支序分類原則，這樣是無法成為分類群的。這將大規模破壞目前認定的高層分類群，包括具有衍生物種的化石分類群。

（3）支序分類對姊妹群體應放置在同一分類層級的要求是不合現實的，姊妹群體常具有不同數量的獨有衍徵性狀（也就是某一分支所獨有的性狀）。在姊妹群體中，若有一者（例如鳥類）經歷了劇烈的演化轉變，而另一群體卻在出現後即少有變動，但在海尼格的排列下，都必須放在同層級的階元中。

（4）海尼格的方法學中並沒有訂定層級的理論，只有兩項條件：地質時間相近的物種，和姊妹物種放在同一階元層級。但後來連海尼格的追隨者都放棄了這兩項準則，改採海尼格極為排斥的生物相異程度為標準，然而使用這項條件時，又牽涉了主觀的評量。

（5）根據海尼格的方法，主幹物種的每一個新衍生性狀，都需要為其成立一個新的階元層級。雖然大多數支序學者忽視了這項原則，但是仍有學者將這項原則運用在物種層級，於是族群只要有一個性狀的差異，就可升格為物種（此即為譜系發育種的概念）。如此支離破碎的系統當然會造成嚴重混亂，也使得任何提取資料的工作無法進行。

（6）所有非衍徵的性狀在支序分類中都遭到忽視，但分類學最古老、最確定的原則，就是分類時所用的性狀愈多，整體來說也就愈能產生有用可信的分類結果。支序分類僅選用衍生性狀來分析，在觀念上雖是正確的，但這樣的限制在劃定分類群時，卻沒有任何意義，事實上，許多分類群的特色即為祖先性狀的普遍存在。再者，忽略獨有衍徵也會隱匿演化速度不均等的現象，顯然海尼格的支序分類具有鑑定系統的特徵，卻不是傳統的分類。事實上，許多一流的支序學者也再三強調，他們的方法學主要是為了找尋具有檢定價值的性狀。

（7）由支序學者劃分的支序單元只反映了片面的關係，因為某些姊妹群體之間的遺傳關係，要比其遙遠後裔的關係還親，但在支序分類中，姊妹群體卻被排斥在該支序單元外。這就好像說神聖羅馬帝國查理曼大帝的現代後裔，血緣要比查理大帝的兄弟姊妹還要更接近大帝呢！

原則上，支序分類是一種僅憑單一性狀（主幹物種的第一個衍徵）的分類法。[120] 任何一種單一性狀分類法即使嚴格遵循譜系發育史，還是會導致人為的異質分類群。數百年來的分類學家一直極力避免採用單一性狀的分類法，他們曾說，良好的分類法是根據最多的可能性狀。

上述海尼格譜系發育支序分類法的種種缺點，說明了為什麼它無法取代達爾文分類法的原因。然而若有人只對譜系發育的資訊有興趣，那麼就應該使用海尼格系統，換句話說，海尼格的支序分類法和傳統達爾文的分類法，都是合理的分類原則，但有著不同的應用範圍和目標。[121]

資料的存取

　　了解分類過程中所遇到的種種困難後，我們不難想像為什麼會常有學者為不同分類法辯護的情形。究竟我們該選擇哪一種分類法呢？答案是最實際可行，且在資料存取上最穩定的系統。穩定性是任何溝通系統的基本先決條件之一，而分類法的實用與否也和它所能提供的穩定度有直接關係。傳統的達爾文分類是相當穩固的系統，就此觀點來看，應可稱得上是理想的分類原則。相對的，支序分類則常與傳統分類產生衝突，而且每次一研究新性狀，或想出解決同塑的新方法時，就必須做相當程度的調整修飾，因此是較不穩定的系統。

　　科學家在標示收藏或印製分類結果時，必須以線性方式來表列出分類群的順序，然而真實的共祖發展卻是立體的分支現象，因此科學家要如何修剪演化樹的枝椏，再將其安排為線性序列，不免會帶有主觀獨斷的色彩，這種情形在演化樹呈樹叢狀，而非標準的枝幹狀時，格外明顯。因此分類學家會採用一些慣例，以解決這項難題：（1）將明顯衍生出來的分類群，放置在它們衍生來源之後，因此，吸蟲類和條蟲類應置放在渦蟲綱動物之後；（2）將特殊的分類群置於一般性或看來較原始的分類群之後；（3）若沒有確實的理由，應避免更動已被普遍接受的順序，因為這種傳統順序已被分類文獻或博物館收藏所採納，對資訊的存取是很重要的。[122]

命名

　　高層分類群的名稱，可做為取出資料時方便可用的標籤，而且像鞘翅目（Coleoptera）或鳳蝶科（Papilionidae）這樣的詞彙，必

須對全世界的動物學家而言，都意指相同的事物，才能發揮最大的功效。[123] 如果沒有一個有效且一致公認的命名系統，將無法稱呼自然界中上百萬種生物，也無法記錄、儲存相關資料，為了這個實際的理由，分類學家在為生物提供名稱時，有一些規則可依循。

這些規則建立在動物學、植物學和微生物學的國際命名慣例上。在《國際動物命名規約》（*International Code of Zoological Nomenclature*, 1985）一書的序言中，清楚陳述了分類學家這套溝通系統的目標：「規約的目標是在促進動物學名的穩定性和普遍性，並且確保每個名稱都是獨一無二的，所有提供的名稱都應遵循這些目標。」植物和動物的學名，是由一個屬名和一個種名形容詞所組成（林奈的二名法），例如黃花鼠耳菊的學名為 *Hieracium*（屬名）*aurantiacum*（種小名形容詞），而生物學名所用的語言是拉丁文，那是中世紀科學家的共通語言。

一個新物種的最初描述通常都不夠詳細，尤其是一些較不為人所知的生物，使得我們無法確知描述者眼前的生物究竟是哪一種物種。有鑑於此，每一個物種都有一個獨特的模式*，使分類者除了最初的敘述外，還可使用模式提供的所有新資訊，來檢定和判斷所屬物種。來自林奈時代本質哲學的「模式」一詞，常會有產生誤導的情形，因為模式對物種來說並不是非常特有的情形，現代物種敘述也不再完全根據模式。事實上，由於所有物種和族群都是可變的，因此在描述物種時也應納入對可變性狀的審慎評估，換句話說，物種敘述需要以一大群標本為依據。

---

* 譯注：模式（type），最能代表一較高分類層級的本質特性的範例物種或屬，或描述及命名一物種時所根據的標本。

　　一個物種的模式是標本，一個屬的模式是物種，一個科的模式則為屬。而科名必須以主幹的模式屬來命名。一個物種模式標本的採集地點是模式（標本）產地，這項資訊對由數種地理亞種所組成的多型性物種來說，是一件非常重要的資訊。

　　如果一個分類群有數個可用的名稱，一般而言會採用最古老的那個名稱，然而也曾發生過較古老的名稱因各種理由而遭捨棄或忽視，反而是較新提出的名稱獲得普遍接受，這種情形在分類學初期尤其為盛，之後若有分類學家只因名詞出現的優先順序，而將分類群的名稱又改回從前被忽視的古老名稱時，資料取回的過程就會發生嚴重的障礙。為了命名系統的穩定，現代採用的命名規約中，便訂定有刪除前一名稱的條件和狀況。這種以出現的順序來命名的原則，在動物系統中只應用於種、屬和科，並不適用於更高分類群。
124

生物系統

　　在十九世紀中葉以前，生物劃分為植物和動物兩大類，凡是看起來不像動物的生物，就置於植物類之下。然而，當科學家仔細研究過真菌和微生物之後，發現它們與植物並沒有什麼特別的關連，應成為獨立的分類群。生物分類的變革中，最劇烈的一次莫過於1930 年代原核生物地位之修訂，這群由細菌組成的生物，和其他生物截然不同，其他生物都具有細胞核這種構造，而原核生物則沒有細胞核。

　　從三十八億年前生命起源後，中間有漫長的二十億光陰，地球上只有原核生物存在，原核生物今日再細分為兩界：古細菌界和

真細菌界，主要的差別在於適應程度的不同，以及核糖體結構的差異。[125] 大約在十八億年前，第一個單細胞真核生物誕生了，有著由膜狀結構包裹起來的細胞核，還有單獨待在核中的染色體（原核生物的染色體為單一環狀結構），並擁有各式胞器，這些胞器顯然是將共生的原核生物納入細胞中而衍生形成的，科學家對於共生起源的細節，和細胞核形成的過程，至今仍有爭議。而單細胞生物聚集形成多細胞生物，從最早的化石紀錄看來，大約發生在最近的六億七千萬年前。

　　要細分真核生物的方式有許多種，為了方便的緣故，單細胞真核生物直到最近都還被合併成同一個分類群——原生生物。雖然科學家知道有些原核生物比較像動物，有些原核生物與植物較為接近，還有一些類似真菌，但傳統鑑定動植物的標準（例如具有葉綠素的就是植物，會移動的是動物）一旦放到這個層次上，就瓦解無存，要保留方便的原生生物標籤，實在會有太多不確定性了。在卡伐列史密斯（T. Cavalier-Smith）所做的新研究中，則採用了一些昔日被忽略的性狀，例如某些膜的存在以及分子特徵，就有相當成功的分類結果。

　　雖然把單細胞真核生物稱為原生生物仍有其方便之處，但在正式分類上，單一的原生生物分類群已不再受到支持。至於要將原生生物劃分為三界、五界或七界，那些爭吵著相似性重要還是相異性重要的分類學家仍未產生共識。[126] 對並非分類學專家的人來說，數字愈小可能愈方便，因此，生物系統應可如下表所列，分為兩大域以及其下屬的各界：

原核生物域＊	Empire Prokaryota (Monera)
真細菌界	Kingdom Eubacteria
古細菌界	Kingdom Archaebacteria
真核生物域	Empire Eukaryota
源真核生物界	Kingdom Archezoa
原生生物界	Kingdom Protozoa
色囊藻界	Kingdom Chromista
植物界	Kingdom Metaphyta (Plant)
真菌界	Kingdom Fungi
動物界	Kingdom Metazoa (Animal)

＊　審訂者顏聖紘注：雖然在2011年以後，涉及真核生物起源的「泉古菌假說」（Eocyte hypothesis）又開始盛行，使得古細菌界成為一個並系群，然而目前（指2017年左右）演化生物學界對於現生生物高階分類體系的暫行共識，與本書原文版當時的概念已大不相同。許多新成立的高階超級類群，因為無法明確置入林奈分類體系，所以只能暫時以「群」或「界」處理。茲挑選重要類群羅列如下：

原核生物域	Domain Prokaryota（Monera這個詞彙已經不再使用）
真細菌界	Kingdom Bacteria
古細菌界	Kingdom Archaea
真核生物域	Domain Eukaryota
泛植物「界」	Archaeplastida（＝Plantae）
古蟲「界」	Excavata（包含眼蟲、椎蟲、滴蟲、鞭毛蟲等）
SAR「超界」	SAR supergroup（包含不等鞭毛界、囊泡蟲界與有孔蟲界）
變形蟲「界」	Amoebozoa（包含變形蟲與黏菌）
後鞭毛生物	Opisthokonta
真菌界	Kingdom Fungi
動物界	Kingdom Animalia

然而這幾個界並無法涵蓋所有已知的生物，因此未來很可能將出現超過10個界的分類體系。

第 8 章

發生學：
探討生物學中的 How

蛙卵為什麼一定會發育成蛙，
而不會變成魚、雞或其他動物，
一直令亞里斯多德驚歎不已，
生物一定有方針指引卵朝著預設目標發展。
亞里斯多德因而提出了「最終成因」，
來解釋「發生」這種精準無誤的現象。

　　每一物種都是由成千、百萬，甚至上千萬的個體所組成。每天都會有個體的死亡消逝，也會有個體的誕生繁衍，新陳交替，循環不息。雖然我們一般認為「有性生殖」是產生新個體的途徑，但生物界最簡單的繁殖方法，還是原核生物、某些原生生物、真菌或無脊椎動物所採用的機制——將既有個體一分為二。

　　除了分裂之外，還有數種繁殖途徑是不需經過「性」的，像一些植物和無脊椎動物，就常使用出芽生殖的模式，從身體的某處長出幼芽，而後脫落成為獨立的新個體。另外透過地下匍匐的藤蔓所進行的營養生殖，也是植物常用的技倆。還有一些生物的卵，可以不受精而直接發育成新個體，這種繁衍方式稱孤雌生殖或單性生殖，像蚜蟲、浮游的甲殼動物等生物，就可視養分的多寡，在孤雌生殖和有性生殖間變換。

　　至於較高等的生物，則大多利用有性生殖來產生新個體；有性生殖牽涉許多複雜的步驟，諸如精子和卵的製造、兩性的交配，以及如何照顧發育中的胚胎等問題。因此，「如何解釋有性生殖具有演化上選擇優勢」成為演化生物學界爭辯多時的議題，並不令人意外，畢竟行孤雌生殖的雌性，生育率要較行有性生殖的雌性高出一倍，有性生殖需耗費將近一半的後代，產生無法繁衍自己的雄性。而能說明有性生殖之所以如此成功的終極解釋，就是可以增加子代的遺傳變異，使後裔在生存競爭中獲得更多的好處——降低疾病的感染率便是其中之一。

　　在生命世界中，除了腦部複雜的運作機制外，再也沒有比受精卵發育為成體更驚奇、美妙的現象了，而人類探索這個領域的歷史可粗略分成三個時期：1830 年之前，焦點主要放在對發育中胚胎的描述，研究者尤其想知道父親和母親對胚胎的相對貢獻；第二時

期則約從細胞學說的提出開始算起，當時發現脊椎動物的卵實際上就是一個細胞，而精液中的授精要素——精子，也同樣是單一個細胞；除此，科學家對卵裂後每個細胞的命運、未來將形成何種結構和器官，尤其感興趣。於是無可避免的，胚胎學的前兩段時期是以敘述為主幹，旨在了解胚胎發生了「什麼」事。

第三時期的開端大約在二十世紀初期，學者開始有能力去探討發育是「如何」進行的，也就是胚胎會形成某些特殊組織結構的機制。根據胚胎學家的研究顯示，發育過程除了會受到某些特別基因的控制外，同時也受胚胎各部位間交互作用的影響，所以發育細胞的行為表現可歸因於基因，以及隨不同階段而改變的細胞環境。

發生學最初在分析基因及基因調控的生化反應時，難免會帶有化約主義的色彩，然而科學家很快意識到，基因彼此之間的作用，以及基因與細胞環境間的反應，實在宛如一高水準的交響樂團，而基因和細胞這些樂手如何搭配合作，是目前胚胎發生學最尖端的研究課題。然而，倘若沒有幾世紀來詳盡敘述所奠下的基石，今日的先進研究也無法進展。發現是一條漫長而艱辛的路程。

發生學的起源

多樣化是生物世界最炫目的特色，若用來形容胚胎發生過程，亦不失其真。然而當我們比較相關生物的發生時，會發現有一些相似性。早在西元前一千多年時，埃及人已經隱約察覺到孵化中的小雞和哺乳動物的胚胎頗為相像。亞里斯多德對動物胚胎描述之精細，更使前人對胚胎發生知識貧乏的情形相形失色。亞里斯多德可說是生殖生物學的開山祖師，他的巨著討論到雄性和雌性的特性、

生殖器官的構造和功能、胎生（幼體直接由母體生出）和卵生（母體所產的卵在體外孵化）的差異、不同動物的交配方式，以及精液的來源和特徵，幾乎涵蓋了所有生殖發育學中可以想到的問題。

事實上，亞里斯多德甚至觸及了生殖學領域中的兩大難題，第一是泛生論，第二則是先成說和後成說的論戰。這些問題在十九世紀末期都還一直眾說紛紜，難成共識，因此我們很難想像亞里斯多德在那個時代，即能依據廣泛的觀察比較和卓越的判斷力，完整記錄下動物發生的過程，而在兩千年間，無人能凌駕其成就。

但亞里斯多德畢竟是人，也會犯錯。儘管他所觀察的雌性動物都會製造卵，但「哺乳動物也可能有卵」的念頭，卻從未在他腦中浮現過，他反而採用了「雄性精液可使雌性經血凝固，哺乳動物由此形成」的理論。[127]

一般相信亞里斯多德所犯的第二個錯誤，是他對發生過程極具種類獨特性嘗試提出的解釋。蛙卵為什麼一定會發育成蛙，而不會變成魚、雞或其他動物，一直令亞里斯多德驚嘆不已，生物一定有一些方針指引著卵朝預設目標發展。亞里斯多德因而提出了「最終成因」，來解釋發生這種精準無誤的現象；然而這種看來有些形上學的力量，在現代來說，不過就是稱之為「遺傳程式」的物質，受精卵發育為成體，正是受到遺傳程式的導引，絕對可用物理化學因素來解釋。[128]

儘管生殖和發生現象幾世紀來都是科學家心繫神思的問題，但在亞里斯多德之後，該領域卻沒有多大進展，一直到十七世紀時生理學家哈維對雞胚的研究，才使情況有所改善。哈維用眼睛和簡易的放大鏡，觀察到雞蛋中有一層薄薄的卵黃膜，是雞胚發源的所在；他也進一步證實，雌性哺乳動物的子宮中，並沒有凝固的經血

形成未來的胚胎。不久，史坦生及笛格拉夫發現卵巢內濾泡的存在，雖然哺乳動物的卵一直要到 1827 年才由馮貝爾發現，但「雌性動物的卵巢同等於雄性動物的睪丸」在當時卻已是不爭的事實。

　　隨後幾年，哈維在早期複合式顯微鏡的助益下，對雞胚的發生做了更仔細的觀察，而馬爾匹吉、斯帕朗澤尼、賀勒爾和伍爾夫等人的研究，也增進了我們對雞胚發生的了解。然而這一時期的研究者仍試圖將胚胎器官的漸進發育，與亞里斯多德的生理學說扯上關連，強擠出符合觀念架構的觀察結果。

　　相對的，十九世紀的胚胎學家則抱持全新的態度，或許可說是更具科學精神吧！在所有功能性的生物領域中，堅固的學說必要有扎實的事實為基礎。而潘德爾、雷士克和馮貝爾，是最能代表十九世紀初期的三位胚胎學家。他們同樣以雞胚為研究素材，但會在謹慎描述過發現之後，才依據發現提出可能的學說。[129] 他們的研究包括了脊索、神經管，還有更重要的三胚層結構。他們還將由雞胚而來的發現，與其他脊椎動物，甚或鰲蝦、無脊椎動物相比較。

　　雞胚和蛙胚的發生過程，傳統上被視為胚胎學研究的黃金標準，不過這兩種生物只能代表脊椎動物的發生特徵，與棘皮動物、軟體動物、腔腸動物等其他無脊椎動物間有無以計數的歧異之處，像是卵裂的切割模式，尤其會因物種而有極大的不同。[130] 下文所列舉的通則，主要適用於脊椎動物。

細胞學說的衝擊

　　1830 年代，許旺和許來登分別提出的「細胞學說」，對統合生物學觀念有許多卓越貢獻，就生殖發生學層面來看，它賦予了卵和

精液全新的涵義。在此之前，卵與精液都還只是一些模糊的概念。雷馬克是首位證實卵為單一細胞的生物學家（Remak, 1852）。隨後雷文霍克也發現了精液中泳動的精子，但當時許多人認為那不過是寄生蟲而已。還有些人雖承認精子是父方對未來胚胎的貢獻，但並不了解每隻揮擺著尾巴的精子即為一個細胞，是雄性的生殖細胞，要到 1841 年才由科立克證明之（Kölliker, 1841）。

　　奇怪的是，1880 年時精子和卵的存在雖已為人所知，但受精的意義為何，仍充滿了不確定性。對機械論者而言，受精僅是激化卵細胞開始分裂的一種訊號或脈衝而已，即便是 DNA 發現者米契爾也抱持這種想法。最後還是在細胞學家赫特維希和班尼登等人的研究下，才揭露精子與卵的結合不僅是通知卵進行首次分裂的訊息，精子同時還奉獻了細胞核，核中則裝載了雄性的單倍染色體，在與卵中的雌性單倍染色體結合後，形成具有雙倍染色體的合子。因此受精恢復了生物正常的雙倍體狀態，同時使子代接受來自父方和母方的基因。從事植物雜交實驗的科學家，例如寇俄如特，很早就意識到這項事實了。

先成說或後成說

　　合子這一團形狀不定的物質，如何發展成一隻小雞、一隻青蛙或是一條魚？在二十世紀之前，這一直是個懸而未解的謎題。由此發展出兩大學說——先成說和後成說，各持有合理的論點，但也有部分錯誤的想法。

　　先成說的發展，主要是觀察到受精卵總是會發育成與母體相同生物的現象，因而認定在受精之時，精子或卵裡面早已存有迷你型的未來生物，而發育只是揭露原型的過程（先成說者稱這過程為演

化）。當馬爾匹吉宣稱他在受精雞胚中看到早期胚胎的模樣，顯示生物早已預存於卵中，更是強化了先成說的立場。

　　若依先成說的邏輯進一步延伸，那麼不僅有一個未來生物已預先形成，連其後代也必須存在於這個迷你生物中。而這預成的個體，是如卵原論者（Ovist）所說的存在卵中，還是如精原論者（Animalculist）認為的存在於精子中呢？這段期間出版的論文中，常可見到畫有迷你小人包裹在精子內的圖片。

　　寇俄如特的植物雜交實驗，即可明確反駁先成說。實驗顯示父方和母方對雜交後代的特徵有同等的影響，這是無法以「預成個體存於單一方生殖細胞」來解釋的。然而，或許因為寇俄如特研究的對象是植物，使得這項關鍵性證據始終未能獲得先成說者的青睞，但即使是騾（驢與馬的雜交後代）或其他雜種動物，也同樣受到忽視的命運。再生現象（當水螅、某些兩棲類、爬蟲類的主要部位遭到切除後，可重新長回該部位的過程）的發現，暗示著組織生長的漸進過程，也引不起先成說者的注意。

　　與先成說相抗衡的則是後成學說，該學說主張胚胎發生是由一團形狀完全未定的團塊開始，在受到某些力量的影響後，才逐漸賦予胚胎形體。伍爾夫稱這種力量為「本質力」。[131] 然而後成說還是無法解釋為什麼雞蛋會孵出雞、蛙卵會形成青蛙，也無法說明個體發生過程中胚胎組織和構造的分化現象。再者，後成論者相信不同物種具有自己獨特的本質力，這和物理學家所描繪放諸四海皆準的重力非常不同，然而卻沒有後成論者能夠解釋本質力究竟是什麼樣的力量，這股力量又為什麼會如此專一。

　　儘管如此，後成論還是在這場競賽中脫穎而出，尤其是在顯微技術日益增進後，人們仍無法在受精卵中找出任何一絲預成個體的

蹤跡時，更是削弱了先成說的氣勢。但真正破解謎題的線索，卻要到二十世紀才撥雲見日。首先是來自遺傳學的訊息：遺傳學將生物性狀分成基因型（個體的遺傳組成）和表現型（個體可觀察到的外表特徵）。遺傳學家發現，在發生過程中，基因型可控制外表特徵的表現，基因提供發育所需的資訊，引導形狀未定的受精卵漸進發展成物種的成體模樣。因此基因既是生物的預成因子，也是後成論所說的本質力。

分子生物學在引入 DNA 即為生物遺傳物質的觀念後，更是排除了最後的一絲疑雲，終結生物學界長久以來的爭執。最後歸納所得的結論，是先成說和後成說的綜合體：生物顯露表現型的發生過程是後成的，但由於合子含有可決定表現型的遺傳程式，因此發生的本質應是預成的。

這種結合兩相對陣營，歸結出真正解答的現象，在生物學界屢見不鮮。對峙的兩造都有如瞎子摸象，各摸索著真相的不同部分，在陳述所見的事實後，又向外延伸出許多偏頗的看法。只要能排除錯誤的看法，並結合各理論中真確的事實，即可推得最終的答案。

分化：胚胎細胞的分歧發展

傳承自單一受精卵的胚胎細胞，是如何漸進產生各式特殊的功能和形態？一個神經細胞是如何變成和腸胃細胞迥然不同的細胞類型？這些都一直是發生過程中最奇妙、卻難以解釋的現象。

1870 至 80 年代間，科學家知曉染色體就是細胞核中的遺傳因子時，細胞分化的問題反而更令人困惑了。如果真如魏斯曼所言，生物體內的每個細胞都含有相同的遺傳因子的話，細胞又是如何在發生過程中產生如此巨大明顯的差異呢？

　　最簡單的回答是，假設在有絲分裂時，含有不同遺傳單元的染色體，被分配至兩個子細胞中，子細胞即依其接受到的特別因子進行分化。這種不均等的細胞分裂學說，在沒有引發太多猜疑下就成為多數人的看法。然而如果這項假說正確，那麼細胞學家所觀察到那精緻繁複的分裂過程，不就全無意義了嗎？德國動物學家盧威廉就曾質疑，細胞為什麼不直接由赤道面切割為二，再讓兩個半核各自成為新細胞的細胞核，反而要大費周章，在分裂期間將染色體轉換成綿長的染色質呢？盧威廉指出，唯有當細胞核內包含的是龐雜的物質和獨特的粒子，且要平均分配這些粒子時，才需如此精心布置，先將粒子串在一起，再從縱軸切開，以保證兩個新細胞核獲得完全相同的內容（Roux, 1883）。

　　這是盧威廉從觀察有絲分裂現象所推導出最精采的結論，如今我們也知道其理論基本上是正確的。然而隨後幾年，由於其他的觀察結果一再挑戰這項推論，最後連盧威廉本人也捨棄了自己最初合理的想法，轉而接受不均等的有絲分裂學說。造成如此轉折的，主要是因一項研究顯示，某些生物的受精卵在經過早期幾次分裂後，就開始顯現出明顯的差異，並各自發展成不同的器官系統。倘若不是遺傳因子的分配不均，又該如何解釋呢？

　　其他的觀察結果同樣也使得問題愈加複雜化。盧威廉、祝瑞胥、摩根、魏爾森等人的實驗均顯示，動物早期的胚胎細胞具有不同的潛能，舉例來說，當海鞘的早期分裂細胞被打散後，每個細胞仍保有相同的特質，第一次分裂產生的兩個細胞，會各自發展成只有半邊的海鞘幼蟲，這類分化模式，稱為鑲嵌式或定型式發生。但若看海膽的發生，第一次卵裂產生的兩個子細胞，在分散後則會各自形成完整的幼蟲，只不過體型較正常幼蟲略小而已，這類的分化

模式，稱為調節式發生。更有些生物的發生是介於這兩種模式的中間型。

當科學家知道愈多生物的發生詳情，也就愈難建立一般通則，某種生物的情形如此，到了另一種生物時又有其他不同的現象；有些胚胎細胞對環境的影響無動於衷，有些細胞則完全仰賴外界的訊息指引；有些胚胎細胞「生於斯長於斯」，有些細胞則「翻山越嶺」，向胚胎各處遷移。綜合無數的實驗結果，基因型與細胞分化的關連，仍是剪不斷理還亂的謎題。[132]

然而到了二十世紀時，有了分子生物學的參與，科學家開始了解分化是所有細胞必經的歷程，在生物體內的任一時刻、任一細胞內，都只有一小部分的基因活化運作。基因的開啟或關閉，會因應細胞的需求而調節，而調節的機制，則部分由基因型所控制，部分受鄰近細胞的影響。基因擁有如此精巧的能力，恐怕是聰明過人的魏斯曼也難以想像的，因此才會提出不均等的細胞分裂學說。即至今日，對於「調節性基因如何知道該何時去啟動其他基因」的問題，我們所知仍很貧乏呢！

另一個困擾盧威廉等胚胎學家的難題，是許多生物胚胎早期的分裂，尤其是富含卵黃的胚胎，常會受到細胞質中所含因子的調控。以線蟲為例，在線蟲卵的細胞質中，存在了一些特殊區隔，可決定胚胎細胞各自不同的分化途徑，一般認為在這些區隔內即含有來自母方的調節因子，只有當早期發生步驟都完成後，新合子的基因才會接手後續發生指令的下達。然而卵是如何判定哪些物質應置於卵黃的不同位置？又是如何準確適當的搬移這些因子呢？這些問題都還有待釐清。

相對的，屬於調節式發生形態的生物，例如脊椎動物，早期

的胚胎細胞就無一定的發生模式，主要是靠大量的細胞遷移、誘導（現有組織影響後續組織發展的現象）來決定細胞的特化。因此若比較線蟲或脊椎動物的分化現象時，將會發現兩者存有極大的差異；即使是關係較為接近的生物，例如脊索動物和棘皮動物，彼此的發生形式、受環境因子的影響，也都充滿了變異。

胚層的形成

十九世紀的發生學家認為，心臟是個體發生時最早成形的結構，其他器官則在胚胎需要其功能時，隨後產生。然而伍爾夫、潘德爾和馮貝爾卻顯示實情並非如此。

以蛙胚為例，當受精卵經過了八到十二次的細胞分裂後，胚胎形成一中空細胞球，稱之為「囊胚」，之後囊胚部分外層細胞內陷入球心，形成具有兩層細胞層的原腸胚，最後在這兩層細胞層間，以不同的方式產生了第三層細胞層，這三層細胞分別稱為外胚層、中胚層、內胚層。

追溯蛙胚這三層細胞的起源，均是由囊胚的外層細胞衍生而來，外胚層細胞原本是位於囊胚上半球的細胞，中胚層細胞則位於囊胚球的赤道區域，內胚層細胞則位於囊胚球的下腹部。動物胚層的發現，最早是潘德爾研究雞胚發育時觀察到的（Pander, 1817），數年後馮貝爾證實三胚層的形成是所有脊椎動物的發生特徵（von Baer, 1828）。每一層胚層未來都會發展出一套特別的器官系統，外胚層產生皮膚和神經系統，中胚層為肌肉、結締組織和血管系統，內胚層則形成消化系統。

1830 年代後，細胞學說的應用更是增進了科學家對胚層的認識。發生學家很快就了解到，無脊椎動物的發生亦具備了外胚層和

內胚層結構，其中腔腸動物尤其明顯。而所有生物胚層的形成，皆循相同的機制：由囊胚的外胚層向內凹陷，以形成原腸胚（具兩層細胞）。[133]

到了 1870 年代末期，新的疑雲又再度升起，各式生物胚胎內的同一胚層，最後是否都產生相同的結構呢？中胚層和其他兩胚層的關係，是否在各種生物中都是一致的呢？在再生實驗中，當研究者以各種化學藥品處理生物，並分析其病理檢體時，結果都顯示胚層可表現出正常角色之外的他種功能。

於是以外科手術的方法（特別是移植實驗）來研究胚層各項潛能的新紀元展開了。當科學家將一小塊胚層，移植到胚胎或培養皿等新地點時，胚層的發展通常都會有別於正常的發展途徑。例如，當外胚層在缺乏其他胚層影響的培養皿中時，就無法分化產生神經組織，只能形成表皮層。另外，當兩棲類胚胎的早期內胚層或外胚層被移植到動物的腹腔內時，兩者皆分化出正常時由其他胚層負責的結構。

這些移植實驗推翻了過去一世紀來胚胎學家所信奉的教條——胚層發展的絕對專一性，當胚層與其他胚層或細胞團保持慣有的關係時，它們即循規蹈矩，展現正常的潛能，一旦彼此之間的關係被擾亂，便顯現出其他的可能性。

除此之外，科學家還發現各胚層在發生過程時，並不會維持其完整性，許多胚胎細胞反而常不斷長征遠行；中胚層可能是由剛搬遷來此的外胚層或內胚層細胞轉化而來；脊椎動物的色素細胞和神經細胞，則是神經脊細胞爬行到胚胎各處後形成的。在某些案例中，細胞之所以遷移，是受到目標區域的化學刺激的吸引，而這過程即為下面將討論的誘導。

誘導現象

大約在 1900 年時，盧威廉首度釐清各式生物胚胎發生時所依循的兩種模式的差異：「定型式發生」嚴格遵循固定遺傳程式，「調節式發生」則會受鄰近細胞的影響。盧威廉也因此將誘導的觀念帶進了實驗胚胎學。

第一位以實驗清楚證明誘導現象的研究者是司培曼（Spemann, 1901）。司培曼以蛙眼的形成為研究模型，進行了一系列的移植實驗。蛙眼的水晶體結構是由外胚層所形成，當司培曼切除或破壞一塊稱為「眼睛原基」的中胚層組織時，水晶體即無法形成，司培曼因而推論原基組織應可誘導水晶體的形成；為驗證這項推論，司培曼將原基移植到胚胎的其他部位，發現其他部位的外胚層在此情況下亦可形成水晶體組織；最後，司培曼局部切除眼部區域的外胚層結構，替之以胚胎其他區域的外胚層細胞，同樣也可見到外來組織發展成水晶體。

然而在司培曼發表了這項成果後，許多研究者利用不同種的青蛙胚胎做實驗，卻得到各種不同的結果，有時即使當原基完全清除後，仍有水晶體形成的情形發生。司培曼最後歸納出的結論是，頭部外胚層有一大塊區域，都具有發展成水晶體的潛力。

司培曼另一系列的移植實驗，則是與曼戈爾德合作，他們發現位於囊胚原口背唇處的細胞，具有組織誘導體（organizer）的功能，可誘導神經管在原腸上方的形成。當這篇論文在 1924 年發表時，立刻掀起了實驗胚胎學界的一股熱潮。然而最後同樣也出現許多問題，有時即使是死的組織誘導體，甚至無機物，都可誘導出神經管構造。

　　司培曼和這一領域的其他科學家，後來全都放棄了誘導實驗。然而以今日的眼光來看，司培曼當初的方向其實是正確的，最近已有一種蛋白質被分離出來，就具有誘導神經管形成的能力。重新回顧所有的實驗後，司培曼本人已可領悟到誘導現象並不單純，在誘導因子和被誘導的組織之間，羅織著極其複雜的交互作用網路。[134]

　　無論送往目標組織的化學訊息為何，誘導對行調節式發生模式的生物都扮演有重要的角色，研究個體發生時細胞與組織間的交互作用，特別是細胞因所處位置而有不同行為的現象，已成生物學的一門獨立單元——拓撲生物學（topobiology），而細胞膜在這訊息傳遞中的角色，更是專門的分析題材。除了少數生物嚴格遵循定型發生外，細胞與組織間的作用幾乎對所有生物的發生過程都有不可或缺的影響。

重演論

　　自美克耳、瑟雷斯和馮貝爾以降，博物學家對發生與演化間可能存在的關連感到極大的興趣。1820 年代中葉，雷士克首先在鳥類和哺乳類的胚胎中，發現了鰓裂和鰓囊結構，這項觀察結果與當時流行的「自然階層」觀念相契合，如果生物的成體可排成一系列愈來愈完美的順序，牠們的胚胎也可能會經歷相等的階段變化，反映出從前較不先進的原型。哺乳動物鰓裂的形成，無疑暗示著魚的階段，而且愈早期的胚胎應會顯示更原始的形態。

　　重演論（Recapitulation theory）就在這種思想中誕生，有時又稱為美克耳—瑟雷斯定律。重演論主張，生物在個體發生時期，會重演其祖先曾經歷過的演化階段。雖然演化的觀念在達爾文之前仍很模糊，但重演論卻能與當時廣泛流傳的思想相吻合。

　　馮貝爾雖然也證實此種觀察現象，但由於他接受的是類型式的詮釋方式，排斥任何像是達爾文共祖的思想，因此極力反對摻雜有演化的解釋。馮貝爾認為個體發生時，會出現與較低等生物相似的現象，純粹是因為發生早期較簡單、較均質，而發生晚期較特化、較異質性的關係。於是這種「個體發生由簡而繁」的觀念，又稱為馮貝爾定律。

　　對演化生物學家海克爾而言，則又是另一番情形。海克爾比任何人都大力強調發生的重演現象，他並提出「囊胚時期相當於無脊椎動物的演化，發生晚期則顯現高等動物的形態演化」的想法。在達爾文出版了《物種原始》之後，海克爾更是宣稱生物發生的基本定律，就是個體發生會重演譜系發育史。海克爾的這項理論一度引起了比較胚胎學家的熱烈討論，由於研究個體發生所得的證據無一不驗證海克爾的想法，使得十九世紀末期那幾年間，胚胎學家還會借用重演的證據，來找尋生物的共祖。

　　但檢視整個胚胎學界對重演論的意見，大多仍是傾向於排斥的態度，其中有部分人士更是極端偏好馮貝爾定律，他們的選擇主要是理論上的考量，由於無法想像任何胚胎需要重演祖先演化史的理由，而馮貝爾由簡而繁的觀點較讓人感到安心。事實上，胚胎結構也的確要較成體時簡單，分化的現象也較少。然而支持馮貝爾定律的人卻忽略了一項事實，鰓弧和其他重演的構造，絕不比後續的發展來得簡單，馮貝爾定律只是將重演現象掩藏在看不到的地方，逃避問題的解釋。

發生遺傳學

　　十九世紀末的二十幾年間，胚胎發生除了是胚胎學家研究的對象外，同時也是後來成為遺傳學的領域所探索的主題。然而遺傳學這門新興科學的內容並不單純，包含了兩大子學門——傳遞遺傳學和發生遺傳學。傳遞遺傳學所討論的是遺傳因子如何由一代傳至下一代的問題，像孟德爾遺傳定律就純屬傳遞遺傳學的範疇；另一方面，發生遺傳學的目標則是了解個體發生期間遺傳因子的活動。遺傳學創建之初曾有一些混亂或誤解，主要就是因為有一些生物學家，無法區別遺傳學的這兩面，而遺傳學家摩根能建立如此輝煌的成就，則是因為他能看清兩者的差異，並專注於傳遞遺傳學問題的澄清。

　　當然在同一時期，也有其他的學者致力於發生遺傳學的研究，像戈德施密特就可算是開啟發生遺傳學新頁的第一人（Goldschmidt, 1938）。從早期威丁頓和許墨霍森（Ivan Schmalhausen）等人的著作中，也可看出今日發生遺傳學的大致輪廓，然而當時該領域的論述，大部分仍為臆測，一直要到分子生物學興起之後，發生遺傳學才真正成熟茁壯。

　　1944 年艾弗里證實 DNA 即為遺傳物質，可說是發生遺傳學新紀元的開始（Avery, 1944）。根據分子生物學原理，蛋白質是構成生物的主要要素，而 DNA 又控制了蛋白質的合成。因此發生過程即是由不同種類的蛋白質，以精巧而特殊的組合，影響不同胚胎器官系統的生成。雖然當初現代遺傳學的創建者已知悉基因和發生間的關連，但並未積極嘗試混合遺傳學和發生學的知識。

　　古典遺傳學強調的則是單獨的基因，在當時要知道某一基因對

發生的影響，只能透過突變的研究，特別是有害甚至致命的突變。若要探究正常基因（野生型）對發生的效果，則無適當的研究方法可用。事實上，從 1930 年代起，分析突變基因就成為發生遺傳學所偏重的研究方法，並累積了豐碩的成果。它可精確指出是哪一組織，甚至哪一胚層為突變所害，它也顯示大部分突變生物都是因缺少了某一必要的基因產物，但突變研究無法研判缺損的生化特質。

雖然基因產物的化學性質未知，但經由這些研究，清楚證明了特定基因在發生過程中特定階段、特定組織中的作用。依據這樣的認知，我們就可以用基因表現的順序，來描述發生的過程。

分子生物學的衝擊

「基因不是蛋白質，基因也非架構發育胚胎的建材，基因只是建築工程所需的藍圖指引。」這則由分子生物學所帶來的知識，對發生學的研究方法和觀念的推導，有著深遠的影響。當 1960 和 1970 年代基因作用的細節釐清後，前人的解釋為何會有所不足，也就豁然開朗了。

基因的組成是複合的，含有外顯子和內含子，但除了這些可合成酵素和細胞結構的基因外，還有調節基因和其兩端的序列，使基因可視需要而開啟或關閉。分子生物學的革命讓我們了解到細胞的特性，是由細胞所生產的蛋白質決定的。[135]

從細胞核內的 DNA，經傳訊 RNA（mRNA），到多肽鏈和蛋白質，這一整套系統與細胞環境間的交互作用，比我們原先想像的要複雜多了。發生遺傳學的理想目標，將是找尋出參與發生過程的基因，了解每一個基因的確實貢獻，包括相關基因產物的化學特性，和它們在發生過程中的角色，最後並分析調節基因活化的機制。令

人驚訝的是，發生學家在某些生物系統中已逐步接近他們的目標。

　　科學家對於發生過程遵循一定程序的線蟲和果蠅，尤其有長足的進展。例如，在研究過秀麗隱桿線蟲（*Caenorhabditis elegans*）的 1,000 個突變種後，科學家找到了超過 100 個相對應的基因，其中大部分的基因序列都已確定，而且由於線蟲成蟲的細胞數一定（除了生殖腺細胞外，共有 810 體細胞），透過細胞譜系的追蹤，科學家可定出早期分裂的細胞，後來會衍生成什麼器官。

　　果蠅則是另一個定型發生的研究模型，由於果蠅的基因數要較線蟲多出許多，因此較為複雜，但果蠅具備了眾多遺傳和形態上的優點，足以彌補較複雜的缺點。第一，在現代發生遺傳學草創之初，果蠅已有數目龐大的變種可供研究，再者這些突變在染色體上的相對位置也已確定，同時果蠅的唾腺細胞中含有巨型染色體，可供做為突變特質的研究。

　　不過最重要的一點，還是因為果蠅是有體節的動物，使研究者可透過遺傳分析，了解哪些基因對身體哪一體節的發生有所貢獻。果蠅的頭部可分為五個體節，胸腔具有三節，而腹腔則有八至十一節。目前大部分基因的功能都已釐清，其中有許多基因只作用在特定體節上，若比較同一基因座上不同對偶基因的作用，將會是有趣的研究主題。

　　然而對於像脊椎動物這類屬於調節式發生的生物（這類生物的胚胎在從 16 個細胞期增加到 32 個細胞之前，胚胎細胞都尚未特化），遺傳分析的進展就十分有限了。或許對了解人類發生過程貢獻最多的，是人類遺傳疾病的研究，也就是追蹤造成有害表現型的突變基因。這使研究者可尋找到發生突變的染色體。毫無疑問，經由「人類基因組計畫」，未來將可定位出所有突變。但考慮到調節

式發生的特性、誘導的頻率，以及某些細胞遷移之廣泛，要想建立特定基因與特定發生現象間一對一的關係，並不是容易的事。調節式發生遠較定型式發生更為複雜許多，如果能歸納出一般性的通則，就已非常令人滿意了。

分子胚胎學中最令人振奮的進展，就是發現某些基因群，廣泛的分布在許多關係疏遠的動物身上。例如 Hox 基因，最早在果蠅中找到，分析其序列後，科學家發現小鼠、兩棲類、線蟲和其他動物體內也都有相同的基因。以脊椎動物來說，就有四種同源的 Hox 基因群，這些基因群似乎並不負責任何結構的發生，而與相對位置有關。大部分無脊椎動物門中的生物，從腔腸動物、扁形動物，到節肢動物、軟體動物和棘皮動物，也帶有 Hox 基因。由於 Hox 基因群中的一些基因，和其他可控制胚胎發生的基因，廣泛存在動物界中，使得斯雷克等人提出這些基因組反映了原始動物祖先的部分基因型的理論（Slack et al, 1993）。毫無疑問，這些基因組合在譜系發育史中已有古老悠久的年歲了，這些基因中是否有些亦存在動物的原生生物祖先身上，目前還不得而知。

發生與演化生物學

曾有一段時期，大部分的遺傳學家皆以為演化只是基因頻率*的改變，而忽視發生在巨演化過程中的角色。直到最近幾年當發生學家不太情願接受達爾文學說之後，發生學這有趣的一面才再度受到關注。

---

* 譯注：基因頻率（gene frequency），生物族群中一對偶基因上的某類型基因與其他類型基因的百分比。

　　生物個體（演化選擇的作用目標）是基因與基因、以及基因與環境間交互作用的產物，這些交互作用也侷限了可能的演化變異，任何與標準形態相異的偏差，都會在穩定選擇或正常化選擇下淘汰掉（請見第9章），這項事實可從物種表現型的一致上看出。[136] 發生限制對演化的影響，已成為現代發生學的重要議題。

　　在受精卵發展為完整個體的過程中，不同階段會有不同的基因組活化運作。長久以來發生學家就相信，愈是到發生末期才活化的基因，是在系統演化史中愈晚獲得的基因；相對的，愈早期表現的基因，則是愈古老的基因。發生學家還認為，較新的基因如有任何改變的話，對生物表現型的衝擊較小，可能只是影響雌雄相異的程度，或行為上的隔離機制；然而早期基因若有突變的話，將造成發生程序的根本變化，因此大多是有害的。

　　由於這項觀念的詮釋太過字義化，因而招來許多非議，不過眾多的觀察結果均顯示它原則上是正確的。倘若如此，這發現將可解釋為什麼在前寒武紀和寒武紀早期，動物基因型尚不成熟時，會有如此豐富的新結構衍生出來，之後動物的形態就較為穩定，也較少發生變化。這還可說明為什麼當某構造的功能改變時，是逐步獲得的，如此在轉換的過程中，只須稍微重塑基因型即可。

　　了解每位個體都是獨立的發生系統，以統合的反應面對篩選，將可幫助發生學家解決兩大演化難題，第一為遺跡結構：由於大部分的基因或基因群在發生時都有廣泛多重的作用，即使當其中某一基因所負責的性狀不再符合天擇的條件（例如退化的指頭），但只要基因群仍保有其他功能（例如維持其他指頭的形成），該項遺跡性狀就可在天擇下，隨其他性狀保存下來。至於第二項演化難題，則是重演論。

重演論的再審議

由於美克耳─瑟雷斯定律提出之際，是理想形態觀念大行其道之時，因此要以現代生物學家能接受的詞彙來解釋重演論的話，必須由全新的基礎開始。當年海克爾和其他重演論的支持者，非常清楚沒有任何鳥類或哺乳類所經歷的胚胎時期會與魚類相同，他們並未如對手所指控的宣稱：鳥類或哺乳類的胚胎，與兩棲類或魚類的「成體」一模一樣。重演論者只陳述動物的胚胎時期會與其祖先的永久階段相似，意指早期個體發生時期會表現出祖先的原始型。[137]事實上，重演論者甚至指出，早期胚胎常會較其成體在演化上還更複雜，這在一些需適應特殊生活模式的生物幼蟲而言，例如海洋生物或寄生蟲，尤其明顯。

因此當我們在重新評估重演論時，必須劃清兩組問題：（1）個體發生時期是否會與它們的祖先形態相似呢？換句話說，重演現象是否真的存在？（2）如果重演現象的確存在，那麼它為什麼會發生？胚胎為何要表現出祖先的永久形態？

根據觀察，第一項問題的答案是肯定的，我們的確可在胚胎時期看到重演現象。而面對第二項問題時，或許可將問題調整成「為什麼哺乳動物不直接形成頸部，而要先迂迴經過鰓弧階段？」由於哺乳動物胚胎發生的表現型，並不是嚴格直接受到基因的控制，而是發育細胞的基因與細胞環境間交互作用的結果，因此在發生過程中的任一時期，其下一階段的發展，都同時受到基因型的遺傳程式和該時期胚胎的「體質程式」所調控。若將這觀念運用在重演論上，那就表示鰓弧系統是哺乳類或鳥類發展下一步頸部構造的體質程式（Mayr, 1994）。

　　體質程式或許聽來是新穎的名詞，但類似的說明卻已存在了百年之久。任一發生過程皆會受到前一時期的影響，一直是發生學的基本概念。因此重演論其實並沒有什麼神祕之處，只是它必須跳脫理想形態的類型思考方式。

　　儘管生物和生物之間有許多複雜變異，但從胚層的形成和發展仍可看出，所有動物早期的發生程序都極其類似，使我無法壓抑「這段時期正是重演其祖先情形」的想法。海克爾誇張過度的理論，曾使重演思想不受歡迎，但即使任何人挑剔頑固檢查過所有的事實後，也很難推導出其他比重演論更好的詮釋。

演化如何得以進展

　　發生過程是一環環相扣、緊密接合的系統，生物學家常稱之為「基因型的凝聚力量」，但對演化生物學家來說，極欲知道這種凝聚力量是如何建立，又要如何打破它，使重大的演化革新得以進展。

　　我在 1954 年時曾提出一則演化模型，該模型主張在龐大而稠密的物種群中，演化進展通常很緩慢；快速的演變，大部分都發生在外圍孤立的小族群。[138] 這種現象若以發生學的術語來表達的話，則表示數量眾多的物種，發展較為穩定，數目稀少的創始族群則因較缺乏穩定性，使牠們可迅速重組遺傳物質，替換成新的表現型。這項模型立刻為艾垂奇和古爾德所接受，並稱之為「斷續平衡理論」。根據他們兩人的計算，龐大物種的演化停滯，甚至可延續數百萬年之久，而後續其他研究亦證實某些物種的情形的確如此。這則模型明確強調發生在巨演化中的重要性，但是並沒有說明為什麼當某些物種正飛快演變時，某些特定的物種依然維持基因型的高穩定性，這中間的差異至今仍是未解之謎。

　　斷續平衡理論也與費雪和霍登（J. B. S. Haldane）1930年代初期所提的假說針鋒相對。根據費雪和霍登的觀點，演化改變的速率與族群或物種遺傳變異的數量成正比，因此數量愈是眾多的物種，變異就愈多，演化也愈快，然而後續的研究結果均反駁費雪─霍登的理論。我個人的看法是，在數量愈龐大稠密的物種中，上位交互作用*也愈多，因此要使一個新突變或重組基因擴散到整個族群，耗時要較久，因而阻礙了演化的進展。而一創始族群由於僅有少數個體，隱藏的變異較少，較易轉換成另一基因型，或達到適應的顛峰。因突變或基因重組造成族群或物種演化速率改變的現象，稱為異時發生。

　　科學家如今已了解在發生過程的每一階段都存有許多遺傳變異，梅爾克門（R. D. Milkman）就曾絕妙證明，在一自然族群中要展現單一性狀，中間需要有多少隱密的遺傳變異，而這些變異使得天擇得以作用在「發生」過程（Milkman, 1961）。由於許多形態特質的展現與生理的運作息息相關，這種多效性基因的生理選擇壓力，是造成生物形態變化費解的原因。

　　經由位處不同地理區間的族群，或相近物種「發生」過程的比較，發生學家應可推導出何種發生變化是可行的，何種「發生」變化是有害的。可惜在研究這類問題時，傳統的方法學僅容許類型式的思考方式。雖然有少數發生學家已能重視變異的存在，但發生學家在接受達爾文的族群思考時仍非常緩慢。過去發生學家習於在實驗室中分析雞、青蛙或果蠅等模型系統，並直接從表現型找到對應的基因，但相同的途徑卻無法用來找尋誘發巨演化事件（地理變

＊譯注：上位交互作用（epistatic interaction），不同基因座之間的交互作用。

異）的成因。

　　還沒有其他的生物學子學門，能像發生學一樣展現各種不同的解釋面。發生學具有高度的分析性，目標是了解每一個基因對發生過程的貢獻，因此常被誤解為化約主義；然而發生過程也依賴基因與組織的交互作用，並受整個生物體的影響，因此也同時具有全觀主義的色彩。解讀遺傳程式是個體發生的近因，遺傳程式的內容則為終極原因。由於有這些豐富的要素與因果關係，生命世界才會如此美麗迷人。[139]

第 9 章

演化學：
探討生物學中的 Why

1836 年，
當達爾文完成小獵犬號的航行而返抵家園時，
他心中對加拉巴哥群島上的鳥類起源已有了定論。
達爾文認為他所觀察到的三種做聲鳥，
最初必定是源自南美大陸的同一種做聲鳥，
因此一個物種是可能產生數個後裔物種的。

　　從中世紀以降，迄至達爾文時代，人類眼中的世界一直是短暫而恆定的，這種深受基督教教義影響的世界觀，卻因一系列科學發現而日漸式微。首先是哥白尼的天文學革命，闡明了地球和居住在地球之上的人類，並不是宇宙的中心，而我們對《聖經》上的文字，也不必逐字照字面詮釋。其次是地質學的研究，顯示地球的歷史已有四十五億年的悠久歲月。而挖掘出土的生物化石，有些現已滅絕，更是駁斥了神創論中地球從未改變的理論。

　　然而，儘管不斷有許多證據削弱《聖經》世界觀的可信度，在許多著名學者如布方、布魯門巴赫、康德、赫頓、萊伊爾、拉馬克等人的著作中，亦曾對短暫恆常的世界觀提出質疑，但在 1859 年之前，這種世界觀仍是普遍流傳的信仰，不僅一般平民大眾篤信不疑，大多數的博物學家亦多持此想法。因此假定世界是漫長而不斷改變的演化論，會需要經過長期的醞釀發展，才能完全確立。今人在看這段坎坷的過程時或許會覺得很奇怪，但對從前西方社會來說，演化觀念是一個全然陌生的觀念。

演化的多重涵義

　　「演化」一詞最早是由支持先成說的龐內所引入，用以解釋胚胎發育的先成論（請見第 8 章），但發生學界現在已不在使用它來描述胚胎發育的現象了。演化如今所表示的涵義，是地球生命史中的三個觀念：變質演化（跳躍式演化）、變形演化（漸變式演化）、變異演化。

　　變質演化（Transmutational evolution）意指新型個體的起源，是經由一個重大的突變或跳躍突然產生的；再透過該名個體繁衍後

代，而形成一新物種。這種跳躍式的想法，從古希臘到莫佩爾蒂時代，都不斷有人提出，只是從前並未安上演化之名。即使在達爾文的《物種原始》一書出版後，跳躍理論仍為許多演化學家採信，包括達爾文的好朋友湯瑪士‧赫胥黎，他始終無法接受天擇的概念。

相對的，變形演化（Transformational evolution）則主張物體的漸進改變，例如受精卵發育為成體的過程、發光恆星的顏色由黃轉紅、山嶽因地殼變動或侵蝕作用而改變範圍大小等，幾乎所有無生命世界的變化，都是變形演化。至於生物世界，拉馬克在達爾文之前所提的演化理論，也是漸進式的，拉馬克認為演化包含了新物種的自然發生（像水瓶中自然產生纖毛蟲），以及逐漸演變成更高等更完美的物種。這種變形演化觀念在 1809 年發表於《動物哲學》（*Philosophie Zoologique*）一書中，曾一度廣為流傳，但隨後即被達爾文的理論取代。

變異演化（Variational evolution）基本上代表了達爾文的天擇觀念，根據達爾文的學說，生物在每一世代都有無數的遺傳變異產生，但生物所產下的大量子代，僅有小部分能成功繁衍下一代，而最能適應環境的個體，將具有最佳生存和繁殖的機會，因為（1）環境的變化持續篩選著最適合的基因型；（2）族群中新基因型的競爭；（3）隨機過程會影響基因頻率，因而持續改變每一個族群的組成，這樣的改變就稱為演化。由於所有的變異均發生於族群的個體上，而每一個個體也都具有獨特的遺傳因子，因此當族群在重塑其遺傳特質時，演化也就必然會逐漸且持續進行。

從達爾文早期的筆記中，我們可看出他已清楚意識到演化的兩個面向──時間與空間。隨時間而轉變的系統演化，面對的是物種獲得新特質時的適應問題，但單是這個觀念並不足以解釋生命的多

樣化現象，因為系統演化並不容許物種數的增加。而隨空間而衍生的改變（種化作用，和生物譜系的增加），則可在親代族群外，建立多個新族群，這些新族群將可演變形成新物種，最後甚至產生更高的分類群。這種物種數增加的現象，即稱為「種化作用」。

如果我們再回顧拉馬克的理論，將會發現拉馬克從不曾提及地理層面的問題，雖然他身為漸進演化論者，卻接受物種自動生成的觀念，而沒有思考物種如何增加的問題。即使是達爾文晚期的著作，也忽略了這項主題；而和達爾文同期或晚數十年的古生物學家，則固守系統演化是唯一重要的演化方式。一直到 1930 至 1940 年代，在杜布藍斯基和麥爾的論述中，才再次強調演化在空間上的轉變和在時間上的轉變，是同等重要的。經由種化作用產生的生命多樣性，和生物譜系的適應改變，都是演化生物學的重要課題。

達爾文的《物種原始》樹立了變異演化的五大理論：（1）生物會隨時間穩定演化（我們可稱這項理論為演化論）；（2）不同的生物皆傳承自共同的祖先（共祖說）；（3）物種數會隨時間增加（物種增生理論或種化作用）；（4）演化透過族群的逐漸改變而得以發生（演化的漸變論）；（5）演化的機制是因諸多獨立個體競爭有限的資源，而導致生存和繁殖的變異（天擇說）。

演化論

在《物種原始》中，達爾文描述了許多物種隨時間而改變的現象，而在其後數十年間生物學家的持續尋找下，又發現了更多支持演化的明證。在距離達爾文提出演化論已有一百多年後的今天，這些累積如山的證據是如此確鑿，演化不再是一項學說而已，它已

成為一項事實，就像地球是圓的，或地球繞太陽旋轉一樣真切的事實。誠如杜布藍斯基所言：「如果沒有演化論觀念的指引，生物學的一切將失去意義。」既然演化說已成既定的事實，演化學家已不再需要費時找尋更多的證據了，他們只有在駁斥神創論時，才需整理一百多年來所累積下來的鐵證。

生命的起源

　　早期反對達爾文學說的論點之一，是因為演化論雖然解釋了生物由他種生物衍生形成的機制，但卻沒有觸及生命本身又是如何從無生命物質中產生的問題。巴斯德及其他研究者曾顯示，生命是無法在富含氧氣的大氣中自然產生的，這項結論顯然強烈的暗示著超自然的創造者的存在。

　　要到稍後幾年科學家才發現，地球生命起源時的大氣成分和今日不同，不含有氧氣（或只有微量）[140]，而密勒更模擬原始海洋的組成，在混有甲烷、氨、氫和水蒸氣的燒瓶中放電，結果產生胺基酸、尿素和其他有機分子（Miller, 1953）。這些有機分子可在無氧的大氣中累積起來，事實上類似的分子亦曾在隕石和外太空發現。

　　目前有許多假說，嘗試解釋生命（特別是蛋白質和RNA）是如何從這些有機分子的組合中浮現，其中有數個情節頗令人信服，但在缺乏任何中間階段化合物化石的情形下，我們可能永遠無法得知何者為真。但看起來地球上第一個形成的生物應該是異營性的，也就是說它們可以直接利用環境中的有機化合物，而不需自行合成胺基酸、嘌呤、嘧啶、糖類，它們以這些原料為建材，組裝出蛋白質和核酸等更巨大的分子。生物就從環境中這些天然合成的簡單有機物，反應形成聚合物，最後建立起巨大繁複的生命結構。

　　生命起源是極度複雜的問題，但已不再像達爾文剛提出演化論的那段期間般令人覺得深不可測了。事實上，以物理和化學定理為基礎，來解釋生命如何由無生命物質產生，已不再是困難的謎題。

達爾文的共祖說

　　1836 年，當達爾文完成了小獵犬號的航行而返抵家園時，他心中對加拉巴哥群島上的鳥類起源已有了定論。達爾文認為他在島上所觀察到的三種傲聲鳥（嘲鶇），最初必定是源自南美大陸的同一種傲聲鳥，因此一個物種是有可能產生數個後裔物種的。如果將這項發現，再向外延伸一小步，就可推演出所有的傲聲鳥，或所有的鳴禽、鳥類、動物，甚至所有的生物，都源自同一個祖先的結論。達爾文這項理論的珍奇之處，是他還提出了演化樹的分支觀念，而有別於十八世紀時被廣為接受的單一線性式的自然層級。

　　由於達爾文說明了許多從前無法解釋、只能歸因於創造者計畫的生物現象，因此共祖說頗具說服力。首先，它為比較解剖學家的觀察發現，提供了完美的解釋；根據居維葉和歐文的看法，生物可區分成幾種類別，每一類別都是一相同的結構、形態建造而成，使我們能為每一類別的生物重建出基本原型。共祖說也解釋了林奈分類層級的來源，但共祖說最令人信服之處，還是它解釋了生物因逐漸擴散至大陸各處，而形成的地理分布模式，及生物在新居所的適應輻射現象。

　　由於共祖說超凡的解釋力量，成為達爾文演化思想的主要骨幹。事實上，經由比較解剖學、比較胚胎學、系統分類學和生物地理學所揭露的共祖的現象，使大多數科學家在《物種原始》發表後

的十年內，均踴躍接受了共祖思想。

　　儘管達爾文本人主張，所有的植物和動物均源自第一個誕生的生命，但究竟我們可將生物的共同始祖延伸至多遠，仍是見人見智的問題。不過結合了動植物雙重特徵的原生生物很快就被發現了，這些生物是如此介乎動植物之間，使得為它們分類成了棘手的難題。二十世紀的分子生物學家，則為共祖說提供了真正的支柱，他們發現即使是沒有細胞核的細菌，都含有與原生生物、真菌、動物和植物相同的遺傳密碼。

　　共祖說對分類學亦有啟發性的效果（請見第 7 章），顯示分類學家可嘗試為每一群生物找尋出最近的相關生物，特別是為一些孤立隔離的物種，並重建出它們共同祖先的模樣。當然這對動物學界的影響，會較植物學界為大，建立譜系發育史成了後達爾文時期動物學家最感興趣的事。共祖說尤其刺激了比較研究的發展，以試圖探究相關物種或可能的祖先物種中，各個結構和器官的同源性，如果兩物種的相對結構或特徵均衍生自同一直接的共同祖先，該結構即可稱為同源。一旦兩群生物的同源關係確立後，例如爬蟲類和鳥類的關連，研究者即可預測共同祖先的可能長相，偶爾若能在化石紀錄中發現失落的環節，那真是歡欣鼓舞之事，例如科學家在 1861 年所發現的始祖鳥化石。始祖鳥具有部分鳥類的特徵，部分爬蟲類的特徵，雖然始祖鳥未必是鳥類的直接祖先，但牠顯示了轉型期的可能狀況。

　　共祖的觀念也延伸至胚胎的比較研究，在海克爾的強調下，胚胎學家很快發現到，個體發生過程中時常會出現一些類似其祖先群的階段。例如所有陸生的四足動物，個體發生期間都經歷一段鰓弧階段，以重演其魚類始祖鰓的發育情形。適度版本的重演論是具

有相當真確性的，但指稱動物個體發生時期會重演其祖先的成體階段，卻是不正確的說法（請見第 8 章）。

假以時日，動物學應可建立一個可信的譜系發育樹，植物學家如今在分子證據的協助下，也開始為植物建立同樣的譜系發育樹。這項原理和方法，最後也將施用於原核生物（根據細菌學家渥易斯的研究，原核生物又可分為真細菌和古細菌兩大分支）。這些發現使我們可以為地球上所有生物，提出一套全新的分類（請見第 7 章）。

人類的起源

共祖說最重大的影響，恐怕還是造成人類地位的改變。對神學家或哲學家來說，人類是有別於其他生物的生命形態，無論是亞里斯多德、笛卡兒和康德等人在其他哲學命題上有多大的歧見，但是對於人類的地位，他們的觀點卻是一致的。雖然達爾文在《物種原始中》戒慎恐懼的評論到：「人類的起源和歷史，終將有昭然的一天。」但海克爾（1866）、赫胥黎（1863）和達爾文（1871）本人都相信，人類必定是從猿類始祖演化而來的，因此我們也是動物譜系發育樹上的一個分支。這觀念徹底結束了《聖經》和多數哲學家長期以人類為宇宙中心的傳統。

達爾文理論如何解釋物種生成

根據生物物種觀，物種的基本定義為「和其他群成員有生殖隔離機制的生物族群」，而生殖隔離乃因物種的某些特性，例如不相容的行為或不育的障礙等隔離機制，造成生物彼此無法交配繁衍的現象，並可防止生活在同一區域內的異種生物相互雜交。種化作用

觀念要探討的則是族群是如何獲得這些隔離機制，如何逐漸演變的問題。[141] 如今一般公認，種化的主要原因，是靠地理因素，或稱異域種化的機制，當物種在地理阻隔下因遺傳的趨異演化，而分裂出許多完全的物種。而異域種化又有兩種表現模式，分別是雙域種化和邊域種化。

雙域種化為一個原本連續的族群，被新形成的屏障（例如高山、海灣或植物生長的不連續性）拆散後，因機會（例如染色體的不相容）、性擇所造成的行為功能改變，或意外的生態轉變，使兩個分開的族群在遺傳上的差異漸行漸遠，並逐漸獲得生殖隔離機制，即使當兩個族群後來恢復接觸，也會表現得有如不同的物種。科學家如今可以確定，大部分隔離因素基本上是在物種恢復接觸之前即已建立完成了，而在恢復接觸之後，還會有更進一步的細部調整隔離機制。

邊域種化則是在原物種之外，另形成一創始族群，該族群可能是由一隻受孕的雌性，或少數個體，在僅帶有親代物種基因庫的一小部分，且通常是特殊的組合，再加上體質和環境的改變，使創始族群暴露在全新而強烈的選擇壓力下，而進行大規模的遺傳修飾，快速衍生出新物種。邊域種化的另一個特點是，由於創始族群的遺傳根基有限，又經歷激烈的結構改變，因此它是形成全新演化途徑，引發巨演化發展的絕佳情況。

除了上述的兩類種化作用方式外，還有其他的情境曾被提出，例如同域種化（在親代族群的活動範圍內，因專攻某一生態棲位，而形成新物種），也是極可能真正發生過的情節。有一個稱為鄰域種化（在物種活動範圍內出現一個生態斷崖，發展出兩物種間的邊界）的機制，則是極不可能的情形。

達爾文的漸變論

達爾文終其一生都強調演化改變的漸進特質，不僅因漸進觀念符合萊伊爾均變論的結論，也因達爾文認為，新物種的突然生成，看起來太像是承認神創論了。沒錯，在特定區域內的每個物種之間，都有明顯的差異存在，但與那些代表不同地理區間的族群、變種或物種比較時，達爾文看見漸進演化的痕跡。

現今的我們可能比達爾文還要更篤信漸變論（Gradualism），許多證據明顯指向演化發生在族群層級，而行有性生殖的族群只能逐漸演變，絕不可能會有突然跳躍發展的情形。多倍體生物可能是唯一的例外，但它們從來就不曾是巨演化的主要角色。*

最常拿來反對漸變論的一項異議是，它無法解釋全新的器官、結構、生理潛能和行為模式的來源。例如鳥類的羽翼在還無法展現飛行功能時，要如何經由天擇而擴大發展呢？針對此一疑問，達爾文提出了兩種獲得新形態的方法，其中一種就是賽佛特斯芙（A. N. Severtsoff）所說的「功能強化」機制。就讓我們以結構異常複雜的眼睛為例，早期動物的光感應器只是表皮上一些對光線敏感的斑點，而色素、類似水晶體的增厚皮層，以及其他附加功能，則是在演化之路上逐漸增添上去的。如今我們在各式無脊椎動物身上，都還能找到過渡時期的狀態。其他像鼴鼠、鯨魚和蝙蝠等哺乳動物前肢的各項修飾變化，也都是功能強化的例證。

第二種截然不同獲得新形態的途徑，常比前者更為劇烈，這種現象發生在某一既有結構獲得了不同的附加功能後（例如水蚤的觸

---

*　譯注：多倍體生物或細胞因染色體多於兩套，無法與原來的非多倍體進行交配繁殖，只能與另一個多倍體交配，因此只需一個世代，即產生新的物種。

角增添了划擺、游泳的功能），在新的選擇壓力下，更加放大和修飾。例如鳥類的羽毛，一般認為源自爬蟲類的鱗片，為調節體溫而進行修飾，但羽翼在鳥類的前肢和尾部，卻意外獲得了與飛行相關的嶄新功能。

在功能演替期間，該結構會經歷一段需要同時執行兩項功能的階段，例如水蚤的觸角具有感覺和划槳的雙重功能。還有一些非常有趣的例子，發生在功能轉移恰與行為模式相關的情況，例如某些鴨類的求偶過程中即融合了清理羽毛的動作。許多動物的行為隔離機制可能最初是因某一隔離族群的性擇條件，而在該族群恢復與相關物種的接觸後，才成為新的隔離機制。

大滅絕

大滅絕現象的發現，是許多人反對達爾文漸變論的第二項理由。在達爾文之前，災變論者堅信地球上曾發生過數次大滅絕事件，殺死了當時的優勢生物種，那些生物就算沒有完全被趕盡殺絕，後來也都為新生物相所取代。從化石紀錄即可看出，在二疊紀和三疊紀之間，以及白堊紀到第三紀之間，生物相都有顯著的改變。萊伊爾《地質學原理》一書的主要目標，就是反駁災變論，並固守赫頓的均變論學說。達爾文的學說正反映了萊伊爾的觀點。因此當考證結果肯定大滅絕事件的存在，就正如災變論者所言時，真是一項出人意表的發展。

大滅絕是極少見的災難事件，與正常漸進的變異和選擇週期相重疊，達爾文知悉在生物生活史中，持續會有物種消逝並由新物種取代的現象。但除了這種背景式的滅絕外，在地質年歲中許多清楚的分野，正是生物相大規模毀滅的時期，最嚴重劇烈的一次發生在

二疊紀末期，當時地球上有超過 95% 的物種被摧毀殆盡。

　　造成大滅絕的原因，科學家至今仍激烈爭論中，但幾乎可以肯定的是，發生在白堊紀末期造成恐龍滅絕的原因，是隕石衝擊所引發的環境劇變。隕石撞擊說最早是由物理學家阿瓦雷茲在 1980 年時提出，自此有更多支持性的證據出現，事實上當時遺留下來的隕石坑，現在也確認是位在中南美洲墨西哥的猶卡坦半島附近。然而，想要將其他大滅絕事件也歸因於隕石撞擊的嘗試卻不是很成功，那些事件看起來更像是因地殼變動影響大陸棚的大小和海流的循環，或因氣候驟變所造成的。由於這些滅絕的時機有一些規則可尋，有些研究者甚至懷疑是來自地球以外的原因，例如太陽輻射的週期波動，就是一項合理的假說，不過大部分支持外太空假說的證據，都無法通過嚴格的考驗。

　　在大滅絕災難中倖存的物種，極可能成為創始族群，它們擁有一個截然不同的生物環境，並可進入嶄新的演化途徑。最能精采展現此種演化良機的，是第三紀初期哺乳動物爆炸性的輻射發展，自此，哺乳動物就一直統領著地球，牠們在恐龍大滅絕事件的一億多年前即已出現。

達爾文的天擇說

　　「物種是由共同祖先逐漸演化生成」的達爾文學說獲得廣泛接受許久後，仍有眾多理論嘗試解釋演化變異的機制，這些持不同看法的學說，相互競爭了八十餘年，一直要到「演化綜合學說」出爐後，其他理論才紛紛站不住腳，最後僅剩下一個千錘百鍊的競逐者——達爾文的天擇說。

關於演化改變的各家學說

　　與天擇說對抗的三大對手，分別是跳躍演化說、目的論和拉馬克學說，現在讓我們來一一檢視這些主張。跳躍演化可說是前達爾文時期所流行的類型式思考下的產物，支持者有與達爾文同期的赫胥黎、科立克、貝特森、德弗里斯、約翰森（後三位為孟德爾遺傳定律的發現者），以及戈德施密特、魏里斯和辛德瓦弗。然而當族群思考方式被廣為採納之後，而跳躍演化又無真實的憑據，這項學說最後還是為人所揚棄。以躍進方式產生新物種的情形，僅發生在行有性生殖的多倍體生物，和某些染色體結構重整的情況下，然而這些都是極稀有的案例，並非多數生物的演化模式。

　　目的論則宣稱，自然界具有內在法則，可引導所有的演化譜系漸趨完美。而所謂的定向演化說，包括柏格（Lev Berg）的循規演化說（Nomogenesis）、歐斯本的最優演化說（Aristogenesis）和德日進的最終原則（Omega principle），都可歸類為目的論式的學說。這一形態的學說，在許多諸如逆轉、退化的現象被發現後，也就逐漸失去了所有的信徒。

　　拉馬克學說或新拉馬克學說則主張，生物因用進廢退或更直接受到環境力量的影響，而獲得一些後天性狀特質，這些新特質的遺傳，造成生物逐漸演化轉變。由於拉馬克學說在解釋漸進演化時要較跳躍演化說略高一籌，因此在演化綜合學說提出之前，是相當普遍流傳的學說。事實上，在 1930 年以前，相信拉馬克學說的人可能還多於達爾文主義者呢！

　　拉馬克學說的褪色，發生在遺傳學家證實後天性狀是無法遺傳給下一代的。而最後致命的一擊，則是二十世紀分子生物學家所發

現的中心法則。雖然有些微生物（可能還包括某些原生生物）具有因應外界環境而進行突變的能力，但對複雜的生物來說，這是永遠不可能發生的事，因為基因型和表現型之間的距離實在太遙遠了。

天擇

達爾文的天擇說是今日普遍認同的演化機制，其過程可分為兩個步驟——變異和選擇。

變異發生於生物的每一個世代，這是基於遺傳物質的重組、基因流、隨機因子和突變所產生的遺傳變異。然而變異在達爾文的思維中卻是最薄弱的一環，儘管達爾文投入了許多心力於變異的研究和假設，但他卻從未了解變異的來源，並對自然的變異有許多錯誤的想法，不過這些錯誤在二十世紀時，都由魏斯曼加以更正了。如今我們已知遺傳變異屬於硬性遺傳，而非達爾文所想的軟性遺傳*；我們還知道孟德爾的遺傳定理：雙親所貢獻的遺傳物質在受精時並不會混雜在一起，而是維持分離且恆定的；我們也了解由核酸組成的遺傳物質，並不會直接轉變為表現型，而是做為一藍本，再將訊息轉譯為展現出表現型的蛋白質和其他分子。

變異的產生是複雜的過程，突變是因核酸的鹼基組成的改變，而且這種現象發生頻繁；再者，行有性生殖的生物在減數分裂形成配子時，親代的染色體也會發生斷裂和重新接合的現象，因而造成親代基因型大幅重組，以確保每個子代的獨特性。在基因重組和突變的過程中，機率掌握了至高無上的權力，減數分裂期間有一系列連續的步驟都是隨機的，因而提供天擇作用的絕佳機會。

＊譯注：所謂軟性遺傳即為後天遺傳，指表現型性狀可轉換為基因型。

　　天擇的第二步驟則是選擇，這表示新生成的個體（合子）間有生存和繁殖上的差異。大多數生物在每一世代中，只有一小部分個體能夠存活下來，而某些個體由於其遺傳組成，將有較佳的生存和繁殖優勢。即使某些物種在生殖期間可產下數百萬個後代，例如牡蠣或其他海洋生物，但平均只要有兩個後代存活繁殖，即可維持族群的穩定狀態。雖然機率可能是少數個體倖存的原因，但就長遠來看，遺傳特性仍會是影響生存繁殖的主因。透過天擇篩選，族群的適應程度得以代代維持。除此之外，族群還可克服環境的變化，在眾多遺傳變異的子代中，必有某些個體的基因形式較能適應環境。

是偶然，還是必然？

　　從古希臘時代到十九世紀，世界的改變是偶然還是必然，一直是重要的思考命題。達爾文則為這古老的難題提供了出色的解答：世界的改變是偶然，也是必然的。在遺傳變異過程中，機率是主導因素，而在選擇適者時，必要性則是操控因子。然而達爾文的「選擇」，卻是一失當的措詞，因為這彷彿暗示著自然界有某些力量，在進行篩選的工作。實際上「被選擇」的個體，不過是當所有較無法適應或較不幸的個體自族群中移除後，仍存活著的個體。因此有人曾建議將「選擇」一詞，更改為「非隨機性的汰除」。即使那些繼續使用選擇一詞的人（大多數為演化學家），也需謹記它真正的涵義是非隨機性的汰除，以及自然界並不存在有任何選擇力量的事實。當我們使用選擇一詞時，僅是描述會淘汰某些個體的逆境，而選擇的力量則是環境因子和表現型傾向的組合。達爾文主義者將這些概念視為理所當然，但對反達爾文的人，卻常會利用字面上的意義，來攻訐這些理論。

　　演化學家要到最近幾年，才完全意識到達爾文的演化學說，與其他早期本質論或目的論式的學說間，有著天壤之別。當達爾文發表《物種原始》時，手邊並沒有天擇的證據，而是依據推論得來的觀念。達爾文的學說基本上建立在五件事實和三項推理上（請見右頁的圖），前三項事實分別為：族群具有指數增加的潛力、族群實際大小呈穩定平衡狀態、以及自然資源有限；根據這三件事實，我們可推演出個體間必有競爭存在的結論。倘若再考慮另外兩件事實：每個個體的遺傳獨特性和個體變異的遺傳性，即可導出第二項推論：個體生存率的差異（也就是天擇），和第三項推論：經過多代持續的天擇，即可造成演化現象。

　　當貝茨提出生物的擬態現象時，對達爾文真是一大鼓舞，這是第一項明顯支持天擇現象的證據（Bates, 1862）。貝茨觀察到兩種不相關的蝴蝶物種，其中一種色彩鮮麗但有毒，會成為另一種無毒蝴蝶的模仿對象，以逃避鳥類的捕食。如今支持天擇說的確鑿鐵證，如果沒有成千，至少也有上百，像是農業害蟲會對殺蟲劑產生抵抗力、細菌對抗生素產生抗藥性、工業化區域的黑變病、澳洲的多發性黏液瘤病毒的減弱，還有鐮形血球與瘧疾，這些都還只是少數特出的例子而已。*

＊譯注：工業性黑化（ industrial melanism ），是指一種生物原本就有體色從深到淺都有的多態性（polymorphism），當這種生物的族群棲息在工業空汙環境時，發生深色表型的比例遠高於未受汙染地區的現象。

多發黏液瘤（myxomatosis）是病毒感染兔類造成的疾病。十九世紀歐洲兔類引進澳洲時，由於沒有寄生蟲和天敵，兔口數迅速增加，為害當地植物，澳洲政府為了控制兔口，又引進黏液瘤病毒，在短短兩週內受到感染的兔群都死了，隨後病毒突變產生毒性較弱的變種，容許感染宿主存活較久，增加病毒擴散的機會。

鐮形血球貧血症（sickle-cell anemia）是常見於黑人族群的遺傳疾病，但帶有鐮形血球基因的人，對瘧疾較有抵抗力。

達爾文演化天擇說的解釋模型

事實 1
族群具有指數增加的潛力（過度生育）。
來源：佩利及馬爾薩斯等人的研究。

事實 2
族群實際大小呈穩定平衡狀態。
來源：普遍的觀察結果。

推論 1
個體間必有競爭存在。
來源：馬爾薩斯的推論。

事實 3
自然資源有限。
來源：馬爾薩斯強調的觀察結果。

事實 4
每個個體的遺傳特性。
來源：動物育種家和分類學家。

推論 2
個體生存率的差異（也就是天擇）。
來源：達爾文的推論。

推論 3
經過多代的天擇，即發生演化現象。
來源：達爾文的推論。

事實 5
個體變異的遺傳性。
來源：動物育種家。

性擇

能增進生物生存機會的特徵，包括了對惡劣氣候（寒冷、炎熱、乾旱）的忍受度、較有效利用資源、較強的競爭力、對致病原的抵抗力、以及逃避天擇的能力。然而生存本身並不能確保個體遺傳物質的傳承，就演化的觀點來看，多產的繁殖力可要比個體超凡的求生能力更重要高明呢！達爾文將有利於個體繁殖的特質稱為「性擇」。

在觀察生物世界時，天堂鳥公鳥華麗的羽飾、孔雀炫耀的尾巴、公鹿雄偉的叉角，這些雄性的第二性徵總是讓達爾文看得「觸目驚心」。今日我們已知雄性醒目的特徵，是雌性動物選擇配偶的條件（此過程稱為雌性的抉擇），其在性擇中的重要性，可能更甚於雄性之間為爭奪交配機會而出現的恫嚇、格鬥行為。然而性擇和天擇並不一定是分開的兩件事，事實上，雌性常會選擇對子代生存有益的優越雄性特質呢！

再者，在生物的生活史中，有許多像是「手足競爭」或「親代投資」的現象，對繁殖的衝擊皆要比對生存的影響深遠，因此在論及選擇繁殖成功者時，涵蓋範圍要較性擇的表面字義更廣泛。在社會生物學家的研究主題中，大部分都與生殖利益的選擇有關。[142]

演化綜合學說的沿革

在達爾文《物種原始》付梓後的八十年間，達爾文主義者和非達爾文主義者還時常處在針鋒相對的緊張局面中。我們可能會以為，孟德爾遺傳定律在 1900 年的重現應可為兩方帶來共識，因為

該定律具有澄清變異問題的潛力，但實際情形卻是爭議愈演愈烈。重新發現孟德爾學說的貝特森、德弗里斯、約翰森三人，由於沒有族群思考方式，而排拒漸進演化和天擇的觀念。但與之對壘的博物學家和生物統計學家情況也好不到哪裡去，他們寧可接受混合遺傳的想法，也不接受孟德爾獨立分離遺傳單位的證明，他們在暢談天擇的同時，也言及後天性狀的遺傳。到了1930年代時，許多觀察者都以為雙方在短期內是沒有希望達成共識的。

儘管情勢如此，共識的根基卻已然打下。遺傳學家和博物學家兩個陣營雖各自發展，但都增進了我們對生物適應程度和多樣化起源的了解，只可惜雙方對演化生物學的另一部分有許多錯誤的想法。看來兩方所需要的，是一座能夠溝通彼此的橋樑，而這座橋在1937年時由杜布藍斯基建造完成，就是他所撰寫的《遺傳學和物種原始》（Genetics and the Origin of Species）一書。杜布藍斯基是博物學家，也是遺傳學家，年輕時是俄國的甲蟲分類專家，有機會遍覽有關物種和種化作用的文獻，並吸收族群思考方式。1927年時，杜布藍斯基負笈美國，並跟隨遺傳學大師摩根，因而熟稔遺傳學家的成就和思想。

這樣的背景，使杜布藍斯基能在著作中持平對待演化生物學的兩大思想分流：（1）透過基因庫中的基因更替來維持或改進生物的適應程度；（2）族群改變所造成的生物多樣性，特別是新物種的生成。在杜布藍斯基建造好粗略的骨幹後，麥爾、辛浦森、朱里安·赫胥黎、任希和史塔賓斯等人陸續為其增添血肉，這場綜合兩大思想的運動如火如荼進行著，而在德國亦有亭莫夫羅索弗斯基領導著同樣的運動。

在綜合學說誕生之前，巨演化的研究基本上是操控在古生物

學家的手上，由於他們面對的是大規模的演化現象，因此認為巨演化的過程和成因有別於遺傳學和種化作用（微演化）所探討的族群現象，也因而並未與這些研究保持密切聯繫。古生物學家見到的資料，多是高層分類群之間的不連續性，這種觀察恰與達爾文的漸進演化相衝突，因此古生物學家不是相信跳躍演化，就是傾向自然發生說，絕不會是忠實的達爾文信徒。

　　大多數巨演化學者思考的仍是變形演化，也就是譜系漸次朝高度專門化和適應程度發展的演化，然而他們卻無法解釋達爾文提出的質疑：化石紀錄完全不符合變形演化的觀念，如果真有漫長、持續、漸進的種系譜系的演變，為數也極為稀少，相對的，化石紀錄顯示的大多是新物種和較高層次類型生物的倏然出現，和大部分譜系最後的滅亡。當然，古生物學家可將原因歸於化石紀錄的殘缺，但這樣看起來太像是故意逃避確立的反證。許多古生物學家均相信跳躍演化說，因此當德弗里斯和戈德施密特提出巨突變的演化理論時，他們真是喜出望外。

　　辛浦森則嘗試另一種他稱為量子演化的解決方法，量子演化說主張處在不平衡狀態下的一個生物族群，會迅速轉變成和其祖先狀況截然不同的平衡狀態，辛浦森認為這項理論將可解釋重大轉變皆以極快速度發生在短暫且特殊環境下的觀察（Simpson, 1944）。從辛浦森的著作中可明顯看出，他心中所想的是譜系加速演化的情形，對於具有嚴格譜系發育種概念的辛浦森來說，這一類型的解決方式是絕對必要的。然而量子演化被評為是倒退回跳躍演化式的理論，幾年後，辛浦森也放棄了這樣的想法（Simpson, 1953）。

解釋巨演化

在演化綜合學說——擊破了跳躍演化說、自生說和軟性遺傳後，以族群現象來解釋巨演化的必要性也與日俱增。換句話說，即由發生在巨演化過程中的事件和反應直接推演出族群現象。[143] 這解釋對看起來像是跳躍演化的化石紀錄來說格外重要，然而當時的古生物學家卻欠缺解決這個問題的資訊和觀念。

我在 1954 年時曾提出如下的解釋：在種化作用的過程中，創始族群會進行遺傳結構的重整，然而由於創始族群在時間和空間上的局限性，因而不太可能在化石紀錄中找到，這就是化石紀錄中會有一些斷層存在的原因。而研究演化上重大改變的學者，最感興趣的是那些進行種化作用的周邊孤立族群。

在我看來，許多令人困惑的現象，特別是那些古生物學家關切的問題，都可用創始族群的觀念來闡明，包括演化速度不均等的現象（特別是變化極快的例子）、演化序列的中斷、明顯的跳躍演化，以及新類型生物的起源等等。發生在周邊孤立族群中的遺傳重整速度，是隸屬於連續系統的族群的數倍，因此可以解釋巨演化中嶄新生物類型快速浮現的現象，又不與遺傳學的觀察相衝突。[144]

1971 年艾垂奇採納了這項提議，1972 年古爾德也一起加入，他們以「斷續平衡」來稱呼此一類型的物種演化。他們還進一步歸納出以下結論：如果快速產生的新物種能成功適應，物種將會進入停滯期，維持幾乎不變的情勢達數百萬年，直到最後滅絕。因此，巨演化並不呈變形演化的模式，而是遵循和達爾文物種演化一樣的變異演化模式。巨演化會不斷產生新族群，其中有一定比例的族群可發展到物種階級，然而絕大多數的族群都未獲得任何值得注意的

演化新發明;無論如何,最後大多數族群會走上滅絕之路,只有極小部分的新物種在基因重組期間,以及後續強烈的天擇篩選下,獲得能繁茂發展、廣泛分布,成為化石紀錄中新組成的基因型。

這篇由艾垂奇和古爾德撰寫的論文,終於打動了古生物學家,他們開始認識演化中種化作用的現象,並了解化石紀錄中有許多斷層的原因,但斷續平衡理論最卓越的貢獻,還是喚起學者對演化停滯期的注意,有些遺傳學家將停滯期解釋為族群和物種在常態化選擇下的結果,當然這不算是解釋,許多族群和物種在常態化選擇下也一樣迅速演化,而其他族群和物種則維持基因型的不變,使我們不得不假設,這種穩定表現型的現象是基因型平衡和基因型內在凝聚力的結果。

事實上,在生命史上的確有許多現象,暗示著基因內在凝聚力的存在,否則我們要如何解釋前寒武紀末期和寒武紀初期,生物結構形態的爆炸性發展呢?僅從殘缺不全的化石紀錄中,我們就可區分出至少六十到八十種不同的形態原型,和現今僅有三十種動物門相比,可想見當時的盛況。看來似乎動物界最初的基因型,是相當富有彈性的,我們幾乎可以說它們實驗性的產生了眾多新類型。其中不成功的已滅絕了,但其他像脊索動物、棘皮動物、節肢動物等保留下來的生物,則逐漸失去了彈性,到了古生代初期後,就再也沒有產生任何一種新結構形態了,現存的動物看起來像是被「凍結」起來一樣,也就是說,這些生物已獲得的堅實凝聚力,使它們再也不能實驗全新的結構類型。

在遺傳學發展初期,科學家即了解到,大部分基因是具有多效性的,也就是說,基因對多種表現型均有影響;同樣的,科學家也發現大部分表現型的組成是「多基因性」的性狀,也就是說,性

狀同時受多個基因控制，這些基因間的交互作用，對個體適存性和天擇效果有決定性的影響，然而這些交互作用也不可思議的難以捉摸。大多數族群遺傳學家仍將自己局限在相加性基因現象的研究，並專注分析單一的基因座，這種心態是可以理解的，因為像演化停滯期和結構類型的不變性，是相當難用遺傳分析來處理的。了解基因型的凝聚力及其在演化中的角色，可能是演化生物學最具挑戰性的問題。

演化會讓物種進步嗎？

　　大部分達爾文主義者都曾察覺過地球生命史的進步，由獨占地球二十億年的原核生物，到具有染色體、細胞核和各式胞器的真核生物；由單細胞真核生物（原生生物），到具有高度分工的器官系統的植物和動物；由靠大自然悲憫才能生存的冷血動物，到可自行調解體溫的溫血動物；由僅有小腦袋、沒有社會組織的生物類型，到具有複雜中樞神經系統、高度發達的親代行為且可代代相傳知識訊息的生物類型。

　　我們能稱這些生命史上的變化為進步嗎？答案端視我們對進步的觀念和定義。在天擇的壓力下，生物不是滅絕，就是演進，因此這種變化是絕對必要的。就像工業的發展一樣，現代汽車的精良，與七十五年前剛發明的汽車，簡直不可同日而語，這並不是因為汽車本身有變好的趨勢，而是在消費者選擇的競爭壓力下，促使車廠不斷測試各種創新的發明。汽車工業中沒有任何機械決定因子，生命世界中也沒有任何最終的力量。演化的進展完全是變異和選擇下必然的結果，而非目的論或定向演化中的意識元素所操控的。

　　然而奇怪的是，似乎有許多人無法了解達爾文演化觀念所呈現的純機械性演進。在生物界中，每一支譜系都各有不同的發展，有些譜系（像是原核生物）十億年來幾乎完全沒有任何改變，有些則不顯露任何進步跡象進行高度特化，還有些生物是不進反退（像是寄生蟲和某些特別生態棲位中的棲息者）。在生活史中沒有任何徵兆可顯示出演化進步的趨勢或能力，如果有看起來像是進步的例子的話，也只是天擇作用下的副產物而已。

為什麼生物並不完美？

　　達爾文曾指出，如果天擇不一定會造成演化進步的話，那麼自然界也就不會產生完美的產物了。但試想，地球上曾經出現的演化支線中，有99.9%以上都已告滅絕，我們就可知天擇效力的極限。大滅絕事件強烈提醒我們，演化並不如變形演化論所想，會穩定趨向更完美的結果，相反的，演化是完全無法預測的過程，有時看起來「最好的」生物，驟然就在一次大災難中消失殆盡，然而演化仍會繼續下去，讓一些原本毫不起眼，看起來沒什麼遠景的生物支系來取代。

　　儘管天擇現象如達爾文所描述，時時刻刻全面審查著世界上的每一個變異，即使是最輕微的也不放過，但天擇的能耐仍有力蹙勢窮的時候。

　　第一，要使一項特徵臻於完美的遺傳變異，並不總是唾手可及。第二，如同居維葉指出，在演化過程中，從數個適應新環境的解決方案中挑選了其中的一個，這個選擇就可能會嚴重限制了後續的演化發展。舉例來說，當天擇在選取脊椎動物和節肢動物祖先的骨骼形式時，發展出具外骨骼的節肢動物，和發展出有內骨骼的脊

椎動物,分別取得優勢,其後兩大生物群的整個發展史,都受這遠古祖先的影響,於是脊椎動物可形成像恐龍、鯨魚和大象等龐然巨物,而節肢動物能形成的最大生物,不過是螃蟹而已。

　　另一個限制天擇有效性的因素,是胚胎發生時的交互作用。胚胎的各個表現型之間並不是彼此獨立的,當其中一個表現型受到天擇的壓力時,必定會影響到其他的表現型,因此我們可將整個發生結構,視為單一的交互作用系統,這個現象很早就被形態學家注意到,在紀歐佛洛的《平衡定律》(*Loi de balancement*, 1818)中,就表達了這個概念,生物會在各項競爭的需求間取得折衷妥協,特定的結構或器官能對選擇力量做出多少改變,要視其他結構和基因型組成的抵抗程度。盧威廉稱胚胎各部分競爭發展的交互作用為「生物體內各組件間的鬥爭」。

　　基因型本身的結構就已對天擇的力量設下限制,傳統上基因型常被比喻成一串珍珠項鍊,根據此觀點,基因就像一顆顆珍珠一般是彼此獨立的,然而這種比喻現在已被揚棄了。如今我們已知,基因可分為不同的功能群,有些負責生產物質,有些負責調節,還有些看起來沒有任何功能。它們還可分為高度重複的 DNA、中度重複的 DNA、單一編碼基因、轉位子、外顯子、內含子和其他各式各樣的 DNA 序列。這些不同 DNA 間如何交互作用,特別是與其他基因座間的交互反應,都還是遺傳學中所知甚少的領域。

　　天擇作用的另一束縛來自非遺傳性的修飾,一個彈性愈大的表現型(發生過程時的彈性),愈能降低不利的選擇壓力。植物和微生物對表現型的修飾能力要較動物高出許多,當然,這種表現型的修飾能力仍與天擇有關,因為非遺傳性的適應也是受遺傳的控制。當一族群遷移至一個新的特化環境時,接下來數代的基因都會經歷

篩選，最後增強，並取代大部分非遺傳性適應的能力。

　　一個族群中生存和繁殖的差異，終究絕大部分是隨機的結果，這種情形同樣限制了天擇的效力。從親代減數分裂時染色體的交換，到新形成胚胎的生存，機率控制了繁殖過程的每一個層面。再者，形成的最佳基因組合，也可能在暴風雨、洪水、地震、火山爆發等環境外力下毀滅，而沒有機會讓天擇篩選這些基因型。不過那些在天災下的少數生還者，將會成為後續世代的繁衍者，在此相對適存性就扮演有重大角色了。

近代的爭議

　　雖然演化綜合學說肯定了達爾文的基本觀念：演化肇因於遺傳變異和天擇，但達爾文學說的理念架構仍有許多值得斟酌的空間。

　　有數年間，演化學界激烈爭辯著「選擇的單位」，因為最早採用「單位」一詞的人，卻從未解釋過其意義；在物理和科技的領域中，力的單位清楚定義其強度；但在演化學說中，單位卻有不同的涵義。讓情況更糟的是，選擇單位一詞常使用於兩種截然不同現象的討論中，第一種情形意指選擇作用的對象，是基因、個體、還是群體。第二種情形，則表示選擇的目標，涉及某一特別性狀或特質，例如較厚的毛皮。毫無疑問，在第一種情況下使用「對象」一詞將會「單位」更為貼切妥當，然而即使如此，「對象」卻無法表達出選擇單位的所有意義，顯然在觀念的澄清以及用詞的準確上，此處還有討論的必要。

　　大部分遺傳學家為了計算上的方便，會以基因為選擇的對象，並傾向將演化看做基因頻率的改變。博物學家則堅持，個體才是選

擇的主要對象，而演化是生物適應和多樣性起源的雙重過程，基因本身並不會直接暴露在選擇之下，而是依附在整個基因型背景下，一個基因在不同的基因型中，可能會有選擇價值的差異，因此並不適合當做選擇的對象。

另外還有一派中性演化的擁護者，則強烈支持基因做為選擇的對象。在 1960 年代時，利用電泳分析異型酶的研究者發現，這些酶的遺傳變異要比前人預測的還多。在比較其他的觀察後，遺傳學家木村（M. Kimura）、金恩（J. L. King）、和爵克（T. H. Jukes）提出遺傳變異為中性的結論，也就是說，新突變的對偶基因並不會改變表現型的選擇價值。

中性說當然又引發了另一場激辯，有許多人懷疑中性突變的頻率並不如木村所說的那麼頻繁，而兩方認為中性對偶基因對演化的重要性更是各說各話。中性論者因視基因為選擇的對象，自然會強調中性演化極為重要；博物學家則秉持一貫的信念，主張演化只發生在個體的特質改變時，中性基因的存在不過是演化中的「噪音」，無關真正表現型的演化，只要個體的整體基因品質有利於天擇，其他再多的中性基因也不過是像「搭便車」一樣。對博物學家而言，所謂中性遺傳和達爾文學說並不相衝突。

群體選擇

在近代演化生物學文獻中，另一個充滿不確定性的問題，是除了個體以外，整個族群，甚至物種，是否可能成為選擇的對象，這類爭論常被放在群體選擇（group selection）的標題下。若要妥適處理這類問題，首先我們應該了解「軟性群體選擇」（soft group selection）和「硬性群體選擇」（hard group selection）的差別。

　　「軟性群體選擇」發生在某一群體的成員具有較佳的選擇優勢，使得該群體的繁殖較其他群體成功。由於行有性生殖的生物個體，均屬於繁殖群聚的一員，因此「軟性群體選擇」實際上就等於傳統所說的「個體選擇」，使用此一新詞彙並不能因而帶來較清楚的概念。

　　「硬性群體選擇」則是整個群體具有適當的適應特質，而且這些特質並不只是每一個體適存性加成總和的結果而已，使得群體的選擇優勢將遠超過個體平均的選擇價值。硬性群體選擇只會發生在團體組成份子間有社會的促進行為，或是像人類族群中，群體的文化可增加或減少成員的平均適存性。我們可從具有分工或互助的動物中，看到硬性群體選擇的現象，舉例來說，如果在某一動物群中，有一個體擔任放哨的工作，在獵食者靠近時，發出警戒訊號，群體即可獲得安全的保障。其他群體則可能透過合作找尋食物和巢穴，以提高生存機會。只有在上述的情形下，使用「群體選擇」一詞才適當。

　　還有所謂的物種選擇，也同樣環繞著許多爭議和歧見。一個新物種的出現，時常看起來像是以其他物種的滅絕為手段，某些新物種的成功因此被稱為物種選擇。從成功的觀點來看，新物種看來是比舊物種更具有生存的優越性，然而由於物種取代的機制是受個體選擇的影響，為避免重複使用選擇一詞所造成的困擾，在此情況下使用「物種周轉」或「物種取代」要較為適宜。無論採用的是哪一個，無疑這是相當顯著的演化改變，對巨演化而言也格外重要，是嚴格遵循達爾文演化原則的。

社會生物學

1975年，威爾森出版了一本書——《社會生物學：新綜合理論》（*Sociobiology: The New Synthesis*），立刻掀起了喧騰澎湃的爭議，究竟演化對社會行為有何影響？威爾森是研究社會昆蟲行為的翹楚，在書中極力強調社會行為之重要，值得另設一門社會生物學，系統化的研究社會行為的生物根源。盧斯（Michael Ruse）在他寫的《社會生物學：有意義或無意義》（*Sociobiology: Sense or Nonsense*）一書中，也將社會生物學定義為研究動物行為（更精準說是動物的社會行為）的生物本質和基礎的科學。

威爾森的著作會引發如此軒然大波，原因有二：第一，威爾森將人類行為也納入討論中，並常將自己研究其他動物所得的發現，應用在人類行為的詮釋上。第二個原因，則是威爾森和盧斯在提及「生物基礎」時，常有模稜兩可的情形。對威爾森而言，行為的生物基礎意指造成行為表現型的遺傳傾向，然而對威爾森帶有政治動機的對手而言，生物基礎意指的卻是遺傳決定了所有行為。如果人類行為完全受基因的操控，那麼人類不就只是遺傳的機器了嗎！

所有人（包括威爾森在內）都知道這並非事實，但從一些雙胞胎或領養的案例中，我們知道遺傳的確對個性、性向、資質和個人喜好有顯著的貢獻，現代生物學家深知人類特質是遺傳和文化背景交相作用的結果，而不致再落入先天後天的古老爭議中。威爾森洞見人類行為研究所面對的問題，在許多層面上來說，是與動物行為研究一致的，因此許多由動物研究所得的答案，亦可套用在人類行為的研究上。

根據威爾森和盧斯對社會生物學的定義，我們可能以為所有動

物的社會活動和交互作用，都應包含在此範疇內，像是非洲有蹄動物、鳥類的遷徙、鱟和某些無脊椎動物與脊椎動物（包括灰鯨）的繁殖及遷徙等等。然而這些現象都並未囊括在威爾森和盧斯的處理範圍內，根據盧斯的想法，社會生物學的重要課題應是攻擊行為、性與性擇、親代投資、雌性繁殖策略、利他行為、近親選擇、親代操控和互惠利他。

這些議題大部分與兩個體之間的互動有關，且直接或間接牽涉到繁殖成功的促進或抑遏，廣泛說來，這些活動都與性擇相關。

顯然社會生物學只是社會行為學中特殊的片段，這也是造成各式疑問的起因，究竟個體間的何種互動可以符合社會行為的標準？資源的競爭是社會行為嗎？如果是的話，又是在何種情況下可算是社會行為？如果手足間競爭資源是社會行為，那麼何種競爭又不屬社會行為呢？

大多數對社會生物學的抨擊，仍是針對應用在人類的那一部分，在盧斯的著作中，有三分之二的篇幅是在討論人類社會行為和其他動物的相似情形，這就是社會生物學的地位會有如此多爭議的原因，也說明了為什麼許多活躍的科學家，雖從事著與威爾森和盧斯相同的研究，卻不願被稱為社會生物學家的原因。

分子生物學

最近幾年來，分子生物學帶來的新發現，已激起熱烈的討論，究竟我們要對當前的演化學說做多少程度的修正更新，雖然有些人認為修正達爾文理論是絕對必要的，但這並非實情。在分子生物學的研究發現中，與演化相關的多屬遺傳變異的性質、來源和數量的問題，有些新發現相當令人驚訝，像是轉位子的存在，但所有新發

現的變異，最終都還是會暴露在天擇下，因此仍屬達爾文演化過程的一部分。

最具演化重要性的分子生物學發現有以下數則：（1）遺傳程式（DNA）本身並不做為生物的基本建材，而是做為表現型的訊息藍圖；（2）從核酸到蛋白質的路徑是單向性的，蛋白質可能帶有的資訊無法轉譯回核酸，也就是說，沒有「軟性遺傳」的存在；（3）地球上從原始原核生物以上，所有生物不僅遺傳密碼一致，甚至其大部分的基本分子機制也都相同。

多重成因，多重解答

在達爾文之後的許多生物學爭議，解答都受到演化學家兩項思想變革的影響。第一項變革是認識到多重成因的重要，一則演化問題若單只考慮鄰近成因，或只考慮演化成因時，往往看起來像是互相牴觸，然而現實的結果卻是這兩項成因同時作用所造成的；同樣的，其他爆炸性的爭議，只有在了解機率現象和選擇是同時發生，或是地理和族群遺傳改變都影響種化作用的過程，問題才能獲得真正解答。

除了有多重的因果關係外，幾乎所有的演化難題也都有多重的解答。對多重可能的認清已排解了許多爭議，舉例來說，物種發生過程中，某些群體中會先產生交配前的隔離機制，某些群體則會先形成交配後的隔離機制。有時地理種族的表現型獨特到宛如一真正的物種，但在生殖上並無任何隔離機制存在；另一方面，有些姊妹物種在表現型上難分軒輊，卻已形成完全的生殖隔離。多倍體或無性生殖是某些生物繁殖的重要方式，但其他生物則從不採用這些繁殖機制。有些物種可不斷有種化作用的發生，有些物種則少有種

化作用。基因流動在某些物種中激烈進行著，在其他物種則明顯減少。一支譜系可能非常快速演化，而其他譜系則經歷長達數百萬年的完全停滯期。

簡言之，許多演化的難題具有多重可能解答，即使所有解答都能符合達爾文的典範。我們必須從這多元論中學到的是，演化生物學中壓倒性的通則很少是正確的，即使有些現象「常常」發生，也不代表它「總是」會發生。

第 10 章

生態學：
探討生物與 Where 的關係

在一個群聚中的成員，
彼此的攝食關係可連成一個食物鏈，
食物鏈的第一環節由行光合作用的植物構成，
其次依序是草食動物、肉食動物，
而微生物和真菌等分解者則居最末環節；
有時草食和肉食動物又合稱「消費者」。

在所有生物學門中，組成最雜、涵蓋最廣的即是生態學。雖然大家幾乎都同意，生態學處理的是生物體與其周遭環境之間的交互作用，包括無生命的物理環境和有生命的他種生物，但這樣的定義難免夾雜太多可能納入的範圍。究竟什麼樣的問題，才算適當的生態學議題呢？[145]

「生態學」一詞是由海克爾於 1866 年時所發明的，用以指稱自然界的家常瑣事。到了 1869 年，海克爾進一步提出更詳盡精準的定義：「生態學為自然經濟的知識體系，研究生物與其無機或有機環境之間的總體關係，特別是與生物直接或間接接觸時，有互助或敵意關係的動植物。」一言以蔽之，生態學探討的就是達爾文所說的，為生存而奮鬥的所有互動關係。

儘管海克爾為其開宗明義，在 1920 年之前，生態學仍未能活躍於科學領域，至於生態學會的成立、專業期刊的發行，就更是後來的事。然而從另一觀點來看，生態學不過是「自覺的自然史」，是從原始人開始即有的好奇與興趣。[146] 任何博物學家所關心的問題，例如生活史、生殖行為、寄生現象、恫嚇敵人等現象，也都是生態學家的研究範疇。

生態學簡史

從亞里斯多德到林奈與布方，自然史研究有絕大部分是屬敘述性質的。但除了觀察之外，博物學家也會做一些比較，並提出解釋性質的學說，這些學說通常可以反映出當代的思潮。由於自然史的全盛時期跨越整個十八世紀，並延伸至十九世紀前半葉，因此主導自然史研究的意識型態，是當時盛行的自然神學。

根據自然神學所持的世界觀，自然界中的一切事物都是和諧融洽的，因為上帝不容許任何雜亂失序的情形；生物間求生存的鬥爭也是良性溫和的，只是為保持自然界的平衡。即使一對動物交配產下了過多的後代，之後也會因氣候、遭捕食者獵取、疾病或無法成功繁殖等因素，降低至可維繫族群穩定狀態的數目。對自然神學家而言，自然界就像一部計劃周延、精密控制的機器，所有事物最終都可歸因為創造者的悲天憫人。這樣的觀點，在林奈、佩利、克比（William Kirby）的著作中班班可考。

十八世紀時，英語世界中最為人所知的博物學家，可能就是英國薩爾本教區的牧師懷特（Gilbert White）了。而在歐洲大陸上，這樣以自然神學為骨幹的自然史也同樣繁茂發展著。[147] 但在十九世紀中葉後，由於自然神學的式微和科學主義思想的興盛，舊有自然史中的敘述，有絕大部分都變得不再適宜，新的自然史必須更具解釋性。因此自然史研究雖然仍延續從前的觀察和敘述，但也另外添加了其他科學方法，像是比較、實驗、推測、理論的驗證，此時的自然史已轉化為生態學了。

生態學的後續發展，受到物理論和演化兩大觀念的影響。由於物理在解釋性科學中的崇高威信，使得生態學家也致力將生態現象簡化為單純的物理因子，這股風潮最早由洪堡帶動，在他的植物生態地理研究中，特別強調溫度是控制植物高度及緯度分布的要素（Humboldt, 1805）。馬瑞安則將洪堡的工作進一步發揚光大，藉由溫度因子來解釋美國亞利桑那州北部山區植物帶的情形（Merriam, 1894）。歐洲大陸的植物地理學家也不落人後，主張物理因素的重要，特別是溫度和溼度這兩項因子。

達爾文的《物種原始》也對生態學的發展有重要的貢獻。達爾

文反對自然神學的觀點，而以競爭、生態棲位、捕食、生殖能力、適應、共同演化來解釋自然現象。達爾文同時還排斥目的論的思想，而認同偶然的機會可影響族群和物種的命運。達爾文和現代生態學家眼中的自然，與自然神學家眼中上帝所主宰的自然，是完全不同的。

　　在達爾文之後，生物因特殊的生存環境或特化的生命模式而衍生出生理、行為的適應現象，都成為生態學的研究目標。生態學家開始思考一些基本問題：「自然界中為什麼會有這麼多物種？」「不同物種如何分配環境資源？」「為什麼大部分生態環境都可維持在穩定的狀態？」「物種的族群密度和福祉是受控於物理因素，還是生物因素（生活於同一棲境的其他物種）？」「什麼樣的生理、行為和形態特質，能使生物克服外在環境的變化？」

生態學的現況

　　現代生態學及其爭議，大致可分成三種類型：與個體有關的生態學、與物種有關的生態學（物種生態學和族群生態學）、與群聚有關的生態學（群體生態學和生態系生態學）。傳統上，動物學家較專注於個體生態學的問題，植物學家關切的則是群體生態學問題。哈普（Harper, 1977）是探討植物個體生態學問題的先驅（如果不是第一人的話），但就整體看來，植物生態學和動物生態學仍像是兩個不同的領域，至於以真菌或原核生物為主的生態研究，在目前的體系下更是幾乎不存在。[148]

個體生態學

　　十九世紀後半葉，生態學家仍延續博物學的工作，研究生物個體對氣候的忍受度、生命週期、所需資源、生存控制因素（例如天敵、競爭者、疾病）等環境需求；他們也關心個體在其物種所屬特殊環境下，為成功生存所做的調整適應，例如冬眠、遷徙、夜間活動，以及其他種種生理行為機制。這些適應使生物在有時極惡劣的條件下也能生存繁殖，分布範圍可從北極到沙漠。[149]

　　站在個體生態學的角度來看，環境的主要功用是提供持續穩定的選擇，以排除任何踰越最佳狀況容許範圍的變異個體。結果正如達爾文主義者所預期，不管是生物性或物理性的環境因子，在天擇中都占有舉足輕重的影響。生物所有的結構、生理特質和行為，事實上甚至所有的基因型和表現型，都朝著使生物和其環境呈最佳關係的方向演化。

物種生態學

　　繼個體生態學之後發展的物種生態學，又稱為族群生態學，對地方族群，也就是和其他物種族群直接接觸的群體，特別感興趣。族群生物學家會調查一個族群的密度（單位面積上的個體數）、族群數在變化環境中增加或減少的速度，當研究的對象是單一物種的族群時，族群生態學家還會尋找控制族群大小的參數，像是出生率、平均壽命、死亡率等等。

　　族群生態學的起源，可追溯到數學領域中一支專門研究族群生長和控制因子的人口統計學派，像皮爾（R. Pearl）、弗爾特拉及羅

特卡，都與此項運動有密切關連。[150] 但對生態學家造成影響更巨的
是愛爾頓在 1927 年所出版的《動物生態學》（*Animal Ecology*）一
書（內容是動物的社會學和經濟學），從這一天開始，族群生態學
被正式公認為生態學的一個獨立學門。[151]

　　數學族群生態學家所採用的族群觀念，基本上是屬類型思考式
的，因為忽略族群中個體的遺傳變異。他們口中的族群更像是數學
家說的集合，與遺傳或演化觀念中的族群意義並不相同。演化生物
學的族群，強調組成個體遺傳的獨特性；族群生態學的族群，則通
常忽略不計個體的遺傳獨特性。前者多樣式的族群思考方式，與後
者僵固模式的本質思考方式，有著鮮明的對比。

生態棲位

　　每一個物種都占有一塊可供給其所需的特別環境區域，生態學
家稱之為物種的生態棲位。格瑞奈爾所發展的古典觀念中，自然界
是由無數的生態棲位所組成，每一棲位都有其所適合的特別物種。
愛爾頓亦持有類似的想法，他說：「生態棲位是環境的一種特性。」

　　哈欽森則引入了另一種生態棲位的觀念。雖然哈欽森同樣也
將生態棲位定義為多維資源空間，但如果我對他的著作了解正確的
話，哈欽森學派多多少少將生態棲位視為物種的特性，如果某一物
種不存在某一區域的話，就代表這一區域缺少了物種所需的生態棲
位。但任何一位研究特定地區的博物學家常會發現，許多地區的資
源尚未被充分利用，甚至還有空缺的生態棲位沒有任何生物在使
用。這個現象可從新幾內亞森林內完全沒有啄木鳥的例子明顯看
出，新幾內亞森林的一般結構和植物組成，與婆羅州和蘇門答臘的
林相類似，但婆羅州和蘇門答臘的森林裡卻有將近 28 到 29 種啄木

鳥存在，再者，當其他物種侵入新幾內亞後，也未對原本既存群聚中各種生物的族群大小造成改變，顯見新幾內亞森林中看起來可讓一般啄木鳥棲息的生態棲位仍有空缺，並未被其他鳥類占據。

當環境未能滿足一個物種的需求時，例如土壤中缺少了某一種化學物質，或是氣候過熱，這種限制資源或限制因子就會阻礙物種的存在。因此物種分布的疆域常受到溫度、雨量、土壤化學、獵食者出沒等限制因子所控制（如果沒有地理屏障區隔的話）。然而在遼闊的大陸上，物種的分布則常受達爾文所熟知的競爭現象影響。

競爭

當數個同種或異種生物的個體依靠相同的有限資源時，所謂的競爭的情形就可能會出現。博物學家長久以來都知道競爭現象的存在，達爾文更是曾詳述競爭產生的結果。同種間個體的競爭是天擇的機制之一，是演化生物學的研究主題；至於異種生物間的競爭，則屬生態學的研究範疇。競爭是控制族群大小的一項重要因素，在極端情況下，甚至可能導致其中一個競爭物種的滅絕。在達爾文的《物種原始》中，就曾描述紐西蘭的動植物，因歐洲種的引入而完全消滅的例子。

當生物主要需求的資源供給充足時，就不會引發激烈的競爭，就像一般草食動物均可和平共存一樣。再者，多數物種都不會只依賴單一資源，當主要資源變少時，它們便轉而尋找替代資源。發生在血緣相近且有類似環境需求的物種間競爭，通常是最激烈的，但異種競爭也可能發生在完全不相關的物種上，像是同樣以種子為主食的螞蟻和囓齒類動物。當整個植物相或動物相都進入競爭狀態時，最能生動展示異種競爭的效果；舉例來說，上新世末期南北美

洲開始以巴拿馬地峽銜接，當時南美洲的許多哺乳動物都滅絕了，顯然是因為無法對抗由北美洲入侵的物種，當然獵食者的增加也是另一項重要原因。

競爭對群聚組成和物種密度的影響，目前仍是眾說紛紜，主要因為競爭現象通常無法直接由觀察而得，而必須從一物種的擴散或增加、另一物種的減少或消失來推論。俄國生物學家高斯也曾在實驗室中，進行過無數次兩物種的競爭實驗，在僅提供單一資源的情況下，最後結果都是其中一個物種的滅絕。根據這些實驗和田野觀察的結果，即可歸納出「競爭排斥法則」，根據這法則，沒有任兩種物種可棲息於同一生態棲位。儘管之後有許多例外情形被發現，但它們通常都可解釋為：兩物種雖競爭相同的主要資源，但彼此的生態棲位並不完全相同。

異種間的競爭對演化也有非常重要的影響，這種競爭對共存的物種施以離心式的選擇壓力，造成同域的物種在形態上的趨異演化，並使生物傾向於拓展不相重疊的生態棲位，達爾文稱此為「趨異原則」。因競爭導致物種的滅絕，則稱為「物種選擇」，然而「物種取代」或「物種周轉」可能更能貼切解釋這種情形，因為即使受影響的是整個物種的福祉和延續，但承受選擇壓力的仍是競爭物種的個體，因此物種選擇其實是個體選擇的結果。

競爭可發生於任何一項所需資源，對動物而言，競爭的資源通常是食物；對森林中的植物來說，則可能是陽光；對基層中的棲息者來說，例如生活在淺海底層的海洋生物，競爭的則是空間。事實上，任何與生物生存有關的因子，無論是生物性或物理性，都可成為競爭的資源，而分布愈稠密的族群，競爭現象也愈激烈。若再加上獵食者的話，這應是調節族群生長的最重要密度相關因子。

繁殖策略與族群密度

　　族群生物學家發現，大部分物種可依族群大小和繁殖策略，區分成兩種類型，第一種族群大小的變化幅度極大，但種內競爭較不明顯，並有高生育率的傾向，生物學家稱這為 R 型選擇策略。另一種類型則是族群大小年年都維持恆定，接近該環境所能容納的極限，種內和異種間的競爭激烈，有較長的平均壽命、發育緩慢、延遲繁殖和每次只產下一個後代的現象，此種繁殖策略稱為 K 型選擇策略。

　　然而即使我們將生物的繁殖策略納入考慮，每個物種的生育率仍嫌太高，倘若一對生物所產生的子代也都能繼續繁殖下一代的話，族群大小將在一段時間內就趨近於無限。然而從遠古時代人類就已了解到，每一代生物都會由於競爭有限資源、氣候變化、獵食者的攻擊、疾病或無法生殖等諸多因素，而只有一部分能成功繁衍下一代，因此大多數族群儘管都有變異、波動、個體持續死亡的情況，但最後仍會維持穩定的狀態。但對族群大小的平衡是如何達成的，在生態學文獻中仍有許多爭議。

　　在拉克提出了有力的證據下，生態學家很早就領悟到自然族群的死亡率與族群密度相關。這意味著當族群密度增加時，獵食、競爭、疾病、食物的匱乏、藏匿所在的不足等不利因子，也會產生較大的衝擊，導致死亡率上升，族群成長減緩。這項發現又引發出「族群具有自我調節能力」的觀點 [152]，族群會透過生活史的過程，限制本身的成長，例如鳥類會建立領域範圍或降低孵卵數，某些植物會增加種子散布的距離等。然而自我調節能力若要發揮功用的話，必須先要有群體選擇（請見第 6 章）的假設，而群體選擇的觀

念初時雖受歡迎，但隨後證實除了社會性動物外，其他生物並無群體選擇的現象存在。拉克、威廉斯和其他生態學家則表示，作用於個體的天擇和親緣選擇（請見第 12 章），已足以解釋領域性、低生殖率或散布等現象，於是自我調節理論現在不再受重視了。

安卓瓦沙與伯契則宣稱，氣候因素可超越一切不利的密度相關因子，而以和密度無關的方式控制族群大小。事實上，每一個人都知道寒冬、酷暑、乾旱、豪雨，對族群具有毀滅性的衝擊，昆蟲和無脊椎動物尤其受害甚深。根據一則精密的統計分析，密度對族群的影響和氣候所造成的族群波動具有加成的作用，族群大小顯然同時受到了物理和生物因子的控制。

獵食者與獵物的共同演化

當大多數物種維持著穩定的族群大小時，有些生物卻呈現不規則或週期性的波動。愛爾頓曾發現一些小型草食動物，例如鼠、旅鼠和野兔的族群波動，會使牠們的獵食者（例如北極狐）也產生類似的波動。極地的小型囓齒類通常有三年到四年一次的週期變化，牠們的獵食者亦呈現相同長短的週期性。體型較大的囓齒類週期變化則為九到十年一次，不消說，以大型囓齒類為食的動物亦表現出相同的變化。

當生物面對獵食者的壓力時，一般都會衍生出某些適應行為（例如找尋躲避場所），或增添更好的防禦機制（例如有較厚的外殼），或成為不可口的食物。獵食者在經過一段時間後，也會調整自己以應付這些防衛機制果造成了獵食者和獵物之間的「武器競逐賽」。許多植物會發展出一套防衛性的化學物質，特別是植物鹼的化合物，使一般草食動物對它們沒有任何食慾，但通常仍會有少數

動物能對植物的化學戰應付自如，例如某些昆蟲可能會發展出新的解毒機制，這種現象稱之為「共同演化」。共同演化除了可發生在上述的對立情況下，也可能出現在互利共生的情形，其中最著名的例子是絲蘭與絲蘭蛾。絲蘭蛾的幼蟲以絲蘭的種子為主食，為確保其子代的發育，絲蘭蛾會刻意採集絲蘭的花粉，並在產卵的同時幫助絲蘭花授粉，如此一來保證了幼蟲的福利，也使絲蘭花能生產足夠的種子繼續繁衍。

當然，也有許多獵食者造成獵物物種嚴重受創的例子，尤其是當一個新物種初次引進一個區域的情況。在某些罕見的案例中，獵物物種可能完全被消滅，例如仙人掌蛾幾乎摧毀了澳洲昆士蘭地區的仙人掌植物。不過在一般正常的狀況下，獵物物種仍會有少數個體存活下來，並在獵食的族群猛然減少後再度恢復生機。獵食者與獵物間的多元互動，是生態學研究中非常活躍的領域，對農業蟲害的生物防治問題尤其重要。

食物鏈與數量金字塔

愛爾頓曾指出，在一個群聚中的成員，彼此的攝食關係可連成一個食物鏈，食物鏈的第一環節由可行光合作用的植物構成，其次依序是草食動物、肉食動物，而分解者（微生物和真菌）則居最末環節。在食物鏈中，草食動物和肉食動物有時又合稱為「消費者」。肉食動物可能又有體型大小的類別差異，大型肉食動物不僅可吞食草食動物，也會追捕小型肉食動物。

一般說來，食物鏈中的層級愈高，生物體型有愈大、數目愈少的情形。譬如草食動物包括了無以計數的昆蟲和牠們的幼蟲，而肉食動物則體型較大，數目也少很多。然而從大象和其他大型有蹄動

物可看出，草食動物也是可以長成龐大身軀的，事實上，最大型的草食動物（例如大象或恐龍）體積甚至還超過共存的肉食動物呢！

　　再就生物量（生物群的總重量）來考量，全球生物量中有絕大部分是由行光合作用的植物所貢獻的，草食動物次之，肉食動物最少，而肉食動物的數量也遠較牠們所獵食的草食動物少，這種現象形成了一個「數量金字塔」，反映出在食物鏈愈頂端的生物數量也愈稀少。一隻貓可能需要數隻老鼠才能果腹，一隻鯨更是需吞下上百萬隻磷蝦才能維持存活，這種現象正展現了在食物金字塔中高層生物數量減少的現象。

生活史和分類研究

　　生態學中舉凡對稀有物種的比較研究、動物分布範圍的大小、獵食者與獵物之間的互動關係，以及族群生物學的其他許多問題，都需憑藉我們對現存物種類別和它們生活史的認識。大多數傳統博物學家也都同時兼任分類學家，特別是植物學家和研究昆蟲及水族動物的學者。事實上他們對生物生活史的知識，大大幫助了分類的工作，然而在生態學脫離自然史而自立門戶後，這種具有雙重能力的研究者愈來愈顯得有如鳳毛麟角，不過所有優秀的分類學家卻仍都是高超的博物學家。[153]

　　研究動植物的生活史，顯然一直是生態學家興之所在，以植物為例，就可依活史區分為一年生和多年生，而所謂草本、灌木、木本的分類方式，運用的亦是生態學準則。在動物的例子中，幾乎生活史中的每個層面，譬如壽命、生育率、遷徙性、生態棲位的特性、季節性、生殖頻率、配對系統等等，無一不與生物繁殖和族群大小息息相關，也因此都是族群生物學家的研究主題。

　　然而雖然有數百年來分類學家孜孜不倦的努力，我們對地球上究竟有多少物種存在仍沒有確實的數字，就更別提對所有物種生活史的認識了。如果地球上有一千萬種動物的話（這是非常保守的估計值），那麼其中只有一百五十萬種曾被描述過，這意味著我們只知道15%的動物而已，然而，如果物種數是三千萬（較實際合理的估計），那麼我們所知就只有5%了。

　　更甚者，人類對不同生物群的了解也極度不均，舉例來說，鳥類大約有九千三百種，而最近增加的物種數大多不是因為發現新品種，而是將一些孤立族群提升為物種層級。過去十年來，新發現的鳥類物種不到全部總數的三百分之一，換句話說，至少有99%的鳥類已被發現和描述。相對的，我們所知道的昆蟲、蜘蛛和較低等無脊椎動物的物種數，卻未達實際物種數的10%，真菌、原生生物、原核生物，亦是相同的情形。我們對熱帶生物或特殊海洋環境中區域物種的調查，更是嚴重不足，這就是為什麼生態學家又逐漸全心全意支持分類研究的原因之一。

群聚生態學

　　十九世紀末，隨著生態學從自然史和植物地理學中長成一獨立科學時，也衍生出和個體生態學或族群生態學全然不同的新領域，這新興的群聚生態學或群體生態學，強調由不同物種聚集形成的群聚的結構和組成。[154]

　　以群體角度來觀察自然的方法，最早在布方的著作中出現，但群聚生態學的真正創始人，是分析植被型態的洪堡。他主要研究由類似氣候造成的植被型態，而不論組成物種間的分類關係。自然界

中的植被型態則包括有草原、溫帶落葉林、熱帶常綠雨林、凍原和莽原，由於這些都是最顯著的群落範例，因此群體生態學偏重植物群落，並強調地理性因素。

　　一座雨林，無論是位在澳洲大陸或亞馬遜河流域，都具有一定的外觀特徵；一片沙漠，無論是位於哪一塊大陸，都會有相同的性質。但在分類上來說，則如同達爾文的觀察，屬於同一植被型態但位在不同大陸上的植物，彼此並沒有特殊的關係；在這一植被中的植物，反而和鄰近其他植被中的植物較為接近。然而在洪堡之後的植物學家，特別是在十九世紀後半葉，都努力描繪各種植被型態的特徵和成因。

　　華明的《植物生態學》（*Ecology of Plants*, 1896）便是這傳統下最為成功的論著，華明也因此而被尊稱為生態學之父。所有華明學派下的成員，在他們的解釋之中都強烈表現出物理論的觀點，強調溫度、水分、光線、含氮物質、磷、鹽分和其他化合物對植被分布的影響。和其他生態學前輩不同的是，華明主張降雨量對植被型態的影響要勝於溫度，這是他從熱帶地區研究所推得的結論。嚴格說來，這樣的生態學已成為植物地理生態學了。[155]

自然的演替和極相

　　二十世紀初期，美國生態學家克萊門（Frederic Clements）首次讓我們注意到一地區在經歷過像火山爆發、洪水氾濫、狂風肆虐或森林大火等擾動後，植物群落會逐漸演替的現象。一片光禿荒廢的原野，最先出現的植物群總是喜愛陽光的物種，而那些耐陰物種則會在演替的後期才進駐這塊區域。

　　克萊門和其他早期生態學家，都觀察到這近乎律法般的演替次

序規則，但並不了解其中的實質涵義，在有關演替現象的研究中，紀錄最仔細完整的是1883年發生在蘇門答臘和爪哇之間的克拉卡托島，在經歷一次劇烈火山爆發後，如何由荒蕪的不毛之地，到重建其生物相的歷程（Thornton, 1995）。科學家雖然能從克拉卡托島或其他演替的案例歸納出一般的趨勢，但對演替過程中的細節，仍無法預測。例如在新英格蘭的一塊廢棄牧草地，可能會由白松和白樺所取代，但鄰近的另一片牧地，入侵的卻是檜木、稠李和槭樹。植物演替受到許多因素的影響，包括土壤的性質、陽光的照射、風的吹拂、定期降雨量、聚落形成的機會以及其他許多隨機因素。順帶一提，著名的美國博物學家兼詩人梭羅也是早期研究演替現象的學者之一（Thoreau, 1993）。

　　演替發展的最後階段，即是克萊門和其他早期生態學家所說的「極相」，群聚的極相狀態同樣也是無法預測的，且無一定的組成，即使是成熟的群聚，通常仍有旺盛的物種周轉發生，而影響極相群聚特質的因子，和影響演替過程的因子是相同的。儘管如此，成熟的自然環境通常都維持在平衡狀態，其物種組成的變化通常不大，除非環境本身發生變化。

　　對克萊門來說，極相就像一個超生物體，一個有機實體。[156] 其他學者雖然接受極相的觀念，卻反對克萊門的這種描述。事實上，超生物體的確是會造成誤會的比喻，蟻類所形成的聚落，可當之無愧的稱為超生物體，因為整個聚落的通訊系統是如此高度組織化，總會適當且一體性的根據環境狀況來運作反應，然而卻沒有任何證據顯示，處在極相的植物群也有這種交互溝通的網路。許多學者因而喜歡以群叢（association）來取代群聚（community）一詞，以點出其間交互作用的鬆散。

　　若將超生物體的想法，延伸到由動物相與植物結合形成的生物群系（biome）時，就更窒礙難行了。雖然許多動物的蹤跡的確與特定植物有密切關連，例如麋鹿和雲杉，但若因此說成「麋鹿—雲杉生物群系」，卻有不妥之處，因為麋鹿的出現與否並不會影響雲杉群落，事實上，有許多雲杉森林內並沒有麋鹿的存在，因此兩者之間並沒有一個生物體所具有的內在凝聚力。那些將植物群落形容成超生物體的描述，總是會帶有神祕主義的暗示。

　　首位對克萊門的植物生態觀念提出質疑的人是格里森（Gleason, 1926），隨後陸續有其他生態學家加入反對陣營。他們主要的觀點是，某一特定物種的分布，受控於該物種所需的生態棲位，因此植被型態純粹是各個植物物種的生態所造成的結果。

生態系

　　當極相、生物群系、超生物體，及其他各種與動植物所在區域相關的專有名詞，因不同理由而受到批評時，卻有愈來愈多人採用「生態系」一詞。「生態系」是由英國植物生態學家譚斯雷提出的，意指相關生物和其物理環境形成的完整系統（Tansley, 1935）。

　　林德曼隨後強調指出，生態系具有能量轉換的功能（Lindeman, 1942）。有一位生態學家說得好：一個生態系包含了能量的循環、轉換和累積，以及經由生物媒介展現的物質和活動。光合作用、分解、草食、獵食、寄生和共生現象，都是傳遞和儲存物質及能量的主要生物反應。生態學家關心的是「能量與物質在某一個生態系中傳遞的數量和速率」（Evans, 1956）。蒐集這些數據資料是國際生物學計畫（International Biological Program）的主要任務。

　　然而，和其他前驅觀念比較起來，生態系這物理論式的方法也

沒有太大的改進。雖然生態系的觀念在1950、60年代非常盛行，特別是有尤金‧奧德姆與哈渥‧奧德姆的大力推廣，但現今卻不再是主導的典範。格里森用來駁斥極相和生物群系的論點，同樣可適用在生態系觀念的檢驗上。再者，一個生態系中的交互作用是如此繁多，即使在大型電腦的協助下也難以分析釐清。

　　最後，大多數年輕一輩的生態學家發現，牽涉了行為和生活史適應的生態學問題，可要比測量物理常數有趣多了，因此儘管在談及動植物間的關連時，我們仍會使用到生態系一詞，卻很少會注意到能量傳遞的層面。生態系並沒有一個真正系統所應有的整體性。

多樣性

　　是什麼樣的因素，控制特定區域內的物種數目？我們所能歸納出最明顯的通則是，該區域的環境愈嚴苛，能形成群聚的物種數就會愈少，因此在極惡劣的環境下，例如沙漠或北極凍原，能支持的物種要比熱帶或亞熱帶森林少得多。但這並不是唯一的條件，歷史因素（例如生物相的來源是由原本兩個不相同的生物相合併而成）和該區域是否適宜種化作用的發生（例如有許多潛在的地理屏障），亦有重要的影響。例如馬來西亞雨林一片區域內的樹種數，是面積相等的亞馬遜河雨林區域的三倍，原因即此。

　　位於同一地區的兩相異物種可能會有相互排斥的情形，兩種潛在的競爭者可能會形成所謂的同功群（guild），而同功群的組成會隨地域而異。例如在新幾內亞的多座小島上，我們可能會發現以果實為主食的大、中、小三種體型的鴿子，然而主要出現在特定島嶼的會是大、中、小三種體型鴿子的哪一種，卻無法預測，這顯然受到機率因素的影響。

　　無論一個群聚外表看起來是如何穩定，實際反映的只是生物滅絕和新移入群之間的平衡狀態而已。這項觀察最早是由島嶼族群學家所發現，之後像島嶼生物地理學的定律一般，將其數學公式化。愈小的島嶼，物種的更替愈快，相反的，更替速度愈慢，則表示地方性物種所占的比率愈高；當某一族群在孤立的島嶼上生存愈久，就愈有機會形成獨立的物種。[157]

　　麥克亞瑟在 1955 年時曾宣稱，群聚成員愈是複雜，該群聚也就愈穩定。但梅伊卻提出相反的結論（May, 1973），雖然後續的研究也未能促成共識，然而我們仍可明顯看出，一個群聚的組成是歷史、物理和生物相等因子，以極複雜的方式交互作用的結果，在多數案例中，我們只能粗略預測。環境中的物理特徵，或天敵、競爭者的出現，通常是較顯而易見的因子，還有許多重要的因素，受到歷史偶然事件的強烈影響。

古生態學

　　由於化石重建研究的成熟，古生物學家開始逐漸注意到從前生物所處的生態環境。許多生態問題在化石生物相中尤其明顯，然而這類研究的結果，卻常受到保存程度不等的因素所限制。例如軟體動物只有在極罕見的狀況下才能形成化石，然而即使是具有堅硬外殼或骨骼的生物，保存狀態也會有相當程度的差異。有時整個區域內的群聚都被妥善留存下來，例如珊瑚礁群聚。而生物沉積和保存的過程，可用埋葬堆積學*的方法來研究。

＊譯注：埋葬堆積學（taphonomy），研究古生物如何被埋葬而成為化石保存下來的學科。

在古生物學研究中，最受注目的問題是整個分類群的滅絕現象。是什麼因素造成古生代時占優勢的無脊椎動物三葉蟲，或中生代時幾乎具有同樣優勢的菊石，最後都宣告滅絕呢？如果這些物種的終結，與地球上生物大滅絕的時間一致，那麼我們可以利用造成三葉蟲和菊石滅絕的因素，推演出一般生物滅絕的成因。以恐龍的例子來說，恐龍的滅絕和白堊紀末期生物大滅絕的時機相當，如今一般認為，造成恐龍和其他生物的滅絕，均是因阿佛雷茲所說的猶卡坦隕石撞擊所造成。至於三葉蟲的滅絕，則常歸因於無法與功能更有效率的軟體動物競爭的結果，不過這大多是「在此之後，因此由此所造成」的推理模式。

地球上的生命最早起源於水中，植物首先登上陸地，動物才隨後跟進，從水中到陸地，這可算是最偉大的生態革命，然而就像三葉蟲或菊石會為其他生物所取代，陸地上的生物也不斷推陳出新。恐龍滅絕之後，哺乳動物風起雲湧，就是最常被提及的例子，然而更激烈的更替現象（雖然沒那麼全面）卻發生在陸生植物上，原本陸地上的優勢生物是樹蕨、木賊和裸子植物，但在白堊紀時期卻大多被開花植物（被子植物）所取代。雷格對此曾提出一個相當可信的解釋，他認為是因為昆蟲的協助授粉，和鳥類及哺乳動物幫助種子的散布，造成植物相的重大轉變（Regal, 1977）。這情節最有趣的地方，是將變化歸因於生態因子，而不再是生理或氣候因素。

生態學的爭議

生態學界中的重大爭議，很少能達成任何定論。例如，何者是控制族群密度的因子，是競爭，還是獵食？與密度相關的因子，或

者與密度無關的因子，哪一種更為重要？生物演替是否有末期的存在，又該如何預測？競爭排斥法則的嚴密性如何？上述的所有議題，現在都已有主流的觀點，但同時也有次要觀點。而主從觀點間的變換，有時是很快速的，例如像探討最富饒的生物相是否就是最穩定生物相的問題，就是最好的例子。

多元論似乎是許多生態學爭議（如果不是大部分的話）的正確解決之道，不同生物類型可能會遵循不同的法則，影響水域和陸地的決定因子也各不相同，這些決定因素還可能會隨著緯度改變。當兩名生態學家對同一個生態問題有不同意見時，並不意味著其中一人有錯，而可能是這個問體本身就有多元化的答案。

還有一些生態學爭議，就像其他生物學領域一樣，是因為未能認清近因和演化原因有同等重要性。生態學和大部分生物學科不同的是，它無法規矩的放入近因或演化原因的任一個框格裡。再者部分生態學領域（像是演化生態學）是由近因和終極原因複雜加成效應所主導。因此研究生態現象時，最重要的是在妥適解開原因和結果間的糾結纏雜後，區分出這兩種成因。

就像演化問題的答案需用族群思考方式來尋找一樣，我們必須將生態學的思考方式，應用在不僅是生態保育的問題上，還有所有環境問題，其中包括了農、林、漁業的經濟議題。我們必須謹記，很少生態問題是可用一套處方就解決的，生態間的交互作用常呈連鎖反應，只有在精密仔細的分析後，才能得知最後的結果。就像沒有人能預見俄羅斯新地島（Novaya Zemlya）上的海鳥，因受放射線物質的摧殘，最後竟導致整個區域漁業的瓦解。當引進外來動物或植物時（例如澳洲曾引入野兔），無論是刻意或無意的，都常會造成無法預期的毀滅效果。雖然生態學的研究無法預測或預防一切

的破壞，但至少有些情形是可緩和或化解的。有時一項長期的生態學分析，可阻止一些會導致災害性後果的行動（例如水壩的興建）。

　　文明人類的出現，已對所有的自然植物群落造成重大的衝擊。在馬謝和李奧帕德的帶頭下，博物學家指出了許多人類破壞自然植被的行徑：地中海山區森林和最近對熱帶雨林的濫墾濫伐，以及亞熱帶區域過度的放牧（特別是山羊），對當地的自然景觀和居民，都造成了劇烈且災難性的後果。這正是保育活動要呼籲人們重視的，並指出可降低進一步損害的必要措施，特別是族群大小的控制。

　　就像其他所有物種，人類也有其專屬的生態學，其中有四個領域是生態學家最為關切的：（1）人類族群成長的動態和後果；（2）人類所消耗的資源；（3）人類對環境的影響；（4）族群成長和環境衝擊間複雜的交互作用。誠如生態學家和環境學家經常指出的，未來人類需要解決的問題，將是生態環境問題。

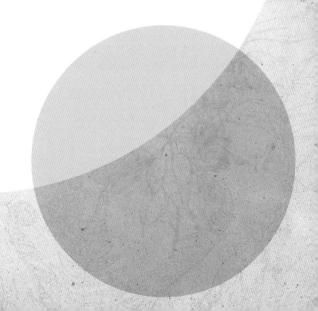

第 11 章

探討人類
在自然史中的 When

人類和黑猩猩的共同祖先，
可能是像黑猩猩一般走路搖搖晃晃的生物，
而其各項特徵各自以不同的速度演化，
這種過程又稱為「嵌合演化」。
至今，人類和黑猩猩的血紅素結構還非常相近，
但腦部的發展和相關行為則有極大的差異。

　　在原始的文化信仰、古希臘哲學和基督教義中，人類是完全超脫自然的。直到十八世紀，才有少數大膽的學者提出人類和猿猴間的相似性，分類學家林奈甚至將黑猩猩納入「人屬」（Homo）的分類群中。但真正提出人類源自靈長類，還繪製圖表來解釋人類是如何爬下樹幹以雙足行走，又是如何因飲食的改變而逐漸變化臉形的第一人，可能還是法國博物學家拉馬克（Lamarck, 1809）。

　　然而使人類演化自猿類這個結論毫無動搖餘地的，是達爾文的共祖理論和比較形態學確鑿的證據。數年之後，赫胥黎、海克爾和其他學者終於確立，人類的起源無關任何超自然力量。從此，人類不再孤立於其餘的生命世界之外，智人（Homo sapiens）及其演化史也正式成為科學的一支。

　　人類生物學這門新興科學，開始緩慢但持續成長茁壯，在其繁多的根源中，包括了體質人類學、比較解剖學、生理學、遺傳學、人口統計學、心理學等範疇。而這門科學的任務則是昭顯人類有別於其他動物的特點，並探討這些特徵如何演化出來。

　　人類既是動物，但和其他動物，甚至是關係最親的猿猴，都有巨大的基本差異，這矛盾的事實要如何解釋？我們愈鑽研人類和生命世界的多樣性，就愈感嘆人類之存在，自然界怎麼會產生如此神奇的生物！

　　在達爾文之前，任何有關人類的文獻都將人類的崛起解釋為「生物朝愈來愈完美的趨勢發展，而人類正是自然層級的極高點」。但達爾文的天擇說使這種目的論式的說法顯得空洞而無意義，天擇機制解釋了所有從前只能歸因於形上學的現象。生物學如今背負的新任務，是解釋人類如何經由運作於一般生命世界的天擇過程，逐漸由原始祖先的模樣演化成現代人類。

　　除了天擇說之外，強調族群中組成個體之獨特性的族群思考方式，也使得依據類型式思考方式的本質論，從人類演化的研究中淘汰出局。人類學家對此轉變的反應雖慢，但每當他們運用這新方針時，便有重大精采的結論開花結果。

　　然而直至今日，有關智人的演化過程仍有許多謎點存在。原始人類的演化支線是在何時何處與猿類分開的？在人類和猿類分道揚鑣後，原始人又跨越了哪些階段，才成為真正的人類？

人類與猿類的親緣關係

　　達爾文之後，演化學家首次提出的人類演化樹，將原始人的分歧點定在很早以前，大約距今二千五百萬至一千三百萬年之間，然而尋找這段期間原始人化石的努力，均告失敗。還有一段期間，科學家認為亞洲出土、距今約一千四百萬年的拉瑪猿（*Ramapithecus*）化石，與人類特徵的相似程度要高於任何猿類，是最早的人類化石，但最終證實拉瑪猿其實屬於紅毛猩猩那一分支。

　　1849 年，尼安德塔人的化石在直布羅陀出土，正式揭開了研究早期原始人的序幕，其後的四十幾年間，所有挖掘出土的化石，不是屬於智人，就是尼安德塔人。到了 1892 年，杜布瓦在爪哇找到更早期的原始人化石，命名為直立猿人（*Pithecanthropus erectus*），而 1921 年在中國發現的北京人，即為其異地的近似種，這兩種化石和其他在非洲出土的類似化石，最後合併成直立人（*Homo erectus*）。

　　然而從猿類到直立人，中間還遺失了一段的重要環節，這環節也就是達特在 1924 年時，所發現的一種介於人類和猿類的中間型

化石——非洲南猿（*Australopithecus africanus*）。自此之後，東非和南非都陸續挖掘出許多南猿化石。這些化石通常可分成兩支，其中一支較纖細，非洲南猿即屬於此支，這支最後演化出人屬；另一支較為粗壯，以南非的粗壯南猿（*Australopithecus robustus*，距今約二百萬年到一百五十萬年間）和東非的鮑氏南猿（*Australopithecus boisei*，距今二百二十萬年到一百二十萬年間）為代表。[158] 至於在非洲圖爾卡納湖西岸發現的黑色頭顱，則可能是鮑氏南猿的祖先——衣索比亞南猿（*A. aethiopicus*，距今二百五十萬年到二百二十萬年）。[159] 粗壯型的非洲南猿最後大約在一百萬年前滅絕。

　　科學家相信纖細型的南猿，包含了兩種具有小腦袋的物種——分布在坦尚尼亞到衣索比亞間的阿法南猿（*A. afarensis*，三百五十萬年至二百八十萬年間，著名的露西化石即屬此型）和分布在南非的非洲南猿（三百萬年至二百四十萬年間）。這兩種人科動物雖已能使用雙足行走，但由牠們相對較長的手臂和其他結構特徵看來，牠們仍過著半樹棲的生活方式。就腦容量來說，也不比現代黑猩猩的腦大許多。這兩種南猿和猿類的關係，可能要比和人類的關係還親。

　　當人類學研究進行之時，大量的分子生物學證據也紛紛出籠，根據血液蛋白的比對和 DNA 雜交實驗的結果，人類不僅與非洲南猿關係緊密，更出人意料的是，黑猩猩和大猩猩間的親戚關係，還比不上黑猩猩和人類的關係呢！換句話說，大猩猩與黑猩猩的演化分歧點要稍早於人類與黑猩猩的演化分歧點。[160] 這些證據同時也暗示，人類與黑猩猩要到五、六百萬年前才各自發展。[161]

　　儘管其後人類學家費盡心血搜遍了整個非洲，都未能發現比阿法南猿還要更古老的南猿化石。然而 1994 年時，一種稱為原始地

猿（*Ardipithecus ramidus*，又稱為拉米達猿）的物種在衣索比亞出土，生存年代距今約四百四十萬年，相當接近黑猩猩與人科的分歧點，於是新一波研究又再度展開。不過從外觀看來，這具化石與黑猩猩的相似性要大於阿法南猿，這是目前所知最古老的原始人類化石。在這項發現之後，東非與南非也有新的原始人足骨和牙齒被挖掘出來，應該屬原始地猿和阿法南猿／非洲南猿的中間型。

從化石紀錄看來，人類和黑猩猩的共同祖先，可能是像黑猩猩一般走路搖搖晃晃的生物，而牠的各項特徵，包括四肢、頭顱、腦袋、牙齒和巨分子，都各自以不同的速度演化，這種過程又稱為嵌合演化。換句話說，人屬這個模式並不是整個演化出來的。即至今日，人類和黑猩猩的血紅素結構還非常相近，但腦部的發展和相關行為則有極大的差異。

巧人、直立人和智人的崛起

在距今大約一百九十萬年至一百七十萬年前，纖細型的南猿演化出了新的人種——巧人（*Homo habilis*，意指雙手靈巧的人類），和南猿比較起來，巧人具有獨特的頭顱特徵，腦容量也有增大的現象，更重要的是，在巧人化石的附近可以找到簡單的石器。然而由於早期發現的巧人化石，身軀和腦容量的變異極大，因此造成許多困惑，最後研究者認為，這些化石標本實際上代表了兩個物種，其中體型較大者，最後被重新命名為魯道夫人（*Homo rudolfensis*）。

一般相信，巧人是腦容量更大的直立人的祖先，然而根據非洲出土的直立人化石，卻顯示直立人的出現和巧人的活動時期相當，大約在一百九十萬年前。除了有部分直立人也學會用火外，兩者的生活型態非常類似。直立人可能是最早改變飲食習慣的原始人種，

由素食轉變為部分葷食，換句話說，直立人可能是獵人和食腐者。

　　直立人的生活方式顯然極為成功，因此很快從非洲擴散開來，並穿越中東來到亞洲，在爪哇發現的直立人殘骸，距今約有一百九十萬年。雖然從早期到晚期的直立人之間並沒有太多演化發生，但是的確有一些地理變種的存在。至於石器方面，早期直立人的遺址中僅能找到簡單的石器，到了大約一百五十萬年前，開始出現比較複雜的雙面手斧，但隨後的一百萬年間，石器的發展又近乎全面停頓下來。

　　而現代人所屬的智人，是由直立人演化而來的。然而中間演化的過程是如何發生，又是發生於何處，仍有許多爭議存在。關於現代人的起源，有兩種不同的說法，其中一學說根據現代智人的區域種族，與在非洲、中國、東印度群島上發現的各種直立人化石相符，而提出多區域起源說，主張分散各地的直立人，分別演化出不同的智人。康恩也推論，當時一定有一股選擇壓力，在直立人分布的廣大區域內，篩選具有較大腦袋的人類，使多型的直立人逐漸演化為多型的智人（Coon, 1962）。

　　另一派則根據粒線體重建證據＊，提出「聖母夏娃」（Mother Eve）學說，該假說認為大約在十五到二十萬年前，有一支來自撒哈拉以南地區的新物種，向四面八方大規模遷移，並發展出現存的人類族群，這一新物種可在近東十萬年前的地層，以及東印度群島、新幾內亞和澳洲等地六萬年前的地層，還有歐洲四萬年前的地

＊譯注：粒線體為細胞的胞器，內含有自己的遺傳物質，由於受精卵中的粒線體完全由母親的卵細胞提供，其DNA為母系遺傳，因此分析粒線體DNA可推測可能的演化路徑。

層與遠東至少三萬年前的地層中找到。其中在歐洲所發現的智人殘骸，又稱為克羅馬儂人，其骨骼與現代人種幾無二致，被認為是相同的物種。歐洲許多美麗的洞窟藝術，例如蕭維洞窟（Chauvet）、拉科斯洞窟（Lascaux）、阿塔米拉洞窟（Altamira），和各式精緻的石器，全都是出自克羅馬儂人之手。

但到了 1994 年時，阿亞拉（F. J. Ayala）又提出新的分子證據，傾向支持多區域起源說。阿亞拉發現，現代人基因庫中含有高頻率的古代多型性，因此不太像夏娃學說所宣稱的，人類演化經歷過一狹隘的瓶頸。

除此之外，人類學家在中國、爪哇、西歐，甚至非洲等地都發現了原始智人的化石，這種體型類似直立人，但腦容量較大（約1,200 立方公分）的中間型化石，生活在大約十三萬年到五十萬年前。多區域的演化學說較能解釋這項化石紀錄。

尼安德塔人和克羅馬儂人

自從 1849 年發現尼安德塔人的化石後，尼安德塔人和智人之間的關係就一直是爭論的焦點。我們現在知道，在克羅馬儂人抵達歐洲之前，西方的原始智人已完全為尼安德塔人所取代。尼安德塔人的分布範圍從西班牙的直布羅陀，橫跨歐洲到西亞，南及伊朗和巴勒斯坦，但並未進入非洲或爪哇。尼安德塔人的平均腦容量約為1,600 立方公分，甚至比現代智人還大（1,350 立方公分），然而他們卻只有原始的石器文化，而且在生存的十萬年間沒有任何演化改變，尼安德塔人最後在三萬年前（或更晚時）宣告滅絕，那時克羅馬儂人已進駐歐洲很長一段時間了。

究竟尼安德塔人和克羅馬儂人只是同一物種的不同地理種族，

抑或是兩種不同的物種？最初由於兩者體型上具有巨大差異，被區分為兩不同物種；隨後又基於兩者生存的地理區間可能並不相同，而被降級為地理種族，也就是亞種；然而在巴勒斯坦發現的洞窟遺址，卻顯示尼安德塔人與現代人曾共存於同一區域（不同洞窟）達四萬年之久（距今十萬到六萬年前），使得兩者在分類上再度升格為不同的物種。

儘管尼安德塔人與現代人的遺址在同一區域內發現，但未必就代表他們生活在同一時期的同一區域內，由於在那四萬年間氣候波動劇烈，因此體格粗壯、四肢短小的尼安德塔人很可能是在氣候寒冷的時期進駐巴勒斯坦，而高高瘦瘦、四肢修長的現代人則是在溫暖乾燥時棲息於此。

當尼安德塔人和現代人被視為同種時，在巴勒斯坦洞窟內找到的許多化石，被詮釋成兩者雜交的後代，但最新的分析結果卻反駁此一觀點。兩者也曾共存於歐洲約一萬年，但科學家卻找不到任何雜交的證據，尼安德塔人在現代智人侵入歐洲一萬五千年之後，消失得無影無蹤，而分布於東亞和南亞的原始智人，最後也全為現代智人所取代。

原始人化石的分類

1950 年以前，有關人類起源的研究幾乎完全由解剖學家掌控，這也使得原始人類的分類方式，充滿了類型和終結論的思想，而較不重視個體獨特性和物種的各項變異。每一具出土的化石都被視為不同的模式，並以二名法命名（屬名加種名），其中有些化石被認為是從靈長類演化成人類一脈單傳中的成員。[162]

然而實際化石紀錄卻無法證實我們這種一廂情願的觀念架構，

尤其令人困擾的是，許多新型原始人種在找不到任何可與從前模式產生關連的特徵下，像是突然蹦出來一般。例如應該是祖先的南猿和巧人之間、可能是祖先的巧人和直立人之間，以及從祖先直立人到智人之間，都存在有這樣的斷層。另一個有不一致情形的問題是，同一演化系列下的成員，地理分布情形卻不能相配合，造成藉由化石來拼湊人類演化史的工作格外艱難。

那些被灌輸了類型思想的學者，顯然並不清楚四足動物地理隔離種化的案例。大部分靈長類也有地理隔離種化的現象，靈長類之下的屬有大部分都是由異域種組成（除了狐猴和長尾猴等較大的屬例外），因此我們有很充分的理由相信，原始人屬之下亦可能包含有許多異域種。從非洲南猿散居於南非，阿法南猿分布在較北方，粗壯南猿局限於南非，鮑氏南猿僅出現於東非，即可證實。

大部分從東非到南非發現的原始化石都屬小型族群，而在西非、中非和北非等地都還有一大片尚未探索的領域（事實上，科學家後來曾在位於中非的查德發現已有三百五十萬到三百萬年歷史的南猿化石），可能還有數十種以上的原始地猿、阿法南猿、粗壯南猿、巧人、直立人等的異域種存在。化石紀錄中一些突然的轉變，還可用「出芽」理論來解釋。[163] 這表示某一孤立族群在與原物種恢復接觸之前，已完成了基因重整的工作，衍生出新形態的後代，然而要找到這種孤立物種出現位置的機會是微乎其微。

當我們所知的原始人化石僅有少數幾種時，很容易把它們劃分為幾個物種：阿法南猿、非洲南猿、巧人、直立人、智人等，每一個名稱都代表了二十五萬年到一百五十萬年的光陰。然而近幾年來科學家又陸續發現了許多化石，它們若不是在時間上算是介於兩種模式標本之間的中間型，就是來自不同的地理區域，因此也和模式

標本並不相同。這些化石通常呈現出許多嵌合演化的情形，某些特徵和祖先相似，有些特徵接近較晚期出現的物種，其餘特徵介於中間。

　　然而真正激起最嚴重爭議的，是現代智人在分類系統中應占的位置，追究歧見的根源，主要是學者在分類時所依據的性狀。例如朱里安・赫胥黎強調人類的獨特性（Julian Huxley, 1942），特別是文化發展和統馭世界的能力，因此建議為智人設立一個獨立的界，稱為心靈動物界（Psychozoa）。半個世紀後，戴蒙德反其道而行，將黑猩猩放在人屬之下，根據的是兩者的分子相似性（Diamond, 1991）。赫胥黎過分強調人類的獨特，戴蒙德則犯相反的錯誤，過分忽視人類的獨特性。

　　分類學中有一古老的箴言：不僅要納入不同的性狀，還要權衡各個性狀的重要性。儘管人類和黑猩猩在分子層面的相似性，然而人類中樞神經系統的加速演化、育兒期的增長，以及生理、社會、文化的發展，都使人類夠資格自成一屬，而和黑猩猩有所區別，如果真的根據戴蒙德的條件，那麼南猿也將成為人類的同義字，這樣的分類將無法反映出不同形態原始人的相異程度。

　　目前科學家對主要原始人化石的類型和關係，都有合理的共識，但對物種以上分類層級的細節，則有待更多化石的發現和族群思考的運用。族群思考方式大約在 1950 年時引進體質人類學，但到了今天，非洲南猿和直立人都還被普遍視為兩種模式（類型式思考下的產物），到底這些族群散布有多遠，到底有多少地理變異存在（考慮直立人的例子），以及周邊孤立族群的可能性，體質人類學家仍時常忽略這些問題。

邁向人類之路

是什麼樣的因素，使人類成為萬物之靈？人類又是如何獲得這些天賦異稟？長久以來，研究人類演化歷史的學者一直沉醉在如下的情節：由於中新世時非洲的氣候轉為乾燥，許多人類始祖聚集而成的團體，被孤立在較為開闊的原野上。在這樣的地理環境下，雙足步行顯然要較四肢並用更為方便靈活，因此而空出的雙手，也可促進工具的使用。發明並學習熟練使用工具，對腦袋的增大顯然有演化選擇的壓力。在這一系列的推演下，雙足行走似乎是「人化」的關鍵因素，工具的使用則為其途徑。

然而最新證據卻顯示故事並非如此單純。人類能持續站立並以雙足步行，在哺乳動物中的確獨一無二。袋鼠和某些囓齒類雖可雙足跳躍，某些靈長類和熊類雖可舉起前腳，蜘蛛猴、大猩猩和黑猩猩更可偶爾以雙足行走，但這些都不是牠們主要的運動模式。

然而能雙足行走並不等於能使用工具，能使用工具也不一定意味著腦容量的增加。黑猩猩也是擅長利用工具的動物，雖然牠們的方法與人類不盡相同，但卻足以證明工具的利用要較雙足行走更早演化出來。而且化石紀錄也顯示，人類在學會利用工具之後，有二百萬年的光陰，製造工具的技術上鮮少進步。雙足行走和腦容量的擴增更是毫無明顯關係，有數種南猿生存繁衍的時間超過二百萬年，也以步行為運動方式，但除此之外，幾乎其他所有特徵都酷似猿類，腦容量依然很小，顯見直立步行並沒有使牠們發展出像人類一般的大腦袋。

有另外一派的解釋是，由於早期南猿的生活仍為半樹棲，牠們腿部結構適於攀爬，雙臂也較後來的原始人和現代人來得長，因此

南猿嬰兒在出生之時必須已發育完備,才能像我們今日所見的猿類幼兒一般,緊抱住穿梭於樹枝間的母南猿。然而在二百五十萬年到二百萬年前,人類始祖完全遷移至陸地生活,母親便能騰出雙手抱住稚弱的幼兒,容許新生兒有較長的無助期。這種幼年延長發展遲緩的現象,是人類獨有的特徵,使得腦在嬰兒早期仍能持續成長。因此雙足行走造成的主要衝擊,應該是在於母親育兒行為的影響,而非工具的使用。[164]

　　一般認為,雙足行走和攜帶幼兒這兩種鑑定早期人屬的特質,是在某個孤立的南猿族群中發展出來的,而不是整個南猿物種的普遍現象。適當的生態棲位無疑亦是促進因素之一,然而真實的演化情形,我們可能永遠無法確知。

　　人類始祖在獲得直立步行的能力時,運動部位也必須進行大規模調整。由樹棲到半樹棲的纖細南猿,再到完全陸棲的直立人,雙足行走經歷了一段加速演化的過程。然而這種運動模式直到今日仍未臻完美,從現代人常有的腰酸背疼和駝背等毛病即可想見。

　　民以食為天,飲食習慣對早期原始人的生活必定也有重大的影響。南猿是素食者,主要以蔬果為主食,就像今日的黑猩猩一樣。但陸棲的直立人吃些什麼,就有一些爭議存在。科學家曾經一度以為直立人已由素食轉為肉食,也就是說他們可能有狩獵的行為,再者,直立人的臉部肌肉和牙齒比現代人還強健,也使研究者對他們有殘暴粗野的錯誤印象。但最近在重新檢視直立人的紮營區和齒型結構後,科學家認為肉類雖然偶爾會成為直立人的盤中飧,就像現代黑猩猩也會偶一為之的嚐嚐鮮肉的滋味,但獵捕大型動物的行為顯然是在較晚之後才形成的。

　　至於在狩獵行為成熟之前,人類始祖可能有一段過度期,以捕

食兼揀食度日，吃那些大型掠食動物（獅子、豹、鬣狗）剩下來的獵物屍體。雙足行走可方便原始人跟隨有蹄類動物群，揀食大量屍體，空出的雙手也能帶著幼兒遷移，原始人類不再像其他哺乳類動物，為照顧無助的幼兒而局限在狹小的活動範圍內。然而人類並不像其他的食屍類動物，對屍毒（動物屍體分解產生的有毒蛋白質）具有抵抗力，因此原始人可能從來就不是主要的食腐者，崔佛諾（Sergio Trevino）就曾提出令人信服的證據，顯示早期智人以禾草種子和野生穀類為主食（Trevino, 1991）。

無論如何，後來發展的狩獵活動對「人化」仍有極重要的角色。狩獵使原始人建立更有規模的紮營基地，製造更有效的武器，而狩獵本身需要周詳的布置和策劃，最重要的，在這種新生活模式中，需要有良好的溝通系統——語言。

語言、腦與心智的共同演化

人類始祖南猿的腦，是和猿類相當的小腦袋，腦容量僅有400到500立方公分；到了直立人時，腦容量已增加到750到1,250立方公分；然而人腦真正明顯增大，卻是在最近十五萬年間的事，在人類與黑猩猩各自發展的五、六百萬年演化長河中，只占一小段而已。是什麼樣的選擇壓力，促使人類的腦如此急劇擴增呢？

答案除了前述的狩獵活動與攜帶幼兒外，還有以下將討論到的語言發展，還有因語言才得以薪火相傳的文化。由於這幾項因素環環相扣，我們很難特別強調某一因素格外重要。

除了人類之外，再也沒有任何動物能以語言相互溝通了。沒錯，許多生物雖然也有巧妙的聲音聯絡系統，但那只是一些訊息的交換，不含任何語法或文法，也無法完整報告曾經發生的事，或計

劃未來的行動。過去的四十年間，有許多研究者費盡心力教導黑猩猩使用語言，但最後都徒勞無功。動物在學習字彙時，常展露出驚人的才智，能對不同的字做出正確的反應和訊號，然而卻無法表達任何只有透過語言才能傳達的事物。

　　黑猩猩或其他動物的訊號系統，和真正的語言之間仍存有一段很大的差距。為了解訊號系統到真正語言間的演進，語言學家一度想藉由研究原始人類部落的語言，找尋中間型的溝通系統，但他們發現現存的人類語言都是高度複雜的成熟語言，沒有任何例外。科學家曾試圖推演語言演進的可能情節，但由於語言沒有辦法留下「化石紀錄」，因此這道知識缺口可能永遠無法填補。[165] 或許了解語言演進最好的方法，是研究幼兒學習語言的過程。達爾文是開創這類研究的先驅者，如今有幾位心理語言學家在這領域卓然有成，但較好的研究方式應是同時比較文法差異極大的語言的學習過程。

　　語言的發展對中樞神經系統來說，無疑是一大選擇壓力，對咽喉附近的發聲器官和呼吸系統亦有重大的影響。一些化石證據顯示，南猿的發聲系統尚不容許適當的語言能力，但演化到人屬時，咽喉位置下降、橢圓形的齒列、牙齒隙縫較小、舌骨與咽喉軟骨的分離、顎的拱型化和舌頭的可動性，在在都支持語言的發展。而由於尼安德塔人缺乏這些特徵，使許多科學家相信，尼安德塔人在咬字發音上是略遜一籌的。

　　有沒有可能正是因為尼安德塔人無法產生真正的語言，使他們沒有善用和現代人一樣大的腦袋呢？和後來的現代人比較起來，尼安德塔人的文化的確是比較原始的，他們既無弓箭，亦無捕魚器具，僅有簡單的石器。不過早期智人的文化可能也同樣貧瘠，因此要釐清有關語言、腦和文化的共同演化，還需要更多的研究。

當語言在二、三十萬年前由小群小群的狩獵採集者發展出來時，由於有改進溝通的選擇優勢，使演化開始偏向腦容量的增加。然而到了十萬年前，腦容量的擴增現象卻突然停止，直到現在，人腦都維持相同的大小。農業的發展大約始於一萬年前，戴蒙德稱這段農業發展時期為文化大躍進，然而在這段期間，我們並未見到腦容量或其他體質特徵有同等劇烈的改變。科學家對此臆測紛紛，但尚無明確可信的解釋。[166]

團隊的大小，極有可能是影響因素之一。原始人類的族群結構是類似黑猩猩團隊結構的小型部落，在這些小團體中，死亡率可能很高，僅有少數成員能夠成功繁衍後代，因此基因流動有限。這些因子促使演化在強烈的選擇壓力下快速進展，也造成腦容量暴增。

一旦大型部落成為正常規模，許多較佳特質的繁殖優勢相形減弱，基因流動率增加，那些腦袋較小的成員也能獲得較好的保護、較長的壽命和較大的成功繁殖機會。換句話說，社會的融合愈強，再加上文化演進的影響，可能因而造成人類基因演化的停滯期。

當科學家在解析人類演化時，是否能為朦朧不明的心智起源問題，帶來一線曙光呢？長久以來，有關心智來源的研究，常因語意上的混淆而膠著不清，人們總是傾向將心靈活動限定為人類獨有，但研究動物行為的科學家如今已經肯定，像是大象、狗、靈長類、鸚鵡等許多動物的心靈活動與人類並無二致，科學家甚至可以在無脊椎動物和原生動物觀察到意識存在的跡象，因此意識和心智並不能做為劃分人和動物的界線。

人類的心智看來並非是在瞬間浮現，而是無數小型演進串聯產生的最終結果，是極端複雜的中樞神經系統運作的產物。在心智逐漸成形的過程中，不同階段的演化速度不等。語言的發展使溝通和

文化演進得以實現，必定曾大幅加速心智的形成。

　　從過去幾十年的研究中，我們學習到一件事：演化雖持之以恆的進行著，但是一個系統具有的所有特性並不是在同一時間依相同速度產生的。我們從動物般的纖細南猿，到獨一無二的現代人，中間的變化是漸進的，但各項轉變的速度卻有著巨大的差異。

文化的演化

　　從南猿到巧人，從直立人到原始智人，再到最後二十萬年前形成的現代智人，人科這一演化支系在體質特徵上持續不斷演變，發展出直立步行的能力、一顆較大的腦和相互溝通的語言。我們可能以為，人類的文化也經歷著同樣平行穩定的變化，然而實情並非如此，所有曾經存在的原始人種中，有85%是沒有顯著文化進展的。

　　社會的交融凝聚對後來人類文化的突飛猛進，無疑是重要的因素之一。同樣是靈長類動物，有些物種性喜獨居，例如紅毛猩猩，有些物種則聚集成較大的社群團體，例如黑猩猩和狒狒。當直立人完全轉移為地面生活模式時，團隊的大小也隨著增加，因為較大的團體在對抗同種競爭者或捕食猛獸時，顯然能獲得較多保護，同時還可增進搜尋新資源（特別是食物）的效率。

　　擁有這樣特質的團體，最後必定會成為選擇的目標。而其他任何可促進團隊生存、繁榮和繁殖的變化，也會在演化中占上風。於是人類發展出許多獨有的生理行為特質，包括雌性能夠連續受孕、隱匿動情期、更年期的發生，以及平均壽命的延長等等。

　　在毗鄰的部落間無疑會發生一些激烈的摩擦和競爭，居於劣勢的團體常因而被消滅。尼安德塔人的消失，一直是人類考古學的未

解之謎，由於尼安德塔人曾與克羅馬儂人共處一萬五千年之久，後者的文化和溝通能力都遙遙領先，因此我們不能排除種族間的集體屠殺是造成尼安德塔人滅絕的原因。屠殺行為並不是人類這一演化支系的新發明，近年來許多觀察都顯示，黑猩猩也會有計畫的消滅與其競爭的鄰近團體。

對社會性動物而言，合作的利益可彌補團隊中可能有的衝突，例如雄性求偶時的競爭，除此，人類還可透過單配偶制和社會階級等文化規範，來排解大型團體內的糾紛。雖然團體中地位崇高的雄性可能會行一夫多妻制，現今一些原始部落或宗教文化團體（例如伊斯蘭教）還存有這種情形，但對大多數人來說，單配偶制是緩和衝突的方式之一，有時婚姻甚至會成為鞏固兩家族聯繫的策略。

既然婚姻成為一種社會公約，解除婚約的舉動自然常會引起許多麻煩，因此不為社會所鼓勵。多數社會更是強制執行避免亂倫的法則，以減少家族內的衝突，並增加基因庫的變異。此外，少數文化還有一妻多夫的現象，但一般較常見的習俗還是新郎家族支付新娘家族聘禮，畢竟娶進門的新娘可以增加新郎家族的生產力。至於其他社會架構，特別是性的開放程度以及婦女的地位，在今日成千上萬的人類社會中，仍存有極大的差異。

對所有隸屬於人科的生物而言，家庭都是團體結構的基本單元，在現代的狩獵採集部落中，常可見到男女各司其職的現象，男性打獵（提供飲食中的蛋白質、油脂來源），女性則採集果實種子（供給碳水化合物和堅果蛋白質），因此兩性形成一個合作單元，然而這種凝聚力有時並不只限於核心家庭（父母和小孩），也會擴展至延伸家庭（除了核心家庭的成員外，還包括了祖父母、兄弟姊妹、堂表兄弟姊妹、叔伯姑嬸等親屬），延伸家庭除可相互扶持

外，對文化的傳承更有重要的功能。近代許多都市貧民窟的亂象，追根究柢就是因延伸家庭的功效不彰，甚至核心家族的破裂瓦解所造成。

當人類團體進一步擴增時，勞力分工和工作專業化愈形重要，但也因而促成了社會階級的產生，封建制度便是其中極端的情況。分工的結果也使人類得以進駐更多生態棲位，大多數生物僅有單一生態棲位容身，人類卻占據了大部分。

事實上，如果我們了解辛浦森和赫胥黎的「適應區」觀念的話，將會發現人類已獨占了所有適應區。如果以生物所占的適應區當做分類標準的話，那麼赫胥黎將人類獨立成心靈動物界的分類也不算錯得太離譜。

文明的誕生

大約在一萬年前，人類的文化演進發生了一項重大轉折，由原始的狩獵採集生活型態，邁入農業和畜牧的時代。在數百萬年的「人化」歷程中，再也沒有任何事物能對地球和人類造成比這更劇烈的影響了，人類的文明也因此揭開序幕。

農業和畜牧的發展，使人類能長期定居於一處，建立起規模足以讓考古學家稱之為城市的聚落。在安居落戶之後，人類也可以更細密的分工，而加速科技的進展，特別是二十世紀醫學的進步。有了城市，貿易和自然資源的開採也得以進行。然而最重要的影響，莫過於因農業發達所導致的人口快速成長。

透過各種文化成就，人類的生存不再受到環境的侷限，靠著房舍、衣著、交通工具和各式各樣的機器，將人類從地方氣候和特化生態的限制中解放出來。如今從北極到南極，從潮溼熱帶到乾燥沙

漠的邊緣，都有人類居住。由於種種原因，人口膨脹卻還未達馬爾
薩斯所預測的極限。但我們必須牢牢謹記，人類雖成功適應環境，
卻付出了慘重的代價，自然資源的耗竭，生態棲境遭受破壞，將無
法挽回。

人類種族和人類的未來

　　自布魯門巴赫以降，學者對現代人種族的劃分，以及各種族的
生物地位，一直眾說紛紜，未能達成共識。奴隸制度盛行時，為了
心安，許多白人抱持著「白人、黑人和亞洲蒙古人種是三個不同物
種」的觀念。如今這種觀點當然已遭淘汰，但究竟現代人可區分成
多少種族，答案卻見仁見智，範圍可從五種到五十種，由此可知有
關種族定義的爭端仍未解決。

　　類型思考方式對生命問題的研究一直毫無啟發的功能，在考慮
人類種族問題時，更是有害無益。近代分子研究已證實，人類各個
種族間的關係親密，純粹只是有變異的族群而已。在比較種族間的
體質、心智和行為等特徵時，也顯示彼此的平均值雖互有高低，但
變異曲線卻交互重疊。

　　每個種族均有獨特性質是毫無疑問的事實，兩個種族分開愈
久，遺傳差異愈大，隸屬同一種族的族群和其他種族相比，當然會
較為相似。[167] 沒有人會將來自撒哈拉以南的非洲人，誤認為西歐人
或東亞人，因為由皮膚和眼睛的顏色、毛髮和口鼻的形狀、骨骼和
身高等外表特徵，即可一眼判定。遺傳和分子生物學也提供了許多
檢定的依據，但是若要比較重要心理特質的話，基因的角色則大多
仍屬未知。

　　然而一個種族真正最重要的特質，卻不是基因型所造就，而是
民族和文化屬性。我們可能聽過如友善的、殘暴的、聰明的、愚蠢
的、可靠的、邪惡的、懶惰的、多疑的、有偏見的、情緒化的、莫
測高深的等字眼，任何可用來描繪一個人個性的形容詞，都可用來
形容種族。我雖不知道任何可證實這些形容的科學數據，但某些族
群的確有相當鮮明易辨的文化特色，像是新英格蘭的清教徒、歐洲
的吉普賽人、美國大都市貧民窟內的黑人族群，就給人一些特定的
印象。然而這一領域很難建立事實基礎，因為任何有關種族間生物
差異的科學研究，都會遭指控為種族歧視。

　　有時我們也會遇到這樣的問題，人類有沒有可能分裂成數個物
種呢？答案是絕無此可能。現代人已占據了從極地到熱帶所有類人
動物可棲息的生態棲位，過去十萬年間因地理隔離所形成的種族，
在重新接觸後都可恢復相互交配。如今所有人種之間交流頻繁，因
長期隔離導致種化作用的條件已不復存在。

　　那麼現存的人類是否可能演化出一個更好的全新物種呢？人類
可以進一步演化成「超人」嗎？對此，我們最好也不要抱太大的希
望。人類基因庫的確有豐富的遺傳變異，但現代人所處的情況已和
直立人演化為智人時的情況大不相同了。當時人類始祖的族群結構
均屬小型團隊，有強烈的天擇力量在篩選智人的特性，而且因為是
社會性動物，他們毫無疑問也承受著群體選擇的壓力。

　　相對的，現代人的社會組成龐大，看不出有任何天擇作用可以
篩選出超越現今人類的更優秀基因型。事實上，甚至還有許多學者
警告，人類基因庫的品質正在走下坡！由於人類基因庫具有高度變
異，遺傳品質敗壞對我們這個物種來說還不致於造成迫切的危機，
真正威脅人類未來前途的，恐怕還是大部分人類社會目前面臨的價

值系統的淪喪（請見第 12 章）。

那麼是否有可能透過「人擇」來挑選優越的基因呢？達爾文的表弟高騰是最早建議透過適當選擇進一步改造人類，並創造出「優生學」一詞的人。當時從極左派到極右派都一致贊同，優生學是提升人類達盡善盡美的方法。然而悲哀的是，這樣一個目標崇高的想法，在類型思考方式的詮釋下，竟然成為種族偏見，導致希特勒殘酷邪惡的罪行。

雖然優生學是激烈改進人類遺傳的唯一方法，但有許多因素使得它難以施行。第一，我們對現在和未來人類的心智特徵的遺傳基礎毫無概念，又如何來選擇和操控。第二，要能成功適應未來種種變化並兼顧平衡，無論何時人類社會都需保有各式各樣的基因型，但怎樣才是最正確的組合，又要如何去選擇，沒有人知道。最後，也是最重要的，為了實現優生而必須採取的手段和步驟，根本不見容於民主社會。[168]

人類平等的意義

在人類族群中，甚或所有行有性生殖的生物中，沒有任兩個個體是完全相同的。每一個生物都由不同的基因組合塑造出相異的形態、生理和心理特質。當然，人類表現型的可塑性是不需懷疑的，其中又以行為特徵最易受環境影響，但基因對一個人的個性和行為仍有貢獻。有些人天生笨拙，有些人手藝靈巧，有些人對數學領悟力強，有些人則對數字總是少根筋。彈琴弄譜的音律能力，更被公認是一種天賦。

事實上，在所有的人類族群中，很少有遺傳特質是不具多種變異（多型性）的，也正因為有多樣化的存在，再加上社會體系容許

每個人找尋最適合自己的特定棲位，才能建立良好的分工基礎，形成健全的社會。[169]

　　大多數人支持平等，也認同平等的意義是人人在法律和機會之前的地位平等，但平等並不意味著每個人都完全相等，平等是一種社會道德觀念，而非生物觀念。忽視生物基礎的多樣性，卻冠以平等之名，只有百害而無一益，只會成為教育、醫療和其他許多努力的絆腳石。

　　要在人類生物基礎多樣化的事實之下施行平等原則，需要靈敏的心思和高度的正義感。誠如霍登所言：「一般人皆承認自由的前提是機會的均等，卻沒有同樣意識到，要達到自由的目標，還需要有各種機會的存在，並容忍一些對社會功能無損的文化行為偏差。」

第 12 章

演化能解釋道德規範嗎？

演化並未提供像十誡一般的法條式道德標準，
然而演化卻賜予我們超越個人需求，
考慮整個大團體福祉的能力。
人類對演化的認識，
將帶給我們一個圓滿完整的世界觀。

　　人類關心的事物中，大概沒有任何事會像人類道德理論那樣，受到達爾文革命性演化論的劇烈衝擊。在此之前，「人類道德從何而來」所對應的答案，必定是「上帝所賦予的」。亞里斯多德、史賓諾莎和康德等卓越哲學家，也曾沉思過類似的問題：「道德的本質為何？」「什麼樣的道德標準最適合人類？」達爾文並沒有挑戰他們對這些深遠問題的結論，達爾文所做的，只是粉碎了道德由上帝賜予的信仰而已。

　　達爾文運用了共祖說和天擇說兩大觀點。共祖說主張生物物種是由相同的祖先衍生形成的，因此剝除了一神論者和哲學家所主張的人在自然界擁有特殊地位。雖然如此，達爾文也承認，由於道德觀念的存在，人和動物間有了根本差異。達爾文曾寫道：「有些作者抱持著人與動物最大不處在於道德和意識的想法，我深表贊同（Darwin, 1871: 10）。」

　　然而，人類的祖先仍然是動物，這中間的差異如今必須以演化觀點來解釋，倘若承認人類與動物的差別是不連續的，那麼也就意味著贊同「跳躍演化」的思想，身為「漸變論」倡導者的達爾文是絕對不會同意的。達爾文的一貫主張是，所有的事物都是按部就班、循序演化形成的，即使是人類的道德也不例外。顯然達爾文極重視人類與猿猴分家之後所經歷的漫長光陰（現在估計至少有五百萬年），這段間隔期提供人類充裕的時間，去逐步發展和改善倫理道德。

　　達爾文的天擇說排除了超自然力量的作用，推翻自然神學的假設：宇宙中的一切事物，包括人類道德，皆由上帝設計，並受祂的律法統治。在 1871 年達爾文提出人類的道德問題之後，哲學家所面對的艱巨任務，就是要以純粹自然的解釋，來取代超自然的道德

起源說。過去的一百多年間，有關道德與演化的文獻，年年都卷帙浩繁，其中有大部分是為找尋「自然的道德」。

有些學者過猶不及，希望藉由演化的研究透視道德的起源，並為人類訂定一套道德標準。演化學家則採取較謙遜的態度，他們相信由於天擇作用在適當的對象，最後才導致了重視群體共同利益和利他行為的人類道德。但道德學家則認為，科學（特別是演化生物學）並不是專為提供一套可靠的道德標準而設立的。道德學家的主張基本上是相當正確的，但是如能將人類文化的變遷和遺傳程式等重要因素納入生物倫理的考量，這樣的道德系統雖非導自於演化觀念，但卻能與演化觀念相互呼應，內容也比不含生物倫理的道德系統更連貫一致。

傳統上，倫理道德與科學和哲學是相牴觸的：道德攸關價值問題，科學則堅守事實，至於價值的建立與分析，則交予哲學去決定。但科學家也指出，有關人類行為所能造成最終結果的科學新知，卻無可避免的牽涉了道德的考量，現今的人口爆炸、大氣中二氧化碳濃度的增加，以及熱帶雨林遭破壞，都只是問題的冰山一角。科學家深深感到呼籲大眾的注意，並構思改善的方案，是他們責無旁貸的任務，然而這些問題必然會伴隨價值的判斷。我們對演化的認知，和其他種種科學數據，將有助於選擇最符合倫理道德的解決方法。

人類道德的起源

如果天擇只回饋那些以自我利益為優先的行為和以自我為中心的個體，那麼人類奠基於社群整體利益和利他主義的倫理道德，

又是如何發展形成的？造成這類問題所有迷思與困惑的，主要是湯瑪士‧赫胥黎於 1892 年所發表的《演化與道德》（Evolution and Ethics）論文，骨子裡信奉「最終成因」的赫胥黎，就任何層面來看，都無法代表純正的達爾文思想，赫胥黎所了解的天擇，只作用在生物個體。但是儘管赫胥黎對這個問題是如此迷惑不清，他的論文至今仍被當成權威般引述著。

　　有一點赫胥黎還是對的，他隱約感覺出個體的自我利益和社會的共同福祉是有所衝突的。因此在找尋「自然道德」時所遭遇的頭號難題，便是要解決自我本位的個體居然會有利他行為存在的謎題，至於天擇是如何促成利他行為的產生，更是達爾文主義者面臨的挑戰。難道天擇並不總是獎勵那些完全自私自利的個體嗎？

　　從過去三十年來冗長又熱鬧的激辯，即可看出許多學者在使用利他一詞時，常常指不同的事。沒錯，他們描繪的都是幫助他人的行為，但癥結在於利他者的行動一定會有害於己嗎？如果一隻動物發出警告的聲訊，通知其他同伴獵食者的迫近，牠本身的確會因吸引了獵食者的注意，而暴露在危險的處境下。這樣的案例即符合利他行為的一般定義：行動者付出代價而有利於其他生物的行為。至於行動者所付出的代價，和其他生物所獲得的利益，則是能成功繁衍後代的機會（Trives, 1985）。

　　然而日常用語中的利他行為，卻不一定會危及行動者，或造成任何不利之處。哲學家孔德便將「利他」解釋為「對他人福祉的關心」。舉例來說，有一天，我在散步途中扶起了一位跌倒的老太太，我實踐了利他行為，卻絲毫不曾危及自己，我付出的代價最多也不過損失一、二分鐘的時間而已。許多熱心大方的人士樂於行善，難道這些「不費一簀」的義舉不算是利他嗎？這些舉手之勞，

就任何意義而言可算是代價嗎？

我認為那些不能涵蓋在利他的用法中，而應將利他的定義限制在對行動者有潛在危險或損害的案例。當我們嘗試解析天擇如何促成利他行為的形成時，詳細界定各類行為是很重要的。

達爾文當時已看出了部分答案，然而要到最近幾年，我們才通盤了解，一個人在以下三種背景下都會成為選擇的對象：做為個體本身、身為家族中的一員（更正確的說，是身為生育者），以及身為社會群體中的一員。當選擇對象是個體本身時，就如赫胥黎所認知的，唯有具自私傾向才能夠在選擇中脫穎而出。但是在其餘兩種狀況下，天擇即可能偏好能關懷團體中其他成員的特性，也就是利他。想要解開人類行為中的道德兩難問題，必須將這三種面向皆納入考慮。

總括適應之利他行為

總括適存性的利他行為（inclusive fitness altruism）是動物界十分普遍的現象，主要發生在由延伸家庭組成的社會群體，或者具有親代照顧行為的物種。這些動物會傾向於警告或保護血緣相近的親屬，與彼此分享食物，並表現出對接受者有益、但卻可能傷及行動者的行為。

誠如霍登、漢彌敦和許多社會學家所指出的，總括適存性利他行為將會受到天擇的偏好，因為這強化了利他者與受益者（後裔及親屬）共有基因型的適存性，因此也增加了利他者的總括適存性。因某些動物對其親屬生存的貢獻，而影響到下一代的基因庫，這樣的過程就稱為「親緣選擇」。

親代照顧幼兒的行為，便是加強總括適存性的最明顯例證。只

要行為所造成的整體結果對利他者本身的基因型有利，那麼嚴格說來，這還是一種自私的行為。社會生物學中有上百種例子，表面看來是利他行為，但實際目的都是促進總括適存性，因此從基因型的角度來看，最終都還是為己的自私行為。

總括適存性利他行為，是近代演化文獻主要爭議的焦點之一，有些學者認為，在簡化撮要之後，人類的倫理道德多少都帶有原始的總括適存性成分。其他學者則主張，當純正的人類道德演化生成時，就全面取代了總括適存性利他行為。我個人的立場則介於兩論點之間，從人類的行為中，我們的確可辨識出總括適存性利他行為的痕跡，例如母親對小孩出自天性的愛，以及面對所屬群體成員採取不同的道德標準。記載於舊約《聖經》中的道德準繩，大部分承繼了總括適存性利他的特色，然而在現今的道德體系下，這種利他行為只占一小部分而已，而且主要都與父母對子女的愛有關。

達爾文清楚知悉總括適存性的存在，在談到人類部落中有至高權位的人會犧牲生命時，達爾文寫道：「如果這樣的人留有小孩遺傳到他們優越的智力，那麼生下更聰明靈巧成員的機會也較大，對非常小的部落來說，無疑是有明確的好處。但即使他們未留下後代，部落中仍包含了他們的血親，那些親人也帶有類似的遺傳資產（Darwin, 1871: 16）。」

使總括適存性利他能擴展的選擇壓力，不僅作用在原始人類身上，對以延伸家庭為群體核心的所有社會性動物也有影響，社會性動物具有卓越的能力去辨識並偏袒自己的親屬，達爾文曾經再三強調這一點：「社會直覺從不曾推及同物種的所有個體。」派屈克‧貝特森就曾觀察到，某些動物可發展出強烈的親屬關係感知力（Bateson, 1983）。

互惠利他

對像豹一樣獨來獨往的動物來說，獲得總括適存性利他行為的機會要遠低於社會性動物，這些獨行性動物僅有母親對孩子的保護與照顧，對其他個體不會有半分利他行為。然而這項結論卻有一種例外，那就是互惠利他，這是發生在沒有血緣關係個體之間的互助合作現象，像是大型獵食性魚類不會吞食幫助牠清除體外寄生蟲的清潔魚，就是極為典型的互惠利他，此外，兩個生物結盟以對抗第三者，也是明顯的例子。

事實上，在這裡所說的利他是較廣義的說法，因為假定的利他者總是能立即受益，或至少長遠看來能有預期的報酬。在這種互惠關係中，特別是靈長類動物的互惠利他，私下常含有這樣的動機：如果我在這次的爭鬥中助他一臂之力，那麼下次當我陷入糾紛時，他應該也會支援我吧！換句話說，這種行為根本是自我本位，並非真有助人之心。因此互惠利他說穿了，只是利益交換和禮尚往來的行為罷了。

然而這些利益有時是很微妙的，慈善家在慷慨捐輸後，會獲得同胞的肯定、尊敬和崇仰；科學家對其領域有卓越貢獻時，獲得的則是諾貝爾獎、巴仁獎、日本國際賞、克拉福德獎或沃爾夫獎的殊榮。獎勵個人的成就，以期能長遠造福人類，是一項非常重要的舉措，可以讓人類社會更美好。我們常將運動獎項視為理所當然，因為僅有最優秀的運動員才能獲得奧林匹克獎牌。而人類所有偉大的進展，也是由於總人口中百分之一的人士的貢獻，如果不能給予這些有卓越貢獻的人適當回饋和肯定，我們的社會就有如齊頭式平等的共產社會，很快會面臨分崩離析的命運。

　　並非所有的利他行為都能得到報酬，事實上，許多利他者根本不求也不願有任何形式的回報，因此有人主張，當社群能持續實踐互惠利他的話，最後應可促成純正的利他主義，人類始祖的互惠利他可能就是人類道德的根源之一。

真正利他行為的出現

　　總括適存性利他和互惠利他皆是因個體的選擇壓力而演化生成的，但人類道德還有一項更重要的來源，就是經由整個文化群體的選擇。達爾文非常清楚，在原始人的歷史中，存在著相當激烈的群體選擇。[170] 群體選擇和個體選擇不同的是，它獎勵真正的利他行為，以及任何可強化群體的美德，即使個體成員必須付出代價。昭昭歷史一再顯示，那些對整個文化群體福利有益的行為和標準，將會保存延續最久。也就是說，人類的道德行為是適應而來的。[171]

　　大部分動物群體並沒有群體選擇的現象，只有那些會相互合作的社會動物，才會成為群體天擇作用的對象。當然，並不是所有聚集在一起的動物群都可算是社會團體，像魚群或非洲逐水草而居的有蹄類動物，就不符合社會群體的條件。

　　人類則是非常標準的社會性動物。最早期的原始人團體僅是社會性靈長類團體結構的延續，由簡單原始的家族組成，年輕的雌性或雄性有可能脫離原本隸屬的團隊而加入其他團體，除此之外，整個團體的行為均反映了總括適存性利他。然而當延伸家庭或小團隊演變成更大更開放的社會時，原來只在血緣相近個體間才有的利他行為，必須擴及無親屬關係的個體，我們在其他靈長類團體中，例如狒狒，即可看到無血緣關係個體間有真正利他行為的現象。[172]

　　在人類演化的歷程中，某些個體必定曾經發現，身處在較大的

團隊，將有較佳的機會戰勝那些只是由延伸家庭組成的小團隊。或許是某些團隊因據有洞穴、水源或狩獵區，而引來許多欲分享這些好處的外來者，這對該團隊來說，增加人力資源，是強化團隊力量的選擇優勢，即使因而得顧及其他遠親或無關係者的福利，也就是超越總括適存性的範圍。然而由於最後文化標準的建立，中和了個體的自私傾向，強制加上利他的枷鎖，使得大部分與群體有緊密關連的個體都能受到庇蔭。當然，也有少數個體因而犧牲，例如那些死於戰鬥中的成員。

群體若要能妥適的施行一定規則，其成員必定要有一顆能思考推理的頭腦，由於腦和社會群體擴大的共同演化，使得道德行為的兩個層面得以實現：（1）透過群體選擇的方式，天擇能獎勵某些有益於群體（即使可能對該個體有損）的不自私特性；（2）人類在運用了新的思考能力後，可依據意識選擇道德行為，揚棄自私自利的態度，不再純粹倚賴直覺式的總括適存性。母鳥飼育雛鳥的利他行為是直覺性的反應，並不出於選擇，因此不能算是道德。如同辛浦森所描述：「人類是唯一的道德生物，這一句話是名副其實絕對正確的，除了人類的道德體系之外，再也沒有有意義的道德體系了（Simpson, 1969: 143）。」從直覺式的總括適存性，到依據思考選擇的群體道德，其中的適應轉折，可能是「人類化」歷程中最重要關鍵的一步。

根據辛浦森的看法，要成為道德行為需符合下列情況：（1）有其他可替代的行為模式；（2）行動者具有依據道德標準判斷各項選擇的能力；（3）行動者在選擇他認為是道德上正確的做法時，必須出於自由意志。因此，道德行為明顯仰賴個體預見其行動結果的能力，以及願承擔後果的責任心，這就是道德感的來源和功能。

　　阿亞拉也曾提出過類似的思想，他說人類會展現出道德行為，是因為其生物組成決定了他們心中存在三項充分必要的道德行為條件：（1）能預想自己行動後果的能力；（2）價值判斷的能力；（3）能選擇不同做法的能力（Ayala, 1969）。

　　依據直覺行動的動物，和具有選擇能力的人類，差別就在於道德。人類伴隨道德價值判斷而來的罪惡感、羞愧、自責、恐懼、憐憫或感激，證明了人類道德和不道德行為的意識思考性質。因此人類的道德行為，和其他如嬰幼兒期的延長、親代照顧、團隊大小擴增的趨勢，以及部落傳統和文化發展等特性都息息相關，難以區分何者為因，何者為果。

文化群體道德標準的發展

　　「一個文化群體是如何獲得其特有的道德標準呢？」亞里斯多德、史賓諾莎、康德，到現今的許多哲學家，都曾深思過這個問題。在達爾文之前，答案追根究柢不外乎上帝所賦予的，或者人類理性的產物（而理性也是上帝所賜予的）。

　　達爾文則考慮另一個問題，是僅有經過深思熟慮（也就是理性）的行動才可名之為道德行為，抑或是還包括了那些「直覺」衝動下的勇敢善行呢？達爾文雖然傾向認為思考是道德重要的一環，就如同他「道德人士」定義為「能比較自己過去和未來的行為和動機，而且能贊同或反對這些行為和動機」。然而達爾文也同時認為，道德行為是出自「社會本能」的半直覺反應。社會本能可以在許多社會性動物的行為中觀察到，於是新的問題又緊跟而來，社會本能又是如何演化產生的呢？

　　英國哲學家羅素也有著類似的想法，而且語意更為精準：「在比較過世界各地的道德標準後，我們將發現那些最成功的群體，多少都有社群福祉重於個人利益的現象。」羅素陳述之所以較達爾文更接近答案的核心，是因為他引用了人類不同文化群的相對成功性。有些群體的道德標準，可增進其成功的機會，有些文化則因不當的道德標準，而加速毀滅。

　　我們很容易就可想像出這樣的情境：有一文化群體因擁有特別的價值系統，而日趨繁榮，成長擴張的結果引發了與鄰近部落間的種族戰爭，勝者占據了所有的土地和資源。在這一情境中，種族內的利他行為增強了群體的力量，使得該文化群體能在長期的選擇壓力下取得優勢。相對的，任何使群體分歧不和的趨勢，則會減弱分化社群，使群體走向衰敗之路。因此每一個社群或部落的道德系統，都會在不斷嘗試錯誤後，或偶爾因英明領導者的影響，而持續修正改進。

　　但是什麼樣的準繩對群體最好，且最合於道德，卻會依情況改變。威森曾舉出兩個例子：愛爾蘭在 1846 到 1848 年間發生飢饉時，以及二次大戰美軍占領後的日本，都有修正道德體系的情形。此外，各部落對弒嬰罪、財產權、攻擊行為和對「性」的處理態度上都有巨大的差異，即可看出文化道德標準的可塑性。事實上，倘若所有人類社會都採取相同的道德標準，反而會造成不利。例如，在嬰兒死亡率很高的原始部落中，高生育率是較符合道德精神的，但在人口過多的國家，限制生育反而對社群和全人類有益；又如在農村社會中，維持大家族可獲得最大優勢，但移到擁擠的都市時，卻可能帶來永無休止的紛爭。

　　此外，某一特定道德準則的重要性，也會因文化的不同而有差

別，美國與中國政府對人權問題的歧見，便是其中一例。來自美國的調停者似乎以為全世界只有一套道德規則，因此無法了解中國政府不重視人權的態度。

為克服道德的相對性，西方哲學家提出了各種衡量價值的「繩尺」。〈馬太福音〉中的金科玉律說「無論何事，你們要人怎樣待你，你也要怎樣待人」，或是功利主義者說的「對最多人有最大益處」，都是評定道德價值的標準。長久以來，誠實一直被視為最有價值的美德，正義在西方道德標準中也有崇高的地位（即使大家對什麼是正義、什麼是公平，並沒有共識）。近幾年來，人們開始崇尚個人生命的真實意義，因此倡導將這種態度提升至道德標準中的更高地位。

衡量這些標準的先後，顯然與我們所屬群體的大小密切相關。倘若群體太小，就容易受到競爭者的攻擊，當群體膨脹得太大時，則容易失去控制，而使群體分裂，這種現象在南美印地安人的部落，或是一些社會性動物群中都可以觀察到，因此原始社會的大小必有一定的最佳狀態。隨著農業時代的來臨，食物供給充裕，容許族群成長，而且較大的群體將更能抵禦掠奪者的侵犯，使得團體結構超出原始部落的最佳大小。但是在群體擴增的過程中，新的道德衝突開始浮現，無可避免會導致價值觀的改變，譬如更強調財產權的重要。

當文化群體繼續成長，特別是都市化和國家觀念興起之後，社會開始發展出不同的階層，每一階層各自擁有一套道德觀念，也造成了不平等的現象。這種不平等的狀況遲早會引發改革，西方世界爭取民主、爭取平等的革命，就是對前朝封建思想的反撲。

然而，即使在個體價值均等的社會中，仍存在一些道德觀不同

的小團體，就拿當今美國社會來說，有關墮胎、同性戀者的權利、末期病患的權利，以及死刑等議題，都呈現百家爭鳴的景況，可見道德標準的歧異多變。

是理性，還是僥倖？

在閱讀過種種關於文化群體如何獲得道德標準的討論後，我們能得到什麼樣的結論？道德標準是人類思維的結晶？還是那些道德體系適應最強的群體僥倖生存的結果？

當我們比較全世界主要的宗教和哲學思想，包括來自印度和中國的觀念，將會訝異的發現，儘管他們各有不同的歷史背景，但彼此的規範竟然如此相像。這顯示當初訂定準則的先知先賢、哲學家或立法者，必定曾經仔細研究過自己所處的社會，並運用心力去了解觀察現象背後的基礎，然後決定哪些標準有利，哪些行為有害。摩西和耶穌在山上佈道時所宣告的戒律，必定是理性思維下的產物，然而一旦被採納後，即成為代代相承的文化傳統。

根據一些學者的看法，人類的每一種道德行為都是經過「代價和利益」的理性分析，另一派學者則相信，道德行為是社會本能的反應。我個人以為真正的答案應介於兩者之間，顯然，我們並不會為每件道德難題都籌思一套特別的規則，多數的情況下，我們會自動運用文化傳統中的標準來決定，僅有在數個準則之間互有衝突時，才會進行理性的思考分析。

那麼文化群體中的每個成員，又是如何具備傳統的準則呢？在道德感形成時，天性與後天的教養又各扮演了什麼樣的角色？

個人道德觀念的取得

　　自從遺傳學在二十世紀興起之後，道德是天賦，還是後天習得的，就益發引人注意。人類行為學家相信，我們在出生時有如一張白紙，從未受到任何經驗或印象的影響，所有行為都是後來學習的結果。社會學家和研究動物行為的科學家則相信，遺傳程式的作用不容忽視。兩方各執一詞，有什麼樣的證據來支持他們的論點呢？

　　行為學家可以立刻洋洋灑灑列出如下證據，來顯示人類天性中不具有道德成分：（1）不同的人種和部落，道德標準的差異極大；（2）在政治和經濟動亂的情況下，社會的道德體系會完全崩潰；（3）人類對弱勢團體，特別是奴隸，經常表現出殘酷不仁的行為；（4）戰爭尤其能顯露出人類的冷酷無情，毫無節制的砲轟敵方市民聚集的中心，便是一例；（5）嬰幼兒在成長的關鍵期間失去母親或遭受性虐待後，會出現人格扭曲的情形。

　　這種種證據均使行為學家懷疑道德天性的存在，而主張所有道德行為都是思考推理的結果，是受環境刺激而表現的制約反應。

　　然而近幾十年來的研究，卻指向個人的價值觀受到天生性向和學習效果的雙重影響。來自文化社群其他成員的教誨固然極為重要，但道德準則的吸收能力卻顯然是因人而異。這種接納道德標準和實踐道德行為的能力，就是遺傳的重要貢獻。個人吸收能力愈強，獲得第二套道德規範，以取代生物天性中的自私自利和總括適存性的效果也愈好。

　　有些人從小就表現出殘忍、自私和不誠實的個性，有些人則宛若小天使一般，善良、大方、可靠、且願與他人合作。從雙胞胎和領養的研究案例，即可看出不同性向的遺傳性。兒童心理學研究也

證實，即使是新生兒或幼兒也有不同的個性，許多特質一直跟隨到長大成人後都沒有改變。[173]

　　不過要證明某一人格特質的遺傳性，通常是相當困難的，有趣的是，相較之下，證明壞特質的遺傳性反而要比好特質容易多了。達爾文曾引述一個發生在極富裕家族的案例，該家族數代成員都患有不可抑遏的竊盜癖，顯見某些不道德行為的確是會遺傳的。許多精神上的疾病，也常歸因於遺傳因素，更有甚者，幾乎所有領域性動物和靈長類動物都普遍存有侵略傾向（大猩猩可能是其中最溫和的），使我們對人類具有侵略的天性，毫無置喙辯駁的餘地，社會新聞中怵目驚心的謀殺、虐待和種種暴力事件，都只是沉痛的驗證這個事實而已。然而達爾文也樂觀表示：「如果人類不良的天性會遺傳的話，善良的天性可能也是會遺傳的（Darwin, 1871: 102）。」

　　無論如何，遺傳並不是一切。科學家在分析人的出生順序時，也注意到某些像是領導力、創造力和保守性等特質的可塑性。[174] 若要能適當劃分哪些道德特性是天生的，哪些主要靠後天培育，還需要更多更深入的研究。

開放的行為程式

　　若要使孩童在長成後能尊重文化傳統中的道德系統，除了他本身需具備先天的道德氣質外，還需要後天有道德規範的薰陶。無數研究指出，道德規範的學習主要發生於嬰幼兒時期。此外，英國胚胎學家威丁頓也提出了一套令人信服的理論，威丁頓認為個人在吸收社會的道德標準時，牽涉了特別的學習方式，一種類似動物「銘印」的模式。

　　人類有別於其他動物的特徵之一，是人類行為程式的開放性，

人類能從生命歷程中逐漸學習對事物的行為和反應，而非憑藉直覺的衝動行事，這是由於人腦儲存能力的擴增，能容納許多學習而來的行為標準，取代對環境固定且有限的反應模式，導致人類行為更具適應程度，也更能做精細的調整。而人類道德標準和價值觀的取得，主要奠基於嬰幼兒的開放行為程式中，過程就有如鵝媽媽的心理狀態會因看見剛孵化幼鵝的行為而改變一樣。誠如威丁頓所述：「人類嬰兒在出生之時雖沒有預設任何特別的道德信仰，但已具備了吸收道德信仰的能力。」

達爾文也清楚知悉幼童的銘印能力，他說：「對處於生命早期的幼兒諄諄教誨的重要性，是值得再三強調的，此時腦的感受力極強，一旦烙印在腦中後就會如同天賦本能一般。」達爾文認為教導的力量不僅可促使個人接納道德標準，在許多文化群體中，甚至使他們盲目接受悖理的處世方針（Darwin, 1871: 99-100）。

研究學習過程的心理學家發現，不同生物對不同事物的吸收能力各不相同，嗅覺動物在學習分辨氣味的能力遠超過視覺動物，但視覺動物在學習辨識形體時則勝於嗅覺動物。某些在人類演化歷史中對生存有利的道德標準，極有可能會較易吸收儲存在人類開放的行為程式中。不過，這些資訊究竟存放在腦的哪一部位，在需要的情況下又如何喚回，都仍屬未知。

每一位研究兒童的心理專家都可以斬釘截鐵告訴你，兒童是如何渴望吸收新知，又是如何全心全意的接受新知。[175] 一個人的價值觀大部分源自幼兒時期注入開放行為程式中的規則，而且在正常情況下，嬰幼兒時奠下的基礎將可延續一生。因為有開放行為程式的包容力，人類的道德體系才得以存在。

如果威丁頓的推論正確的話，那麼早期幼兒的道德教育將是最

重要的事。我們才剛經歷一段過分強調兒童自由發展的時期，我們嘲諷取笑兒童書籍的道德化，我們試圖將道德教育由學制中連根拔除，這在為人父母者皆能善盡其職時，或許不至於造成太多問題，但在家庭教育不健全，父母親未能負起責任時，就可能招致不幸。如今在深入了解個人道德的起源後，是否應該再度加強道德教育，並使這項教育愈早開始愈好呢？年幼的孩童處於最相信權威，也最容易銘記規範的階段，如果小學能每天撥出半小時在道德教育上，對社會將可造成深遠的影響。最近有許多大學校長也呼籲要在大學課程中提供道德方面的課程，然而等到大學再來教導，效果已大大打折了。

目前我們正活在價值系統轉變的時代，老一輩的人大部分都感嘆道德之淪喪，如果有人指責是因幼年道德教育的失敗，相信沒有人能反駁。良好的道德教育體系應從小訓練個人反省自己的行為，是否符合社會的最高標準，這樣將可加強個人為自己行為負責的體認，能透過自我檢查而自治，這就是人的良知。

今日有關道德的文章，如果不是全然絕望的話，也是充斥著悲觀的氣氛，遺傳因子給人的印象是如此邪惡與具侵略性，使得人們懷疑人性中光輝善良的特質將無法戰勝心靈的惡魔。另一派心理學家和教育家篤信環境影響勝於遺傳特質，也同樣感到挫折沮喪，儘管他們以最理性的方式來呈現這個問題，人們仍未能獲得良好的道德規範。其實根本原因是這些心理學家和教育家忽視威丁頓的理論：「道德的吸收是透過銘印的學習模式取得的。」因此應從小開始培養，並持之以恆的教導。從摩門教或門諾會等宗教社群的低犯罪率，即可證實這種道德教育方式的成功。

可能會有不少讀者對這樣老掉牙的建議嗤之以鼻，他們可能如

此問道：「科學研究了半天，能做的就只有這樣嗎？」請容我在此
澄清，關於這個議題，我是非常嚴肅的。在我研讀過教科書，瀏覽
過兒童叢書，並觀看過不少電視節目後，我發現它們大多是娛樂性
質，最多也不過是傳遞一些無關緊要的知識。我們看過專為道德教
育而設計的節目嗎？偶爾吧，在公共電視台。這樣的節目實在是
太稀少罕見了。為什麼會這樣？有人可能會解釋：「因為這樣對一
名小孩洗腦，是妨礙他的自由發展。」或是「道德一點也不富娛樂
性，不會賣座的啦！」我個人以為，如果一個文化不願去鼓吹它所
缺乏的道德行為，是永遠不會建立崇高的道德標準的。

什麼樣的道德體系最適合人類？

　　許多人類傳統上面對的道德問題，諸如戰爭、疾病和糧食的
短缺，逐漸獲得解決之道，然而相對的，另一系列的問題又醞釀形
成，例如家庭觀念的瓦解、毒品的氾濫、各種暴力行為的發生、人
文的衰微（伴隨著現代人對電視、電玩、職業運動的沉迷）、無節
制的生育、自然資源的浪費與枯竭、環境的破壞等等，追究這些問
題的根本原因，最終都與人類的價值觀有關。而西方世界的傳統道
德體系，是否能幫助我們化解目前及未來的社會問題呢？

　　傳統西方文化的道德標準，主要源自《聖經》新舊約中的戒
律，由於其宗教性質，如今看來已有些過時了。當然，像「不可殺
人」這樣的一般戒律依然有效，但面對那些受盡病痛折磨的末期病
患而言，終止維生系統反而是慈悲的舉止。類似的變通也應適用於
墮胎議題，一個原本不欲被大人生下的小孩，未來成長時也可能面
對悲慘的人生，那麼墮胎反而是人道的選擇。我們無需將生命問題

扯入這些爭議，身為生物學家，我非常清楚精子與卵同樣是生命。

西方的傳統標準已不再適用於現代，原因有二，第一是它的僵硬、無法變通。人類道德的基本核心，是能評估各項衝突因子，然後從中選擇最合宜的解決辦法。只要道德標準是人類文化的一部分，那麼遵循這些規則就是每個人的責任，太過剛硬的規則只會使人選擇放棄。再者，我們也須謹記，演化的精髓就在其多變性，因此良好的道德標準必須有足夠的彈性，以因應變化多端的情境。道德的抉擇常需視事件的背景而定，絕對的法則很少能解決道德難題，在某些情況下，一意孤行反而會導致極不道德的悲劇，更何況不同的情境通常都可有數種解決辦法，最好的結局可能來自各種方案的結合。

第二項原因則是，人類目前經歷的大環境，可說是瞬息萬變，三千年前由近東牧人所發展的道德法條，對具有一定領域的牧人來說，可以造就最大的利益，但放到現代人口過多的龐大都會時，就顯得不合潮流。辛浦森精確指出：「所有源自部落、遊牧民族或其他原始情況的道德體系，多少都有些不適合差距極大的現代社會和環境（Sipson, 1969: 136）。」

至於現代人所面對的，但無法用西方傳統教條排解的道德難題，至少有三個層面。第一個層面即為辛格所說的「圓圈的擴大」（Signer, 1981: 111-117）。從原始人類社會開始，到古希臘時期，甚至十八、十九世紀遠赴非洲、澳洲的歐洲人，都有對自己群體外的人持雙重道德標準的情形。幾十年前的美國，南方幾州的白人也對黑人表現出類似的行為，而南非的種族隔離政策，亦是這種自私群體意識的餘毒。即使在種族組成單純的社會，例如二十世紀早期的英國，來自不同宗教、政黨、職業或社會階層的人，在價值、忠

誠、戒律上也有些微的差異存在，這些差異引發了對峙的緊張情勢，由所謂上流社會制定的道德法條，常與下層社會的道德觀念相衝突。早期基督教徒對羅馬帝國的反叛，正是昭顯這種衝突情勢的歷史例證。

隨著團體活動範圍的擴大，並與具有不同道德體系的其他團體融合後，齟齬糾紛便在所難免，每個團體都認為需捍衛自己高人一等的道德價值，只要想到近代美國和伊斯蘭教基本教義派之間對婦女權力的爭執，或是某些宗教團體和女權運動者對墮胎所持的歧見，就不難了解這問題。儘管困難，但若要達成共識，雙方都應先學會當價值觀相牴觸時的排解之道。

當今第二嚴重的道德問題，則是過度強調個人權力和自我中心。當個人在所屬團體中「擴大圓圈」時，想要爭取合理平等地位的心態也就油然而生，特別是婦女和弱勢團體，然而卻可能導致一些不必要的副作用。馬丁・路德・金恩可能是唯一提醒其跟隨者「所有權力都伴隨有義務」的人權鬥士。人類有時過度的自憐自艾，是源於龐大的社會、封建思想的教育、對過去忽視人權的反彈、政治人物仰賴選民支持的政治體系，以及強調一神宗教對個人道德的重要。然而當個體必須在個人道德和社會群體道德間做選擇時，就會無法避免形成重大的兩難問題，在生育控制、為改進環境而徵稅、對人口過多國家的人道援助等議題中，都可見到這種兩難的爭議。

當現代人意識到人類對維繫自然整體的責任時，第三項道德問題便浮上檯面。由於在西方價值系統中，經濟與人口成長一直占有重要的地位，即使現代許多具有影響力的人士，例如諾貝爾經濟獎得主海耶克或當今教宗（這裡指若望保祿二世），都尚未領悟到人

口過度膨脹的危機迫在眉睫，已不容再忽視了。某些社會（例如新加坡）開始勇敢重新調整道德價值的次序，儘管他們所用的措施可能會讓西方人道主義者悲悼為人權的淪喪，但倘若其他人口過盛的國家能儘早效法中國或新加坡，對他們，對我們這個物種，對我們所居住的地球都有莫大的利益。

如今我們正面對新舊價值系統相衝突的困境，傳統價值中無節制的生育和開採，已危及人類子孫和數百萬種瀕危野生動植物的生存權，何處才是人類自由與自然界福祉的適當平衡點呢？

「人類需為自然界負起責任」的新道德觀，在多數宗教和道德規範中都付之闕如，直到最近才由李奧帕德、卡森、艾利屈、哈丁等人開始倡導保育和環境倫理觀念，但這些現代美國人的價值觀，卻直接與某些私人利益相衝突，因而遭到許多阻力。但人類和整個自然界若還要有未來的話，勢必得減少現有價值體系中的自私傾向，而更重視社群和天地萬物的福祉，這意味著我們必須放棄經濟持續穩定成長和生活水平的降低。人類從農業畜牧社會到現代工業化社會，從小聚落到龐大都會區，我們的價值觀曾經歷過許多調整適應，人類若要繼續保持為一個能適應環境的物種，未來的道德標準就應該具有足夠的彈性，在問題出現時衍生出良好的解決辦法。

而新環境倫理的基本前提，就是不對我們所處的環境做出任何有害後世子孫繼續生存於此的事情，人類應該停止的破壞行為，包括了無節制開採無法復原的自然資源、破壞生物的自然棲所、過度繁殖（超過維持平衡的更替值）。由於這項原則與許多自私的考量相牴觸，因而難以強制執行，未來要能實現，還需從長期的環境倫理教育上著手，當然這些教育應從幼小孩童開始，因為在這個年紀的小孩對動物和其行為習性有著天生濃厚的興趣，正好可強化環境

的價值觀念。

是否有什麼特定的道德標準，是一名演化學家應採納的呢？由於道德屬於私事，乃是個人的選擇，而我所持的價值觀，則與朱里安・赫胥黎的演化人道主義相近：「這是一個人類的信仰，一個人類共有的感覺，和對人類的忠誠。人類是數百萬年演化下的產物，人類最基本的道德原則，便是盡一切力量促進人類的未來，其他所有道德標準都可在從這條基準衍生出來。」

演化人道主義是一項要求甚嚴的道德，因為它要求每一位個體對我們所屬的物種都負起一份責任。這份對大團體的責任，應和文化道德中對個人權力的關切是同等重要的，每一代的人類都將負起當代管理員的職責，不僅要維續人類的基因庫，還必須保護位在這脆弱星球上的整個自然世界。

演化並未提供像十誡一般的法條式道德標準，然而演化卻賜予我們超越個人需求，考慮整個大團體福祉的能力。人類對演化的認識，將帶給我們一個圓滿完整的世界觀，並以此為基石，建立一個能維繫健康社會、捍衛未來世界的道德體系。[176]

名詞解釋

DNA 雜合（DNA hybridization）：利用 DNA 互補原則，來比較兩分類群間血緣關係的方法。

四畫

中心法則（central dogma）：目前已肯定的學說，指遺傳訊息只能從核酸單向傳遞到蛋白質，而蛋白質訊息則無法轉譯回核酸。

中生代（mesozoic）：距今二億二千五百萬年至六千五百萬年前之間的地質時期，為爬蟲類的年代。

中性演化（neutral evolution）：生物產生和累積一些可遺傳的突變，但這些突變並不會影響個體和後代的適存性。

互惠利他（reciprocal altruism）：沒有親戚關係的個體彼此幫助的現象。通常發生在小型而穩定的生物群體中，因為群體成員固定，可以期待回報。

內含子（intron）：基因中不帶有蛋白質合成訊息的鹼基序列。

分類群（taxon）：具有某些共同性狀，可形成一特別單元的單系群生物。

水平轉移（horizontal transfer）：在不牽涉宿主遺傳系統的情況下，因傳染原（例如外來 DNA）而造成的遺傳變異。

支序分類（cladification）：又稱海尼格分類，依據親緣關係來安排生物分類架構的一種層序系統。

支序單元（clade）：依據海尼格支序分類所建立的分類群。

五畫

主幹物種（stem species）：具有新衍徵，可形成新演化支的物種。

外顯子（exon）：基因中參與蛋白質合成的鹼基序列。

巨演化（macroevolution）：發生在物種層級之上的演化現象，高層分類群的演化，產生新結構的演化。

本質論（Essentailism）：哲學思想的一種，相信自然界的所有變異都可化約為少數幾種固定、明確的基本類型或模式，亦即為「類型思考」。

生殖質（germ plasm）：生殖細胞中遺傳物質的舊名稱。

生態棲位（niche）：物種生態需求的多維資源空間；生物的生理結構、反應

和行為，決定了生物族群的生活方式與適應能力。生態棲位愈多，表示該族群經由調整生理結構、反應和行為之後，所能適應的生活型態愈多，生存能力也愈強。

目的方向過程（Teleonomic process）：生物的生理過程或行為，因遺傳程式或體質程式的作用，而有目的方向性的發展。

目的論（Teleology）：主張自然界具有最終目的的學說和研究。

六畫

先成論（Preformation）：一個已被推翻的學說，主張成體的基本結構形態已預先存在於胚胎中。

全系群分類群（holophyletic taxa）：所有分類群都源自同一主幹物種。

同功群（guild）：一群具有同資源需求且覓食方法相同的物種，因此在一生態系中扮演相同的角色，彼此可能成為競爭者。

同域種化（sympatric speciation）：在沒有地理隔離下形成新物種的種化作用，可能是因生態上的特化所造成；在一繁殖亞族群內產生了隔離機制。

同塑性（homoplasy）：又稱為承異同型，兩個或更多分類群間所具有的一個類似性狀，並非源自最近祖先，而是經由趨同演化、平行演化或退化所造成。

同源匣基因（homeobox）：為一群帶有相似 DNA 序列的基因的總稱。同源匣的基因序列在胚胎發育早期會製造某種蛋白質，此蛋白質在構造上類似某些能與 DNA 結合的蛋白質，因此被認為與發育期間的基因調控有關，可啟動或關閉其他基因組的表現，而建造出動物體的某種特別結構。

同源性狀（homologous character）：當兩個或更多個分類群間所具有的某一特徵，是源自最近祖先的同一性狀時，該性狀即為同源性狀。

多型種（polytypic species）：具有數個亞種的物種。

多基因性狀（polygenic character）：一個基因控制一組表現型的現象。

有機生物論（Organicism）：相信生物的獨特性並不是由其組成所造成，而是因組成間的組織而突現的特性。

自然神學（natural theology）：探索自然以昭顯造物者之智慧和能力的研究。

自然階層（scala naturae）：由近似無生命物質的最低等生物，到高等完美生物的線性排列；又稱偉大的生物鏈。

自營生物（autotroph）：能自己製造所需養分的生物，例如植物可吸收陽光合成有機養料。

七畫

均變論（Uniformitarianism）：又稱天律不變論，地質學家萊伊爾所倡導的學

說，主張自然界的一切變化都是漸進的，特別是地質上的變化，其相對學說為災變論。

決定論（determinism）：一種哲學思想，認為自然法則和一定成因已預先決定了所有事件的發展，因此一切結果都是可預測的。

災變論（catastrophism）：相信在地球歷史上曾有過數次災難事件，造成局部或全部生物相的滅絕。

八畫

並系群（paraphyletic group）：當一個分類群中含有一演化譜系，該譜系還另外衍生出其他分類群，這樣的分類群即稱為並系群。

姊妹物種（sibling species）：具有生殖隔離，但形態相同或相似的物種。

孤雌生殖（parthenogenesis）：即為單性生殖，可不經受精作用產生後代。

定向演化說（Orthogenesis）：主張生物譜系具有一些力量或傾向，會朝預定目標或更完美的境界演化。

定型式發生（determinate development）：又稱為鑲嵌式發生。在胚胎發生期間，細胞的命運取決於細胞所在的位置，胚胎每一區域的分化不受其他區域的影響。

性擇（sexual selection）：演化過程中選擇可促進生殖成就的性狀。

拉馬克說（Lamarckism）：由拉馬克提出的演化學說，相信後天性狀的遺傳。

泛生論（Pangenesis）：與後天性狀遺傳有關的一項假說，認為身體各部位會釋出一些顆粒到生殖腺，這些顆粒會進到配子中；主張身體各部位對生殖細胞皆有影響。

物理論（Physicalism）：強調主導古典物理學中的一些原理，其中包括本質論、決定論、化約主義等思想。

物種（species）：這裡是指「生物物種」。一群與其他族群具有生殖隔離機制的群體，群體內的個體則可交配繁殖，因為他們具有相同的隔離機制。

物種演化（speciational evolution）：經由邊域創始族群產生的快速物種演化。

社會生物學（sociobiology）：有關社會行為的生物學基礎的研究，尤其強調生殖行為。

表型學派（phenetics）：完全依據生物整體相似性，而不管譜系學，來劃分和排定分類群的方法。

九畫

後天性狀（acquired character）：在生物的表現型中，那些因環境影響而非遺傳控制的特徵。

後天性狀遺傳（inheritance of acquired character）：已被推翻的學說，主張生

物因環境因子影響造成表現型的改變，這些特徵可轉換為遺傳程式而傳遞給下一代。

後成論（Epigenesis）：也稱為漸成論，該學說主張生物個體發生時，未分化物質在生命力的作用下會形成新結構，相對學說為先成論。

突現（emergence）：在科學知識的發展系統中，高層整合階層會產生一些特徵，是無法由低層組成的知識來預測的。

突變（mutation）：個體的基因序列自動或受誘導產生改變，一般突變的發生是因 DNA 複製過程所造成的錯誤。

衍徵（apomorphy）：同源性狀在一系列演化中衍生出來的狀態。

十畫

個體生態學（autecology）：研究物種或個體和其環境間關係的生態學子學門。

個體發生（ontogeny）：個體由受精卵發育為成體的過程。

原生生物（protists）：由許多單細胞真核生物所形成的異質集合。

原核生物（prokaryotes）：無細胞核結構的單細胞生物，例如各種細菌。

真核生物（eukaryotes）：細胞內具有核模可將細胞核和細胞其他部位隔開的生物。

退化（reversal）：生物因遺失衍徵，而重新表現出祖徵的情形。

十一畫

停滯期（stasis）：一演化譜系在地質時期中維持固定的表現型。

基因多效性（gene pleiotropy）：一個基因可影響數種表現型的現象。

基因流（gene flow）：繁殖群體的特定基因群，因雜交和回交而流入另一群體中，並固定下來的過程。

基因重組（genetic recombination）：生物的基因在減數分裂過程中交換的現象，確保卵或精子中所攜帶的染色體與親代的染色體有所不同，同時也沒有任兩個精子或卵是相同的。

基因座（locus）：即基因位置，染色體上基因占有的位置。

基因漂移（genetic drift）：族群的基因內容因隨機事件而改變。

族群思考（population thinking）：強調有性生殖生物族群中個體的獨特性，及族群易變性的思想，相對思想為本質論和類型思考。

混合遺傳（blending inheritance）：也稱為融合遺傳，是已被推翻的一種論點，認為父親和母親的遺傳物質在受精作用時會融合在一起，相對學說為顆粒遺傳。

異域種化（allopatric speciation）：與「地理隔離種化」同義，指生物因地理的區隔而發展出不同的新物種。

第三紀（tertiary）：距今最近的主要地質時期，大約從六千五百萬年前開始，結束於二百萬年到五十萬年前之間。

終結論（Finalism）：相信在自然世界中，有一些內在趨勢會朝既定的目標和目的發展，例如愈來愈趨向完美。

十二畫

割據分化（vicariance）：血緣相近的物種因地理屏障的形成，而處在不連續的地質區間中。

創始族群（founder population）：由一隻雌性動物或一小群同種生物在先前物種的疆域外創建的族群。

單系群（monophyly）：由最近共同祖先分類群衍生出來的同級或較低級的分類群。

減數分裂（meiosis）：產生生殖細胞的一種特殊細胞分裂，特徵為同源染色體的配對和分離，最後形成單倍體生殖細胞。

十三畫

跳躍演化說（Saltationism）：主張演化改變是因一個新型個體突然形成，並繁衍出新生物的信仰。

達爾文分類法（Darwinian classification）：根據生物的相似性（演化的趨異性）和共祖（譜系學）來排列物種或更高分類群的次序系統。

隔離機制（isolating mechanism）：個體的遺傳（包括行為）特質，可防止生存於同一區域內的不同物種相互交配。

十四畫

對偶基因（allele）：控制對偶性狀的基因，例如分別讓豌豆表現出高莖或矮莖的基因 T 與 t，就是一組對偶基因。對偶基因坐落在同源染色體的相同位置上，對偶基因也泛指某個基因的眾多可能形式之一。

演化原因（evolutionary causation）：影響個體、物種和基因型組成的特質的歷史因子。

演化綜合學說（Evolutionary synthesis）：這是在 1937 年到 1950 年間演化學家所建立的共識思想，主要依據達爾文的演化觀念，其中包括天擇、適應和生物多樣性研究。

漸變論（Gradualism）：主張演化是透過族群的漸進改變所造成，而不是經由新形態突然生成。

銘印（imprinting）：一種快速且不可復原的學習模式，其訊息儲存於開放行為程式中。

雌性選擇（female choice）：在現代的性擇理論中，主張生物在交配時，是由雌性從幾個雄性中選擇交配伴侶的假說。

十五畫

適存性（fitness）：生物體生存和傳遞基因至下一代基因庫的相對能力。

適應程度（adaptedness）：某一生物或結構在選擇下適應其環境或生活型態的程度。

鄰域種化（parapatric speciation）：在一個連續地理範圍內，兩族群沒有互相交配而逐漸趨異演化成為獨立物種。

十六畫

遺傳密碼（genetic code）：決定 DNA 鹼基對轉換為何種胺基酸以合成蛋白質的一套規則。

十七畫

趨同演化（convergence）：在演化過程中，獨立不相關的兩個生物支系分別發展出相同特質的現象。

顆粒遺傳（particulate inheritance）：一個現已證實的學說，主張由雙親所貢獻的遺傳物質在受精過程中會保持獨立分離，並不會相互融合。相對學說為混合遺傳。

十八畫

斷續平衡理論（Punctuationism）：主張最重要的演化事件發生於短暫的種化期間，一旦物種形成後，就會變為較穩定，有時還會維持長期不變的情形。此演化理論由古爾德與艾垂奇共同提出。

簡約法則（parsimony）：在譜系發育學中有一法則，主張演化樹愈短愈好，也就是說，演化樹的長度應該最短。

轉位子（transponson）：可從某一染色體移動至另一染色體的基因。

雙域種化（dichopatric speciation）：親代物種因地理、植物分布或其他外在的屏障而分隔，逐漸形成新物種的現象。

十九畫

邊域種化（peripatric speciation）：周邊孤立創始族群進行遺傳物質的重整修飾，而產生新物種的現象。

二十三畫

體質程式（somatic program）：在胚胎發生過程中相鄰組織的訊息，這些訊息可能影響或控制胚胎結構組織的進一步發展。

人物簡介

二畫

丁伯根（Niko Tinbergen），1907-1988，荷蘭裔英國動物學家，1973 年諾貝爾生理醫學獎得主。

四畫

切薩爾皮諾（Andrea Cesalpino），1519-1603，義大利植物學家。

孔恩（Thomas S. Kuhn），1922-1996，美國物理學家、科學史學家，著有《科學革命的結構》。

孔德（Auguste Comte），1798-1857，法國實證主義哲學家。

巴柏（Karl Popper），1902-1994，奧地利科學哲學家。

巴斯德（Louis Pasteur），1822-1895，法國微生物學家、化學家。

戈德施密特（Richard Goldschmidt），1878-1958，德猶太裔美國遺傳學家。

牛頓（Issac Newton），1642-1727，英國物理學家。

五畫

加倫（Claudius Galen），129- 約 216，古希臘名醫及醫學作家。

包立（Wolfgang Pauli），1900-1958，出生於奧地利的物理學家，因提出不相容原理，獲得 1945 年諾貝爾物理獎。

包法利（Theodor Boveri），1862-1915，德國動物學家。

卡納普（Rudolf Carnap），1891-1970，德裔美國哲學家，維也納學派的邏輯經驗論者。

卡森（Rachel Carson），1907-1964，美國生物學家，著有《寂靜的春天》。

古利克（John Thomas Gulick），1832-1923，美國傳教士、博物學家。

古爾德（Stephen Jay Gould），1941-2002，美國古生物學家、演化生物學家、科學史學家，著名的科學作家，著有《達爾文大震撼》、《貓熊的大拇指》等書。

史坦生（Niels Stensen），1638-1686，丹麥解剖學家。

史坦利（Steven Stanley），1941- ，美國古生物學家、演化生物學家。

史馬特（John J. C. Smart），1920-2012，澳洲哲學家。

史塔耳（Georg Ernst Stahl），1659-1734，德國醫師兼化學家，倡導泛靈論，他最為人熟知的理論是燃燒現象的燃素理論。

史塔賓斯（George Ledyard Stebbin），1906-2000，美國植物遺傳學家。

史賓塞（Herbert Spencer），1820-1903，英國哲學家。

史賓諾莎（Baruch de Spinoza），1632-1677，荷蘭哲學家。

司培曼（Hans Spemann），1869-1941，德國實驗胚胎學家，1935 年以胚胎誘導實驗獲得諾貝爾生理醫學獎。

布方（Georges-Louis Leclerc de Buffon），1707-1788，法國博物學家，他的巨著《自然史》是十八世紀廣受研讀的科學著作。

布洛克（Ernst von Brücke），1819-1892，德國生理學家。

布朗（Robert Brown），1773-1858，蘇格蘭植物學家，發現布朗運動。

布許（Vannevar Bush），1890-1974，1950 年代美國科學界領袖，工程師、發明家，美國電腦科技的開拓者。

布達赫（Karl Friedrich Burdach），1776-1847，德國生理學家。

布魯門巴赫（Johann Friedrich Blumenbach），1752-1840，德國生理解剖學家，曾對大滅絕、神創論、災變論、易變性和自生現象發表論文。

弗雷格（Gottlob Frege），1848-1925，德國邏輯學家。

弗爾特拉（Vito Volterra），1860-1940，義大利數學家。

石里克（Moritz Schlick），1882-1936，德國哲學家，維也納學派的邏輯經驗論者。

六畫

亥姆霍茲（Hermann von Helmholtz），1821-1894，德國理論物理學家，原本是生理學家，後來成為數學家和物理學家。

任希（Bernhard Rensch），1900-1990，德國演化生物學家及鳥類學家。

伊比鳩魯（Epicurus），西元前 341-270，古希臘哲學家。

伍爾夫（Caspar Friedrich Wolff），1733-1794，德國解剖學家、生理學家，反對胚胎發育的先成說。

休謨（David Hume），1711-1776，蘇格蘭哲學家、政治家。

安卓瓦沙（Herbert Andrewartha），1907-1992，澳洲昆蟲學家。

托勒密（Ptolemy），約 100-170，古希臘天文學家、地理學家、數學家。

米契爾（Johann F. Miescher），1844-1895，瑞士生物學家，西斯（Wilhelm His）和盧維希的學生。

米爾（John Stuart Mill），1806-1873，英國經濟學家、哲學家。

艾弗里（Oswald Avery），1877-1955，美國微生物學家，提出 DNA 是遺傳物質的論證。

艾利屈（Paul Ehrlich），1932-，美國生物學家。

艾垂奇（Niles Eldredge），1943-，美國生物學家，與古爾德共創「斷續平衡說」。

七畫

亨特（John Hunter），1728-1793，英國病理解剖學創始人。

佛萊明（Walther Flemming），1843-1905，德國解剖學家，細胞遺傳學創始人。

伽利略（Galileo Galilei），1564-1642，義大利天文物理學家。

伯契（Charles Birch），1918-2009，澳洲遺傳學家，專精於族群生態學。

伯納德（Claude Bernard），1813-1878，法國生理學家。

克卜勒（Johannes Kepler），1571-1630，德國天文學家。

克里克（Francis Crick），1916-2004，1962 年諾貝爾生理醫學獎得主，發現 DNA 的雙股螺旋結構。

克萊門（Frederic Clements），1874-1945，美國生態學家。

希波克拉底（Hippocrates），約西元前 460-377，古希臘醫生。

李比希（Justus von Liebig），1803-1873，德國有機化學家與實驗基礎教育的先驅。

李奧帕德（Aldo Leopold），1887-1948，近代環境保育之父，美國環境倫理的播種者。

杜布瓦（Eugene Dubois），1858-1940，荷蘭解剖學家及地質學家。

杜布瓦雷蒙（Emil Du Bois-Reymond），1818-1896，德國神經生理學家。

杜布藍斯基（Theodosius Dobzhansky），1900-1975，俄裔美國遺傳學家，曾跟隨摩根做研究。

沃爾德（George Wald），1906-1997，美國生化學家，1967 年諾貝爾生理醫學獎得主。

狄德羅（Denis Diderot），1713-1784，法國唯物主義哲學家、文學家。

貝克（John Randal Baker），1900-1984，英國生物學家。

貝特森

　貝特森（William Bateson），1861-1926，英國遺傳學家，頂尖的孟德爾理論專家。

　派屈克·貝特森（Patrick Bateson），1938-2017，英國生物學家。遺傳學家貝特森（William Bateson）是他的曾祖父輩親戚。

貝茨（Henry Walter Bates），1825-1892，英國博物學家和探險家。

辛浦森（George Gaylord Simpson），1902-1984，美國古生物學家，現代演化綜合理論的奠基者之一。

辛德瓦弗（Otto Schindewolf），1896-1971，德國古生物學家。

八畫

亞丹森（Michel Adanson），1727-1806，法國植物學家。

亞里斯多德（Aristotle），西元前 384-322，古希臘哲學家。

佩利（William Paley），1743-1805，英國自然哲學家，著有《自然神學》。

孟德爾（Gregor Mendel），1822-1884，奧地利神父，遺傳學之父。

居維葉（Georges Cuvier），1769-1832，法國古生物學家、解剖學家。

拉卡托斯（Imre Lakatos），1922-1974，匈牙利科學哲學家，後來輾轉逃亡至英國。

拉克（David Lack），1910-1973，英國牛津大學鳥類專家，生態學泰斗。

拉美特利（Julien de La Mettrie），1709-1751，法國醫生及哲學家。

拉馬克（Jean B. Lamarck），1744-1829，法國博物學家，提出用進廢退說。

拉普拉斯（Pierre-Simon de Laplace），1749-1827，法國數學家及天文學家。

拉塞福（Ernst Rutherford），1871-1937，英國化學及物理學家，1908 年諾貝爾化學獎得主。

林奈（Carous Linnaeus），1707-1778，瑞典植物學家、分類學家。

林德曼（Raymond L. Lindeman），1915-1942，美國生態學家。

波耳（Niels Bohr），1885-1962，丹麥物理學家，以拉塞福的原子模型為基礎，提出氫原子結構理論，1922 年諾貝爾物理獎得主。

波特曼（Adolf Portmann），1897-1982，瑞士動物學家。

波茲曼（Ludwig Boltzmann），1844-1906，奧地利物理學家。

波爾頓（Edward Poulton），1856-1943，英國動物學家。

芮（John Ray），1627-1705，英國博物學家。

虎克（Robert Hooke），1635-1703，英國科學家，發現細胞及虎克彈性定律。

阿瓦雷茲（Walter Alvarez），1940-，美國地質學家，與其父路易斯・阿佛雷茲（Luis Walter Alvarez，美國物理學家）共同提出隕石說。

阿貝（Ernst Abbe），1840-1905，德國物理學家。

阿格西（Louis Agassiz），1807-1873，瑞士裔美國生物學家，倡導漸變論，1859 年創立哈佛大學比較動物學博物館。

九畫

阿亞拉（Francisco J. Ayala），1934-，西班牙裔美國演化生物學家。

亨莫夫羅索弗斯基（Nikolay Timofeeff-Ressovsky），1900-1981，蘇聯生物學家，族群遺傳學家查佛瑞可夫（Sergei Chetverikov）的學生。

哈丁（Garrett Hardin），1915-2003，美國生態學家、哲學家。

哈迪（Alister Hardy），1896-1985，英國海洋生物學家。

哈欽森（George Evelyn Hutchinson），1903-1991，英裔美國生態學家。

哈維（William Harvey），1578-1657，英國醫生。

威丁頓（Conrad H. Waddington），1905-1975，英國胚胎學家、遺傳學家、科學哲學家。

威森（James Q. Wilson），1931-2012，美國政治科學家、公共行政學權威。

威廉斯（George. C. Williams），1926-2010，美國演化生物學家、生態學家。
威爾森（Edward O. Wilson），1929-，美國哈佛大學生態學家，著有《社會
　生物學：新綜合論》、《大自然的獵人》、《繽紛的生命》。
柏克萊（George Berkeley），1685-1753，愛爾蘭主教、哲學家。
柏拉圖（Plato），約西元前 427-347，古希臘哲學家。
洪堡（Alexander von Humboldt），1769-1859，德國博物學家、探險家。
洛布（Jacques Loeb），1859-1924，德裔美籍生物學家。
洛克（John Locke），1632-1704，英國哲學家。
科立克（Albert von Kölliker），1817-1905，瑞士胚胎學家。原名為 Rudolf
　Albert Kölliker。
柯倫斯（Karl Correns），1864-1933，德國植物學家、遺傳學家。
紀歐佛洛（Étienne Geoffroy Saint-Hilaire），1770-1844，法國博物學家。
約丹（Karl Jordan），1861-1959，德國昆蟲學家。
約翰森（Wilhelm Johannsen），1857-1927，丹麥植物學家，創造基因一詞。
美克耳（Johann Friedrich Meckel），1781-1833，德國解剖學家。
韋格納（Alfred Wegener），1880-1930，德國氣象學家、地質學家、大陸漂移
　學說之父。

十畫
哥白尼（Nicolaus Copernicus），1473-1543，波蘭天文學家，提出地球繞太陽
　旋轉的地動說。
埃爾薩瑟（Walter Elsasser），1904-1991，德裔美國物理學家。
格里森（Herbert Gleason），1882-1975，美國生態學家、植物學家及分類學
　家。
格瑞奈爾（Joseph Grinnell），1877-1939，美國博物學家。
泰奧弗拉斯特斯（Theophrastus），約西元前 372-287，古希臘哲學家，亞里
　斯多德的學生。
海尼格（Willi Hennig），1913-1976，德國動物學家。
海克爾（Ernst Haeckel），1834-1919，德國演化生物學家。
海森堡（Wernwe Heisenberg），1901-1976，德國物理學家，1932 年諾貝爾物
　理獎得主。
烏勒（Friedrich Wöhler），1800-1882，德國化學家。
班尼登（Edouard van Beneden），1846-1910，比利時胚胎、細胞學家。
祝瑞胥（Hans Driesch），1867-1941，德國實驗胚胎學家和哲學家。
納格里（Karl Wilhelm von Nägeli），1817-1891，瑞士植物學家。
納格爾（Ernst Nagel），1901-1985，美國哲學家。
馬尚地（Francois Magendie），1783-1855，法國實驗生理學家。

馬瑞安（Clinton Hart Merriam），1855-1942，美國動物學家。

馬爾匹吉（Marcello Malpighi），1628-1694，義大利生物學家，先成論學者。

馬爾薩斯（Thomas Malthus），1766-1834，英國經濟學家，著有《人口論》。

馬赫（Ernst Mach），1838-1916，奧地利物理學家。

馬謝（George Perkins Marsh），1801-1882，美國外交官、語文學家、環境論者。

高斯（Georgii Frantsevich Gause），1910-1986，俄國生物學家。

高騰（Francis Galton），1822-1911，英國探險家、人類學家、優生學的先驅，是達爾文的表弟。

十一畫

培根（Francis Bacon），1561-1626，英國科學家，倡導歸納法。

基士林（Michael Ghiselin），1939-，美國生物學家、哲學家及生物史學家。

密勒（Stanley Miller），1930-2007，美國化學家，曾以實驗模擬原始海洋的成分。

寇俄如特（Joseph G. Kölreuter），1773-1806，德國植物學家。

崔佛納斯（Gottfried Treviranus），1776-1837，德國醫生、博物學家。

康恩（Carleton Coon），1904-1981，美國人類學家。

康德（Immanuel Kant），1724-1804，德國哲學家。

張伯斯（Robert Chambers），1802-1871，英國出版商。

曼戈爾德（Hilde Mangold），1898-1924，德國胚胎學家。

梭羅（Henry David Thoreau），1817-1862，美國思想家、博物學家，著有《湖濱散記》。

梅伊（Robert May），1936-，澳洲生態學家。

梅恩（Franz J. F. Meyen），1804-1840，德國醫生、植物學家。

畢查特（Marie François Xavier Bichat），1771-1802，法國解剖學家、生理學家，組織學之父。

笛卡兒（Rene Descartes），1596-1650，法國哲學家及數學家。

笛格拉夫（Reinier de Graaf），1641-1673，荷蘭醫生。

荷頓（Gerald Holton），1922-，哈佛大學的物理及科學史榮譽教授。

莫佩爾蒂（Pierre Louis Moreau de Maupertuis），1698-1759，法國數學家、哲學家、物理學家，牛頓力學的推廣者。

許來登（Matthias Schleiden），1804-1881，德國植物學家。

許旺（Theodor Schwann），1810-1882，德國動物學家。

麥克亞瑟（Robert MacArthur），1930-1972，美國族群生態學家、地理生態學家。

麥爾（Ernst W. Mayr），1904-2005，德裔美國演化生物學家、動物學家，本書作者。

十二畫

勞倫茲（Konrad Lorenz），1903-1989，奧地利動物學家，動物行為學之父，
　　1973 年諾貝爾生理醫學獎得主，著有《所羅門王的指環》。

勞登（Larry Laudan），1941-，美國科學哲學家。

惠樂（William Morton Wheeler），1865-1937，美國昆蟲學家、螞蟻專家。

惠衛耳（William Whewell），1794-1866，英國科學家、科學史學家及哲學
　　家。

斯帕朗澤尼（Lazzaro Spallanzani），1729-1799，義大利生理學家。

斯特勞斯柏格（Edward Strasburger），1844-1912，德國植物細胞學家。

斯諾（Charles Percy Snow），1905-1980，英國物理學家、小說作家。

普里查德（Jame Cowles Prichard），1786-1848，英國醫生及動物行為學家。

渥易斯（Carl Woese），1928-2012，美國微生物學家、生物物理學家。

華明（Eugene Warming），1841-1924，丹麥植物學家，生態學之父。

萊布尼茲（Gottfried Wilhelm Leibniz），1646-1716，德國數學家、哲學家、
　　物理學家、歷史學家，發明微積分。

萊伊爾（Charles Lyell），1797-1875，英國地質學家。

萊亨巴赫（Hans Reichenbach），1891-1953，德裔美國哲學家，邏輯經驗主
　　義者。

萊特（Sewall Wright），1889-1988，美國統計學家、遺傳學家。

費格（Herbert Feigl），1920-1988，奧地利哲學家，維也納學派的邏輯經驗論
　　者。

費雪（Ronald Fisher），1890-1962，英國族群遺傳學家。

費爾阿本（Paul Feyerabend），1924-1994，奧地利科學哲學家，論點頗受爭
　　議，在《自然》被評為「目前科學的最糟敵人」。

賀勒爾（Albrecht von Haller），1708-1777，瑞士生物學家。

馮貝爾（Karl Ernst von Baer），1792-1876，德裔愛沙尼亞籍比較解剖學家、
　　胚胎學家。

黑格爾（Georg W. F. Hegel），1770-1831，德國哲學家。

十三畫

傑文斯（William Stanley Jevons），1835-1882，英國經濟學家、科學哲學家。

塞吉威克（Adam Sedgwick），1785-1873，英國劍橋大學地質學家，達爾文
　　的地質學老師。

奧士華（Wilhelm Ostwald），1853-1932，德國物理化學家，1909 年諾貝爾化
　　學獎得主。

奧德姆
　　尤金・奧德姆（Eugene Odum），1903-2002-，美國生態學家。

哈渥・奧德姆（Howard Odum），1924-2002，美國生態學家，尤金・奧德姆的弟弟。

愛爾頓（Charles Elton），1900-1991，英國動物學家、生態學家。

瑟雷斯（Étienne Serres），1786-1868，法國醫生、胚胎學家。

葛根葆（Karl Gegenbaur），1826-1903，德國解剖學、形態學家。

葛魯（Nehemiah Grew），1641-1712，英國生理學家，植物解剖學家。

賈科布（François Jacob），1920-2013，法國分子生物學家，1965 年諾貝爾生理醫學獎得主。

達特（Raymond Dart），1893-1988，澳洲解剖學家。

達爾文（Charles Darwin），1809-1882，英國博物學家。1831 年搭英國海軍艦艇「小獵犬號」出海調查五年，孕育出天擇思想。1859 年始出版《物種原始》；到 1881 年止，達爾文共完成十二種有關演化論的著作。

雷士克（Martin H. Rathke），1793-1860，德國胚胎學家、解剖學家。

雷文霍克（Anton van Leeuwenhoek），1632-1723，荷蘭博物學家。

雷馬克（Robert Remak），1815-1865，德國胚胎學家。

十四畫

歌德（Johann Wolfgang von Goethe），1749-1832，德國詩人、小說家、戲劇家、自然哲學家。

漢培爾（Carl Gustav Hempel），1905-1997，德裔美國科學哲學家。

漢彌敦（Willian Hamilton），1936-2000，英國演化生物學家。

維格納（Eugene Wigner），1902-1995，原籍匈牙利的美國物理學家，1963 年諾貝爾物理獎得主。

維爾納（Abraham Werner），1750-1817，德國地質學家。

赫胥黎

　　湯瑪士・赫胥黎（Thomas Henry Huxley），1825-1895，英國生物學家。

　　朱里安・赫胥黎（Julian Sorell Huxley），1887-1975，英國生物學家，湯姆士・赫胥黎（Thomas Henry Huxley）的孫子。

赫特維希（Oskar Hertwig），1849-1922，德國胚胎學家、細胞學家。

赫歇耳（William Herschel），1738-1822，德裔英國天文學家。

赫頓（James Hutton），1726-1797，蘇格蘭地質學家，提出均變論。

赫爾德（Johann Gottfried von Herder），1744-1803，德國哲學家。

十五畫

莫根（C. Lloyd Morgan），1852-1936，英國心理學家。

德日進（Pierre Teilhard de Chardin），1881-1955，法國神父、古生物學家。

德弗里斯（Hugo De Vries），1848-1935，荷蘭植物學家，重新發現孟德爾遺傳定律。

摩根（Thomas Hunt Morgan），1866-1945，美國遺傳學家，染色體理論創始
　　人，1933 年諾貝爾生理醫學獎得主。
歐文（Richard Owen），1804-1892，英國解剖學家及古生物學家，提出上帝
　　設計生物之原型理論，創 dinosaur 一詞。
歐本翰（Paul Oppenheim），1885-1977，德裔美國化學家、哲學家。
歐肯（Lorenz Oken），1779-1851，德國自然哲學家。
歐斯本（Henry Fairfield Osborn），1857-1935，美國古生物學家。
潘德爾（Christian Pander），1794-1865，俄羅斯生物學家、胚胎學家。

十六畫

盧威廉（Wilhelm Roux），1850-1924，德國動物學家暨胚胎學家。
盧斯（Michael Ruse），1940- ，英國科學哲學家。
盧維希（Carl Ludwig），1816-1895，德國生理學家，開創德國生理化學學
　　派。
穆勒（Johannes Müller），1801-1858，德國醫師，實驗生理學的創始者之
　　一，其著作《人體生理學手冊》是對世人最大的貢獻，他教導出數位德
　　國偉大的科學家。
霍夫梅斯特（Wilhelm Hofmeister），1824-1877，德國植物學家。
霍登
　　老霍登（J. S. Haldane），1860-1936，英國生理學家。本書中稱為老霍登，
　　　　是生物學家霍登（J. B. S. Haldane）的父親。
　　霍登（J. B. S. Haldane），1892-1964，英國生物學家。
默頓（Robert Merton），1910-2003，美國社會學家。

十七畫

戴蒙德（Jared Diamond），1937- ，任教於加州大學洛杉磯分校醫學院，著有
　　《第三種黑猩猩》、《性趣何來？》、《槍炮、病菌與鋼鐵》。
繆勒（Herman Joseph Muller），1890-1967，美國遺傳學家，1946 年諾貝爾生
　　理醫學獎得主，發現輻射可誘發突變現象。
薛丁格（Erwin Schrödinger），1887-1961，奧地利物理學家，1933 年諾貝爾
　　物理獎得主。
謝林（Friedrich Wilhelm Joseph von Schelling），1775-1854，德國唯心論哲學
　　家，理想主義的重要代表人物。

十八畫

薩克斯（Julius Sachs），1832-1897，德國植物學家。
薩登（Walter Sutton），1877-1916，美國遺傳學家，最先認為基因與染色體
　　有關的人。

魏里斯（Bailey Willis），1857-1949，美國地質學家。
魏修（Rudolf Virchow），1821-1902，德國病理學家，醫學研究領導者之一，曾提出「所有細胞皆來自細胞」。
魏斯曼（August Weismann），1834-1914，德國生物學家。
魏爾森（Edmund Beecher Wilson），1856-1939，美國生物學家，進行過許多胚胎實驗。

十九畫

譚斯雷（Arthur George Tansley），1871-1955，英國植物生態學家，提出「生態系」一詞。

二十畫

羅特卡（Alfred J. Lotka），1880-1949，美國數學家、物理化學家、統計學家，理論生態學之父。
羅素（Bertrand Russell），1872-1970，英國哲學家、數學家。
羅曼尼斯（George John Romanes），1848-1894，英國遺傳學家，十九世紀的多元主義者，曾與魏斯曼爭辯誰是達爾文的嫡傳弟子。
羅梭（Edward Stuart Russell），1887-1954，英國生物學家、生物哲學家。
龐內（Charles Bonnet），1720-1793，瑞士博物學家，支持先成說。

注解

第1章　生命是什麼？

1.　曾有人試圖以心智（mind）或意識（consciousness）來取代生命一詞，並尋找其意義，期能有助於劃清人類生命和動物生命的不同，結果卻更失敗。因為沒有任何心智或意識的定義，能夠排除其他動物而只適用於人類。

2　前一世紀的人曾多次嘗試只用一句話來定義「存活」或「生命」，有些人從生理觀點出發，有些人則依據遺傳，但沒有一個句子能讓人完全滿意，較成功的定義均是一些能完整而正確描述生命所有層面的敘述。有人可能會說：「生命是由一些可自我組建的系統的活動所構成，這些系統又受控於遺傳程式。」Rensch（1968: 54）則說：「生物體是一個具有階層次序的開放系統，主要由有機分子組成，具有明確劃分的細胞個體和有限的生命。」Sattler（1986: 228）認為生命系統可以定義為：「一個可以自我複製、自我調節、具有獨立性、可從環境中攝取能量的開放系統。」這些論點顯然都偏向敘述而非定義，它們包含了一些不必要的陳述，並忽略了一項可能是生物體最重要的特質──遺傳程式。

3.　歷史學家 Maier（1938）和 Dijksterhuis（1950, 1961）曾精采描述從希臘時代，經「黑暗時期」和經院哲學，到最後由哥白尼、伽利略及笛卡兒的科學革命初期，人類思想所經歷的漸進改變。這些歷史學家判定影響這些思想發展的各式因子，也討論到其中保留了哪些希臘傳統。例如，「古典物理學的熱情是在追尋各種變異現象中的不變性」也就是本質主義思想。又如「整個柏拉圖哲學的中心思想是，人類所感知的只是一些不完美的副本，是理想形體或主意的模仿或反射」、「在發展這些哲學思想時，柏拉圖的影響顯然要較亞里斯多德為大，是柏拉圖全心全力支持畢達哥拉斯的原理，而使數學化的科學能夠萌芽」、「柏拉圖將世界的靈魂投入世界的本體，而營造出一個活生生的宇宙實體」。

4.　事實上，這段話只簡略描述笛卡兒是如何達成機械觀的結論。故事最早可上溯回亞里斯多德的教學，他認為植物具有一個營養靈魂，而動

物則擁有一個敏感靈魂。這種想法一直為經院哲學家所接受。動物的敏感靈魂只局限於知覺、感受和記憶，是由一些物質所造成的；然而人類擁有的理性靈魂卻是不朽的。我們可從笛卡兒的討論中清楚看出，笛卡兒了解理性靈魂使人類自身能有反省和思想的能力，如果承認動物也有理性思考的能力，也就表示牠們具有不朽靈魂，這對笛卡兒來說是難以接受的想法，因為這意味著動物的靈魂也可上天堂（「或許也沒有什麼天堂來容納人類靈魂」的無神論思想，似乎從不曾出現在笛卡兒的意識中）。最後，笛卡兒根據繁經院哲學對物質和本質的定義，否定動物靈魂的存在，而將理性思考的能力限定在人類。這樣的結論排除了動物擁有不朽靈魂、死後也可上天堂的可能性（Rosenfield, 1941: 21-22）。十七世紀時的歐洲普遍存在一種信仰：宇宙中瀰漫著靈魂；如果否定動物靈魂的存在，也就表示不再接受這種信仰。

5. 「機械論者」這個詞彙在十九世紀和二十世紀時有兩種不同的涵義，一方面指涉那些否定任何超自然力量存在的觀點，例如對達爾文主義者來說，它意味否定宇宙目的論的存在。然而另一方面，機械論主要的涵義是生物和無生命物質並無區別的信仰，這世界上並沒有什麼生命專有的作用，這就是物理論者所認為的涵義。

6. Nägeli（1854）曾建議，在解釋生命時所用的特殊詞彙，必須要以「一般、絕對和能表現出運動形式」為前提。Rawitz 則定義生命是「一種特別的分子運動形式，所有的生命現象都是這種特別運動的變形」。

7. 目前現存有關生機論的歷史，是由祝瑞胥（Driesch, 1905）這類的生機論者，或是專挑生機論毛病的反對者所寫成的，大多有些偏頗。Hall（1969, Ch28-35）的著作可能是其中最為中肯的。其他像 Blandino（1969）的論述，則將重心放在祝瑞胥的觀點上，另一名作者 Cassirer（1950）也是同樣將焦點對準祝瑞胥、祝瑞胥的追隨者和生機論的反對者。賈科布（Jacob, 1973）在 1973 年的著作中回顧了從泛靈論以降生機論的發展命運，這段評論簡潔而平衡；不過內容更廣泛且真正能平衡報導生機論歷史的著作，目前還付之闕如。

8. 有關此一現象，請見 Lenoir（1982）。

9. 事實上，各種形式的生機論都是笛卡兒機械生物學的合理延伸，並帶有牛頓學說的意義（McLaughlin, 1991）。

10. 穆勒主張的生命力觀念和遺傳程式之間的相似性，可由以下的引文看出：「穆勒的生命力是所有器官的最終成因，是所有現象的最高作用者，它依據了一個明確的計畫（程式）。」Du Bois-Reymond（1860: 205）同處還有另一段話：「有一部分的生命力，會代表整個生命力，透過繁殖過程完整傳遞給每一個生殖質，而在生殖質開始成長萌芽之前，在這胚中的生命力會一直維持蟄伏狀態。」穆勒曾列出四點生命

力的特質，這些也正是遺傳程式的特點：（1）並不只局限於某一特別
器官；（2）可切割成無數小塊但仍維持整體時的特質；（3）在死亡後
即消失不會留下任何殘餘（也就是並沒有離去的靈魂）；（4）根據計畫
而反應（具有目的傾向特質）。我曾詳細描述穆勒的信仰，以澄清像杜
布瓦雷蒙等物理論者故意抹黑穆勒為「不科學的形上學家」的論文。

11. Von Uexkⅼ、B. Dｋen、Meyer-Abich、W. E. Agar、R. S. Lillie、老霍
登、羅梭、W. McDougall、DeNouy、Sinnott 等人是二十世紀眾多生機
論者中少數常被提及的。Ghiselin（1974）還指出，像 W. Cannon、L.
Henderson、W. M. Wheeler、A. N. Whitehead 也都隱約帶有生機論的思
想。

12. 請參考 Goudge（1961）和 Lenoir（1982）。生機論者論述中另一個常
出現的要素就是反達爾文的選擇說（Driesch, 1905）。

13 生物具有一些基本未分化的物質，可形成較有組織的元素的想法，最
早始於 C. F. Wolff（1734-1794），F. Dujardin（1801-1860）則是第一位
描述這些原肉質（sarcode）的人。在顯微鏡的使用盛行之後，愈來愈
多人注意到這些物質。Purkinje 在 1840 年時提出「原生質」一詞，對
湯瑪士．赫胥黎而言，原生質是生命的物質基礎。「細胞質」一詞則是
由科立克所提出，用以稱呼細胞核外的細胞實體。

14. 事實上，有機生物論一詞最先使用在社會科學領域，由法國哲學家孔
德提出，不過社會學家所言的有機生物論和生物學家主張的有機生物
論是非常不同的兩件事。Bertalanffy（1952: 182）曾列舉了三十名宣稱
支持整體研究方式的學者，然而這份名單相當殘缺不全，甚至沒有提
及莫根、Smuts 和老霍登。而賈科布（Jacob, 1973）所提出的整合元，
更是支持有機生物論思想的觀念。

15. Woodger（1929）曾列舉一些支持有機生物論的生物學家的觀點，例
如 E. B. Wilson（1925: 256）所言：「即使是對細胞活動僅有最膚淺的
認識，都足以讓我們了解，我們是無法用任何粗略冰冷的機械常識，
簡單將細胞解釋成一個化學機器，即使是最精緻的人造機械，和細胞
之間的差距都遠超過我們現有知識的了解……現代的研究增進了我們
對以下事實的認知：細胞是一個有機系統，而這系統中有一些我們必
須認識的次序結構和組織。」發生學家總是表現出整體論思想並不令
人意外，在 C. O. Whitman、E. B. Wilson、F. R. Lillie 的寫作中就充滿
了濃厚的整體論。Haraway（1976）所寫的書中有絕大部分是在描述
Ross Harrison、Joseph Needham、Paul Weiss 這三位胚胎學家的有機生
物論思想。奇怪的是，Harrison 認為「突現」是一種形上學的原理，
因此他視莫根為生機論者。Harrison 也和大多數 1925 年後的生物學家

一樣，相信那些新發現的物理原理，像是相對論、波耳的互補原理、量子力學和海森堡的測不準原理，都同樣可適用在生物學上。

16. Nagel（1961）曾如此刻畫生物學界的機械論者：「機械論者相信所有的生命現象，都能用物理化學術語來清楚解釋；所謂的物理化學術語，也就是在那些並不區別有生命或無生命的領域所發展出來的理論術語，而這些領域一般認為隸屬於物理或化學。」在 Nagel 的敘述中，全都充斥著這種化約思想的特色。

17. 舉例來說，Smuts（1926: 100）曾寫道：「整體論是一種特別的傾向，有著明確的特質，而且是所有宇宙特質中最具創造力的，因此在說明整個宇宙的發展時，可以產生豐盛的成果和解釋。」由此可知，Smuts 所呈現的整體論思想會普遍被視做形上學觀念，並不令人意外。

18. 有關整合元層次的主題，在 Redfield（1942）所編的研討會專刊中有相當詳盡的討論。

19. 在討論整合元時，有一個常見的錯誤是認為每一個層級的整合均是總體性的現象，整合層級的意義並不是這樣的。從分子到超生物體，每一個整合層次都是獨特的，這樣的詮釋和 Novikoff 的論述並無衝突之處，Novikoff（1945）認為：「運作在每一個層級上的法則都是獨特的，要發現這些法則，都需要一些研究分析研究方法，來適用在特定的整合層級。」如今我們還可以再加上一句，適用在特定的整合元。一名現代演化學家可能會說，一個較複雜的系統（或說一個新的較高層級的整合），都是經過遺傳變異和選擇而形成的；這和傳統的達爾文原理亦無衝突之處。

第 2 章　科學是什麼？

20. 有關科學的文獻，最早始於 Whewell（1840），之後有 Nagel（1961）、Popper（1952）和 Hempel（1965）等經典作品，距今較近的則有 Laudan（1977）、Giere（1988）、和 McMullin（1988）等人的著作，本書還列舉了其他論文。所有的作者都嘗試想對「什麼是科學？」這樣的問題提出最終答案。Pearson（1892）認為，使科學突出的特點，也就是它的方法。然而這條件顯然忽略了一個重要考量，那就是所有真正的科學都擁有一些共通的原則，例如目標。

21. 要描述科學是什麼及科學家做些什麼，顯然要比提出一個簡潔且為眾人接受的定義容易多了。我們可見到的描述有「科學研究的是一些令人困惑、因此而激起人類好奇心的事物」、「科學的功能是預測、控制、了解和發現成因」（Beckner, 1959: 39）、「科學是依據解釋原則所分類和組織成的知識體系」（Nagel, 1961: 4）。其他有關科學的定義

則有「科學是根據解釋原則，和不斷嚴格測試所有的發現，以增進人類對世界的了解的努力」（Mayr）、「經驗科學有兩大目標：描述我們經驗世界中的特殊現象，並建立可解釋和預測這些現象的一般通則」（Hempel）、「科學是人類依據客觀的數據和邏輯所做的心智活動，科學同時也是理論的無限可測性」，還有人說「科學是一般性的邏輯判決，它直接或間接通向觀察的證實和駁斥，可用以解釋和預測」、「科學是根據解釋原理而形成的知識體系和分類」。

22. 請參閱 Laudan（1977），其中對科學問題的特質有詳細的討論。

23. 請參閱 Hall（1954）。

24. 請參閱 Mayr（1996）。

25. 德國哲學家 Windelband（1894）認為科學可分為兩類：定律性的科學和個案性的科學。Windelband 的用意主要是想將自然科學與人文科學劃分開來；然而這樣的說法同樣不切實際，因為在他的分類完全遺漏了生物學。Nagel（1961: 548-549）便曾正確指出：Windelband 所說研究獨特且非重複現象的個案性科學，原本意指人文，但這些描述同樣符合許多自然科學的特色，尤其是演化生物學。如今我們已可明瞭，科學和人文的對比，並不像斯諾和 Windelband 所想的那樣僵化，這種新看法主要是源於以下的考量：（1）過去持機械論觀點的科學哲學家和人文學家所認定的「科學」，實際上只是科學中的一個學門，也就是物理學而已；（2）人們對嚴格的決定論，或基本定律之重要的信仰已逐漸消退，因而科學（即使包括物理學）和人文間的對比不再那般絕對；（3）在將生物學（特別是演化生物學）納入考量後，人文和某一部分的科學間便搭起了一座橋樑；（4）在大部分物理科學中都欠缺的歷史過程，其實可用科學方法分析，因此必須納入科學範疇。

26. 在此我願意以 Stern（1965: 773）一段感性的忠告，來勸勉因種種原因而沮喪的研究者：「無論研究者遇到多少挑戰個人弱點的事，他都可以克服，他都可以保持年輕時那欲窺見宇宙奧祕的熱情，他會感激能有這樣的特權來參與探索的任務，他可從其他人的發現（無論是過去或當代）獲得喜樂，最後他會學到，不僅是偉大的征服才有意義，科學旅途本身，就已成就了人類的生命。」

27. 請參閱 Hull（1988）。

28. 「當你發現一個人類眼睛或腦都從未注意的大自然事實，當你領悟某一領域中的一項新真理，當你揭露一段歷史事件，或是明眼看出一種隱匿的關係，幸運的你是終生都會珍惜回味這種經驗的。」（Stern, 1965: 772）。許多科學家的自傳，或由他人撰寫的傳記中，都常讚頌這種研究的喜悅（Shropshire, 1981）。

第 3 章　科學如何解釋自然世界？

29. Mayr（1964, 1991）、Ghiselin（1969）。

30. 如同 Kitcher（1993）所言，科學哲學「將焦點集中在假說的驗證、科學定律和理論的本質、科學解釋的特色等問題，以致力分析良性的科學」。

31. 科學哲學發展的文獻可說是不計其數，本書並無意論述此專題，況且我也不是受過訓練的哲學家。在此我所做的，只是反映出一般科學家的觀點而已。

32. 請參閱 Ghiselin（1969）。

33. 請參閱 Laudan（1968）。

34. 在所有宣稱可驗證理論的方法中，我最不信任的就是類比法，每當有人想要借用類比法來贏得論證時，我都會抱持懷疑的態度。事實上，使用類比法總會造成誤導：它們無法和真正的情況相等同形。類比法或許有時是有用的教學工具，方便我們利用熟悉的情境來解釋特殊的情形，但類比絕對不能當做一則論證的決定性證據。

35. 一般而言，一則理論會保有其權威性，直到有更好的理論可取代之，然而也有少數例外情形，當所有舊理論都被完全駁倒，卻還沒有人能發展出可信的替代理論，像是歸巢性的鳥類如何建立像地圖一樣的方向感，目前就尚無解釋理論。

36. 請參閱 Van Fraassen（1980）。

37. 其他語意學者強調，理論並不像一般所接受的觀點，是經由數學邏輯的原則，而是在集合論中形成的。這些語意學者還運用「模型」（高度抽象且遠離它們適用的經驗現象的非語言實體）的觀念（Thompson, 1989）。理論決定了模型的種類，定律指定了一個系統的行為。語意學者的問題在於其用詞，一個模型的集合論對一般做研究的生物學家而言是相當陌生的觀念，像我蒐遍了整個古典演化文獻，就不曾見過模型一詞。

38. 有關解釋體系的演變歷史，幸好有一些精采的論文可供非哲學家閱讀，例如 Suppe（1974）、Kitcher & Salmon（1989）。

39. 哲學界過去這種屏除科學發現的狹隘焦點，已被 Peirce（1972）、Hanson（1958）、Kuhn（1970）、Feyerabend（1962, 1975）、Kitcher（1993）及其他哲學家所批評。

40. Laudan（1977: 198-225）對這種衝突有精闢的分析，他正確指出：「在有任何合理的歷史情節被記載下來之前，認知社會學家都是在嚼舌根。」Laudan 還說：「社會學家之所以無法找到科學信仰和社會階層

間的關連，主要是因為絕大部分的科學信仰（儘管不是全部）看起來
都無關社會價值。」

41. 請參閱 Mayr（1982: 4）。

42. 請參閱 Junker（1995）。

43. 再另舉一例：對一名極端的平等主義者來說，人類彼此間有遺傳差異
存在，是非常令人厭惡的想法。Laudan（1977）觀察到：「曾有人建
議，任何會引申到人種間能力或智力不同的科學理論，都務需摧毀，
因為這樣的學說與我們社會和政治的平等架構相衝突。」

44. 如果要討論其他最新的解釋，我想我的學養還不夠，不過就我看來，
Laudan（1977）、Salmon（1984, 1989）和 Kitcher（1993）的方法，可
能和一般生物學家所採用的步驟最為接近。目前愈來愈受重視的觀念
是，一則學說的評價並不僅是簡單的邏輯規則，而學說的合理性也需
要以比歸納和演繹邏輯還更廣泛的方法來分析。

45. Laudan 曾寫道：「真正與一則學說的合理性和革新性（簡單說就是優
點）相關的，不是它可證實或推翻什麼，而是它解決問題的效率。」
可見 Laudan 深深同意生物學家的看法（1977: 3）。

46. 自然實在主義雖在哲學界中占有極重的份量，但對實際研究自然的
科學家而言，特別是生物學家，卻是不相關的問題。有關實在主義
方面的文獻很多，最新的書有 Harré（1986）、Leplin 1984、McMullin
（1988）、Papineau（1987）、Popper（1983）、Putnam（1987）、Rescher
（1987）以及 Trigg（1989）等人的著作。

47. 像 Hempel（1952）及 Kagan（1989）等哲學家，都洞悉科學術語的情
形，然而也有另一批哲學家，完全忽視使用科學術語時需明確精準，
和避免模稜兩可的重要性。

48. 另一個類似、也同樣令人混淆的改變，是分類學家 W. Hennig（1950）
將傳統與分類群有關的「單系群」一詞，移植到譜系演變過程。其實
只要使用 Ashlock 的「全系群」一詞來代表 Hennig 的新觀念，即可避
免這種混淆（請見第 7 章）。

49. Ghiselin（1984）就曾頗有洞見，呼籲大家重視這種常見混淆的情形。
有趣的是，哲學家最引以為傲的邏輯準確性，其實就是他們用詞的精
準。哲學家 Laudan 還曾苛責這種現象：「哲學對話是一個有趣的活
動，大家期待論證必須嚴格精準，但卻不要求必須要有證據來支持這
些前提；大家期待用字必須準確，但卻並不探討這些字詞在討論主題
之下的適用性…….而且最重要的是，他們哲學論證中的核心證據理
由，這樣的敏感話題哲學家是不會和一些志不同道不合的人來討論
的，就向一般人是不會和不感興趣的人討論性與宗教這樣的話題。」

50. 請參閱 Mayr（1986a, 1991, 1992b）。其他具有多重意義的詞彙，還有發生（個體發生與譜系發育）、群體（生物族群與數學群數）、物種（模式物種與生物物種）、功能（生理功能與生態角色功能）、漸進（趨向漸進與表現型漸進）。

51. 變種在動物學中意指地理種族，因此是一個可能的初始物種，但變種一詞也應用在其他情況，特別是植物學家，用來表示某一族群內的異常的個體。

52. 對植物學與動物學研究社群來說，當分類群（taxon）一詞在 1950 年左右被採用，而階元（category）被限用在林奈的分類層序（hierarchy）後，許多文獻中的混淆就變得非常清楚。這是因為在過去 category 一詞可同時指涉分類群與階元。最近 Toulmin 精確指出另一事實：部分理論中的辭彙，其實在它們被引入該理論之前的意涵可能有所差異，這種情形在該理論的支持與反對者各自抱持不同成見時尤其明顯。這樣的狀況，在許多生物學中爭議議題中特別明顯。對目的論者而言（和達爾文同時期的人大多是目的論者），選擇這一觀念和達爾文之後描述的生存差異和成功繁殖是完全不同的兩件事。對一名本質論者來說，物種是恆定的，不具有根本變異性，物種的改變只有透過跳躍演化，因此本質論和生物物種觀無法相容。我們可將所有涉入科學爭議中的術語列表，然後將會發現這些詞彙大部分都有數種涵義，採用哪種涵義將視爭論者本身的印象而定。

53. 一個詞彙的定義與目前科學對該詞所表示現象的解釋，不應存在任何曲解或牽強附會的情形，定義的基本功能是做為啟發工具。事實上，有時是因為人們發現傳統定義不再符合主題事物，才產生問題。基士林曾寫道：「科學上的重新定義，並不是完全斷絕否定傳統定義，而是將一個從前被模糊或模稜兩可使用的字詞，有系統且明確的重新陳述出來。」重新定義只有在更深入分析或又有新發現時，才會發生。舉例來說，Owen 定義同源性為「相同的」器官，但並未說明何謂相同，而達爾文的共祖論使同源性有了更準確的定義。重新定義絕對不是以全新的觀念來取代舊有定義。

54. Hempel（1952）曾論：「根據傳統邏輯，一個真正的定義並不是規定某些表現的意義，而是陳述一些實體的根本精髓或根本特質。」對哲學家來說，「定義描述了形體，而且由於形體是完美不變的……因此定義是準確且嚴格的真理。」（出自《哲學百科全書》）

55. 巴柏對定義的困惑，可從他的陳述中明顯看出：「千萬別讓你自己被一些有關字或字義方面的問題所煽動，我們真正應該據理力爭的，是事實和有關事實的理論和假說；這些理論解決了什麼問題，這些假說

提出了什麼問題。」這段論述隱藏了一件事實，那就是在每一個理論和觀念中，我們都會使用到一些必須定義的字，我們無法爭辯任何理論和假說，除非先澄清這些理論是什麼，這些事實是什麼；由於我們使用字詞來描述這些理論和事實，因此這些字詞需要定義清楚，否則就會造成含混模糊。我先前所舉的例子，例如種化作用、目的論、選擇等，都清楚顯示明確定義理論和解釋中所用的每個字眼，是絕對需要的。在這一章的後段，巴柏又將意義和事實放在對立的位置，他宣稱鑽研意義只會一無所獲，在科學研究中，一切都必須與接近事實真相有關；巴柏強調「唯一值得人類耗思竭慮的，是真正的理論或接近真理的理論」。然而巴柏無法看清的是，一個真正的理論，就以種化作用理論來說吧，倘若先前沒有人建立種化作用這一詞彙的意義，他人又如何得知種化作用是指種的增加？還是單純意指演化的改變？由此即可明顯看出，探求字彙的意義和探求字彙代表的事實，並不是兩件不相干的事，事實上，只有在建立明確的意義後，才有可能接近事實。更諷刺的是，在這一章最後標題為「離題已久的本質論」的段落中，巴柏突然寫道：「我們必須要明瞭字，以能明瞭理論。」就這一句話，巴柏將前面對字義和事實應嚴格區隔的論述，一概抹煞了，巴柏的這句話，也正就是我所說的：倘若不先確立使用字彙的意義，是無法確立事實的。基士林也清楚指出，我們所能定義的只有觀念，真正的細節和特點，都須靠描述。因此，我們可以定義物種的分類階元，但各物種的分類群則需我們命名、描述和劃分。

56. 最後一個有關科學語言的注腳：當科學家陷入某一特別議題的論戰時，有時會選擇一些帶有負面涵義的詞彙來攻訐對手的工作。像是「我的工作是生動有力的，你的工作則停滯不前」、「我的工作屬分析性質，你的工作純是描述」、「我的工作是機械式的（也就是根據物理和化學原則），你的工作是整體論式的（也就是較為形上學的）」，對手通常都可以毫無困難且一針見血的反駁回去，但這種空洞的唇槍舌戰，很少對科學的長遠發展有所進益。

第 4 章　生物學如何解釋生命世界？

57. 這觀點可見於 Goudge（1961）、Hull（1975b）、Bock（1977）、Nitecki & Nitecki（1992）和其他學者的論文。

58. 請參閱 White（1965）。

59. 如果種化作用是一緩慢漸進的過程，如果現今存在有數十萬種生物族群（初始種）分別代表種化作用的不同階段（事實上的確有），那麼我們即可將它們依適當順序排列，而重建出整個種化作用的過程。1870和 1880 年代時，細胞學家也曾利用相同的方法，將數百張顯微照片

按照一個可讓他們看出進行順序的方式排列，而重建出細胞分裂的過程。我在 1942 年時，嘗試將自然族群像靜物畫片一般排列起來，以呈現種化作用的所有階段，之後亦有許多學者依尋此法（請見 Mayr & Diamond, 1997）。

60. 從這句論述繼續引申下去，將會面臨有關成因和因果關係的哲學問題，由於這個問題極其複雜，並不適合在本書中做詳細分析，因此我不會討論到休謨對因果關係的評論，倘若根據休謨的看法，我們所能得到的只是一連串的事件。基本上我同意現代哲學家的見解，他們認為先前事件必會有所影響，於是可視做成因，嚴格的因果關係尤其可從動物行為證實，因此我認為接受一般常理性的因果關係並不會不符合科學精神。

61. 這種個案研究在從前並不是沒有，像 Lloyd（1987）以語意學手法來分析演化生物學，便是成功的範例。不過在此我將會由簡入繁，列舉一些理論形成的案例，如此將可方便那些偏好以某一特定方法來研究理論形成的哲學家，測試他們的方法是否亦可應用在這些特例。

62. 請參閱 Mayr（1982, 1989）。

63. 勞倫茲的看法為 Donald Campbell、Riedl、Oeser、Vollmer、Wuketis、Mohr 及其他生物學家和哲學家所採納。

64. 請參閱 Kagan（1994）。

65. 有關於人腦是否是為了解中間世界而適應形成的，文獻一直有所爭議。否定此觀念者顯然對選擇和適應有目的論式的概念，但達爾文所說的適應並非是目的論式的，因此我們無需將那些非隨機淘汰過程中的倖存者視為目的過程的產物。根據定義，我們可說通過選擇而能生存的個體為適者，但達爾文也清楚知道，隨機過程對這些個體也有相當程度的影響。在接受了這種非目的論式的適應觀念後，我們應可結論：「是的，人腦是為了解中間世界而適應來的。」所有了解中間世界能力較差的個體，遲早都會被淘汰，而不留下任何後代。

66. 請參閱 Regal（1977）。

67. 請參閱 Hamilton（1964）。

第 5 章　科學會進步嗎？

68. 請參閱 Stent（1969）。

69. 有關細胞學知識逐漸演進的過程，在許多歷史論述中都有精采的描繪，包括 A. Hugh（1959）、Backer（1948-1955）和 Cremer（1985）等人的著作，或是像 Coleman（1965）、Churchill（1979），及其他學者的專題論文。參考文獻請見 Cremer 的著作。

70. Cremer 的書中對梅恩的貢獻有相當詳細的敘述。

71. 出自 Mayr《生物學思發展的歷史》（1982: 810-811）。

72. 優秀的技術人員包括了 Fol、Buetschli、Strasburger、Van Beneden 和 Flemming；傑出的理論家則有 Roux（1883）、Weismann（1889），還有（Theodor Boveri, 1903）。

73. Hoyningen-Huene（1993）在著作中對孔恩的觀點，包括 1962 年之後科學界的各種改變，都有精采的分析；較早期的評論則可參考 Lakatos & Musgrave 的著作（1970）。

74. 請參閱 Mayr（1991）。

75. 請參閱 Mayr（1972）。

76. 請參閱 Maynard Smith（1984: 11-24）。

77. 請參閱 Hoyningen-Huene（1993: 197-206）。

78. 請參閱 Bowler（1983）。

79. 請參閱 Mayr（1946）。

80. 請參閱 Mayr（1990）。

81. 請參閱 Barrett 等人（1987）。

82. 心理學家 P. Thargard（1992）在其《觀念的革命》一書中，尤其強調此點。

83. 請參閱 Mayr（1952）。

84. 請參閱 Mayr（1992c）。

85. 請參閱 Mayr（1942）。

86. 此問題在 Hull 相當具權威的《科學歷程》（*Science as a Process*）一書中，是一重要主題。

87. Mayr（1954, 1963, 1982, 1989）、Eldredge & Gould（1972）、Stanley（1979）。

88. 科學能解決什麼問題？又不能解決哪些問題？這些在 Medawar（1984）和 Rescher（1984）的著作中均有分析探討。即使許多人像杜布瓦雷蒙一樣低估了科學的潛力，但也有其他人傾向高估科學所能達成的事。

第 6 章　生命科學的來龍去脈

89. 雖然現今生物學領域的劃分，大部分已由其他方法取代，但教科書、課程和圖書館的分類，仍沿襲了動物學和植物學為兩分開單元的傳統。就我所知，只有一份文獻曾針對整個生物學的結構來探討，但同樣也接受傳統將生物學劃分為動物學和植物學的觀念，因此對現代讀者來說並無太多價值。不過植物學和動物學的涵義，仍隨著生物學研

究的進展而有所改變。海克爾的《一般形態學》一書便曾師法牛頓，定義自然為物質內在的力量系統，動物學也因此可分為形態學（物質動物學）和生理學（力量動物學）；在生理學的範疇下，海克爾描述了環境與生物間以及生物彼此之間的關係，也就是生物地理學和生態學。至於個體發生和物種發生，則包含在形態學之下。海克爾認為生態學、生物地理學和系統分類學是生物學的正規子學門。動物行為的研究在此體系下顯然被忽略了。植物學家許來登亦曾嘗試以化約手法來革新植物學，但許來登並未考慮到整個植物系統的層面。

90.　請參閱 Müller（1983）。

91.　Schleiden（1838）和 Schwann（1839）。

92.　請參閱 Gerard（1958）。

93.　出自 Weiss（1953: 727）。

94.　許多學者經常以一些簡單的生理作用為例，來顯示生物學化約為物理科學的可行性，而完全忽略演化生物學和其他無法簡化為物理的生物層面。例如 Needham 在 1925 年一段有關生物學之改變的陳述說「生物學已從比較形態學轉變為比較生化學」，即可明顯看出此種態度。尼德漢還預測比較生化學最終將轉化為電子生物物理學。他建議科學家應以生命的機械理論，來取代對演化的興趣，因為「機制概念要比演化更深要、涵蓋更廣，也因而對哲學的合作更能控制得宜」。

95.　出自 Handler（1970）。

96.　Lorenz（1973）曾強調此點，Mainx（1955）更詳細列舉敘述在生物學研究中的角色。

97.　Hennig（1950）、Simpson（1961）、Ghiselin（1969）、Mayr（1969）、Bock（1977）、Mayr & Ashlock（1991）、Hull（1988）。

98.　請參閱 Mayr（1961）。

99.　出自 Allen（1975: 10）。

100. Goodwin（1990）：「結構主義者假定生物領域有者一定的邏輯次序，生物體是依循理性動原則而產生的。」

101. Goodwin（1990: 228）：「除非無法從一般通則中推導出解釋，歷史性的敘述才會被接受，畢竟也沒有更好的辦法了。」

102. 植物學家和動物學家為生物學進展所做的可觀貢獻，是一段相當精采但尚未有人撰寫的故事。在十九世紀之前，並沒有真正的動物學家，只有一些研究自然史和生理學（包括胚胎學）的先驅，植物學則因有林奈這樣傑出的代表而獨領風騷。不過以上行分類來取代林奈下行分類的變革，除了最初 Adanson 和 Jussieu 的文獻外，主要都是由動物學

家所推動。細胞學則是由植物學家和動物學家通力合作的典範，除了許來登和許旺之外，其他植物學家（例如布朗）和動物學家（梅恩、雷馬克、魏修），也都有卓越的貢獻。遺傳學是另一個由動物學家和植物學家共同推動的領域，像植物學家孟德爾、德弗里斯、強納森、East、Correns、Müntzing、Nilsson-Ehle、Renner、Baur，以及動物學家魏斯曼、貝特森、Castle、莫根、Sergei Chetverikov、穆勒、Tracy Sonneborn 等，都只是遺傳學領域少數常被提及的創始者。

103. 古典範疇的不可或缺，在 Stern（1962）和 Mayr（1963a）的著作中，都曾再三強調過。

第 7 章　生物多樣性研究：探討生物學中的 What

104. 在達爾文之後，物種發生史的重建和巨觀分類學雖曾一度受到重視，但基本的分類學仍為科學家所漠視，更別說實驗生物學全盛時期幾乎被藐視的情形。到了 1920 和 50 年代間，才有新系統分類學的蓬勃發展，以及 1960 到 90 年代時數值表型學派和支序學派的興起。

105. 出自 Simpson（1961）。

106. Mayr（1982: 247-250）書中對分類學在其他新生物學門創建時的貢獻，有更詳盡的討論。

107. 可惜許多系統分類學家都不清楚，系統分類學其實是一個富含理論的領域，像著名的蟻類專家 Wheeler（1929）曾說：「分類學是沒有理論的生物科學，純靠診斷和分類。」

108. 請參閱 Mayr（1996）。

109. 如何推論判定物種的地位，在分類學教科書中有解釋（Mayr & Ashlock 1991: 100-105），那些沿時間軸來研究化石物種的古生物學家，亦會遭遇到類似的困難。

110. 請參閱 Sloan（1986）。

111. 請參閱 Rosen（1979）。

112. 請參閱 Mayr（1988a）及 Coyne（1988）。

113. 根據 Simpson（1961）的解釋，單系群是指衍生自一最近共同祖先下的一支或多支譜系的分類群，包含與此共同祖先相同或更低的層級。這個定義聯繫了自 Haeckel（1866）以降就普遍通行的傳統單系群觀念。支序學家則將單系群解釋為種系模式，也就是所有源自同一主幹物種的分類群。為了避免與傳統觀念混淆，Ashlock（1971）建議支序分類學家應使用「全系群」一詞來表示他們的觀念。

114. 奇怪的是，明顯的同源特徵有時可能是源自不同的胚層（請見第 8 章），因此是否源自特定胚層並不能做為判定同源性的可靠依據。同源

性永遠是一種推論。

115. Simpson（1961）、Mayr（1969）、Bock（1977）、Mayr & Ashlock 等人的論文，均採用達爾文最初的兩項準則分類體系。

116. 分類學家判定相似性時依據的傳統標準，可從 Whewell（1840: 1: 521）的敘述中清楚看出：「要使分類系統合於自然，就得測試是否符合以下準則：依據某一組性狀得來的排列，必須與依據其他組性狀得來的排列吻合。」Hempel（1952: 53）也曾表達相同的觀念：「在所謂的自然分類體系下，用以判定的特徵和其他獨立的特徵都是相關共通的。」相對於支序學派，傳統分類遵循 Darwin（1859）分類的要求：「譜系發育樹分支上所進行的不同程度的修飾，應表現在不同的節、屬、科和目等分類層級。」

117. 較高的類別稱之為「綱」，在層系分類法中所有較高的分類群，都被放置在綱這一層級。類別物種是依據該物種的定義來界定，現今使用的則常為生物物種觀。

118. 這種演化分歧和種化率關連的情形，也就是造成凹曲線的原因（Mayr, 1969）。

119. 出自 Mayr（1995）。

120. 舉例來說，支序學派認為盤龍目生物（Pelycosauria，一種類似哺乳類爬蟲動物的生物，現已滅絕）最後形成哺乳類，他們憑藉的根據，僅是位於頭骨側面較低處的顳顬孔性狀而已。未來支序學派應會學習採用其他性狀。

121. 請參閱 Mayr（1995b）。

122. 請參閱 Mayr & Bock（1994）。

123. 請參閱 Mayr（1982: 239-243），以及 Mayr & Ashlock（1991: 151-156）。

124. Mayr & Ashlock（1991: 383-406）的著作中，對動物命名的方法有更詳盡的說明。

125. 有些學者認為還有第三種細菌，稱之為泉古菌（Eocytes）。某些細菌學家宣稱，古細菌和真細菌間的差異，就和原核生物和真核生物間的差異一樣大，不過這項宣稱並沒有任何價值。任何傳統微生物學教科書所描述的細菌特徵，同樣可套用在古細菌類上，即使當時古細菌類尚未被特別記述，無論古細菌和真細菌的差別有多大，或甚至考慮兩者的分歧點遠早於原核生物和真核生物的分歧點，古細菌和真細菌大部分的性狀仍是相同的，因此不應改置為和真核生物相同的分類層級。將古細菌更名為古生物並不能掩蓋它和真細菌間的相似，它仍是細菌二、三個分支中的一員。

126. 欲得知更詳細的討論，請參閱 Cavalier-Smith（1995a, 1995b）和 Corliss

（1994）。審訂者顏聖紘注：近年演化學者認為三域假說（Three domain hypothesis）與泉古菌假說彼此仍為競爭性假說。前者認為生物界可分為三域，古菌與真細菌並不是一樣的生物；後者認為真核生物乃由古菌的一支演化而來，使得古菌成為並系群。若想了解生物分類系統的歷史進展，請參考「臺灣物種名錄」網站上的說明文章（http://taibnet. sinica.edu.tw）。

第 8 章　發生學：探討生物學中的 How

127. 請參閱 Needham（1959），該書精妙的呈現了亞里斯多德的觀點。
128. 今天，我們可以說這些受程式指引的過程為目的傾向（teleonomic，指分子本身帶有目的或計畫的傾向），但不可說是目的論。
129. 關於脊椎動物的發生過程的最新敘述，主要是潘德爾奠定的基礎，並有馮貝爾大幅修正和補充。
130. 富含卵黃的卵，發生過程和缺乏卵黃的卵有著極大的差異，即使兩者同屬於一個較高的分類群。這種情形又以那些具有不同幼蟲時期，或是會發生完全變態的生物最為明顯。例如鱗翅類和其他具有變態現象的昆蟲，其蛹期和最早發展出成體結構的階段，所謂的器官芽（成蟲盤）的部位都會進行全面的重組。
131. 後成論者所引入的本質力，當然只不過是像希臘戲劇中用來排解糾葛劇情的神祇一般，是形上學的力量。因此先成論者 Haller 可正當質問：「為什麼來自母雞的一團不定形物質，總會長成一隻雞？為什麼來自孔雀的不定形物質總會長成孔雀？對於這些問題，本質力是無法給予任何回答的。」
132. Moore（1993: 445-456）的書中對這些研究做了精闢的總結。
133. 由於原腸胚時期類似腔腸動物的形態，較晚期的發生過程亦呈現較高等生物的形態，因此很快就有人提出個體發生和物種發生史之間的關連，其中又以海克爾最為強調發生的重演現象。他並提出無脊椎動物的演化，曾出現過一類似原腸胚的始祖的理論。
134. 請參閱 Saha（1991: 106）。
135. 由於基因結構的高度複雜，無法在本書中詳盡描述，有興趣者請參閱 Alberts 等人（1983）所著的《基因分子生物學》（*The Molecular Biology of the Gene*）一書。
136. Severtsov 和其領導的學派（其中包括了 Schmalhausen），尤其強調此點。
137. 海克爾和其他重演論者的著作中明白陳述了，他們清楚胚胎並不會完全相對應於其祖先成體階段的事實。
138. 這則模型發表在 Mayr（1954）。

139. 如欲得知更多有關發生過程的細節，可參閱 Davidson（1986）、Edelman（1988）、Gilbert（1991）、Hall（1992）、Horder（1986）、McKinney（1991）、Moore（1993）、Needham（1959）、Russell（1916）、Slack（1993）、Walbot（1987）等人的論著。

第 9 章　演化學：探討生物學中的 Why

140. 生命的起源是一種化學的作用，牽涉了自我催化和一些定向因子，正如 Eigen（1967 年諾貝爾化學獎得主）所顯示，無論科學家假設生命起源的途徑為何，看來都有前生物性的選擇機制參與。詳細的討論，請參閱 Shapiro（1986）和 Eigen（1992）的著作。

141. 華萊士曾主張隔離機制是由天擇造成，但達爾文卻激烈反對此一想法。直至今日，都還存在著兩派陣營，分別由華萊士的追隨者和達爾文的追隨者組成，對此問題相持不下，其中杜布藍斯基隸屬於華萊士陣營，穆勒和麥爾則支持達爾文的見解。

142. 請參閱 Alexander（1987）、Trivers,（1985）和 Wilson（1975）等人的著作。

143. Rensch（1939, 1943）和 Simpson（1944）即採用這種研究法，結果顯示，巨演化現象可視為符合遺傳學之發現，就變異和選擇方面來看，尤其可解釋所謂的演化定律，例如柯氏定律（Cope's law）和杜氏定律（Dollo's law，由古生物學家杜勒提出，主張演化是無法逆轉的，生物的功能或結構一旦在演化過程中丟棄，就不會再出現）。

144. 請參閱 Mayr（1954: 206-207），及本書第 8 章〈重演論的再審議〉該小節。

第 10 章　生態學：探討生物與 Where 的關係

145. 科學家很早就了解在生態學之名下，其實包含了許多性質相異的主題，這也是為什麼演化生態學、行為生態學、族群生態學、湖沼學、海洋生態學和古生態學各有各的教科書和期刊，除此之外，不同的動物群、植物群、微生物和環境區域，更增加了生態學的多樣化。陸地生態學和淡水生態學（湖沼學）或海洋生態學之間，顯然有非常明顯的差異。由 Hensen 創始的浮游生物生態學，因為對漁業極為重要，因而成為一門蓬勃發展的科學。要想成為通曉多聞的生態學家的人，就必須熟悉五花八門的研究題材。本章後面將會討論到研究生態學會遭遇的困難，而多樣性便是其中之一。有句話說「所有的事物都環環相扣，彼此相關」，生態學領域正是如此。現今所說的生態學，並不是因為有相同的目的和哲學，而是因採用了相同名字，以及專業學會的結合而形成的（Ricklefs, 1985）。其他還有些較簡單的生態學定義，像

是「生物與它們所處環境的關係」，則可能會包含太廣，舉凡生物體的
結構、生理特質、行為、事實上是所有的基因型和表現型，都是生物
為了和環境達成最適關係而演化產生的。結果造成生態學和演化生物
學、遺傳學、行為學和生理學等其他生物學科重疊。舉例來說，1990
年 Ricklefs 出版了一本內容豐富的生態學教科書，其中有整整六章全
都在討論演化問題，這些章節也同樣可以放在演化生物學的教科書當
中。最近出版的一些書籍則直接稱為演化生態學，內容涵蓋了滅絕、
適應、生活史、性、社會行為和共演化等議題。所有生物為特殊生活
模式或所處特殊環境所做的生理適應，對 Ricklefs 來說都是生態學所
關心的主題；所有生物為適應惡劣氣候所做的行為調適，例如季節或
日照的週期變化、遷徙等，也都是生態學的範疇。生物發展出了無數
種生理機制以適應環境，尤其是像沙漠或極地這樣極端的環境，而植
物的生態型（ecotype，存在於某一個生活環境中的亞種或變種）就是
生物適應當地環境條件的最好範例。

146. 在 Glacken（1967）的著作中，相當詳細記錄了從遠古時代到十九世紀
間，人類環境觀的演變。Egerton（1968, 1975）則對特定時期人類的生
態學或自然史知識，做了許多深入的調查。

147. 請參閱 Stresemann（1975）。

148. 自從芝加哥學派的數位學者共同執寫了《動物生態學原理》（*Principles
of Animal Ecology*）之後，一批新流派的生態學教科書開始出現，
在 1973 年的某一期《科學》期刊中，同時評論了至少六本以上的生
態學教科書。其中由 Eugene Odum 於 1953 年出版的《基礎生態學》
（*Fundamentals of Ecology*），是相當優秀而且在 1970 年代前被普遍採
用的教科書。目前在美國最被廣泛採用的，可能就是 1973 年 Ricklefs
出版的《生態學》。Odum 的第一版《基礎生態學》約有 384 頁，到了
Ricklefs 的第三版《生態學》時（1990），已增至 896 頁，由此可知這
一領域成長之快速。很明顯的，我們現今的研究只是生態學問題的一
小部分而已。

149. 當生理學和胚胎學的實驗研究蓬勃發展，系統分類學和形態學的純敘
述手法受排斥時，自然史研究也開始著重整個生物體之間的關係，
任何與生物有關的，都以德文的生物學（Biologie）稱呼，該詞所代表
的涵義，和傳統英語文獻中動物學加植物學所形成的生物學，有相當
大的差異。像 Hesse 和 Doflein 合出的著名套書，精采的總結了當時盛
行的動、植物學知識，其中有關動物生活那一部分（由 Doflein 負責）
就深受達爾文思想的影響。當時科學家認為形態學研究的是死的結
構，而 Biologie 則是形態學的補充和替代品，所探討的問題，也就是
現代教科書中標題為行為和演化生態學的部分，處理的幾乎全是有關

動物的問題。

150. 請參閱 Kingsland（1985）。

151. 傳統上，族群生態學一直被視為生物學的一個獨立學門，但如今則被劃分在生態學中，特別是在 1957 年冷泉港研討會中強調過這一點。

152. 請參閱 Wynne-Edwards（1962, 1986）。

153. 分類學和生態學現存的密切關係，在許多文獻中都有討論，例如 Heywood（1973）。

154. 有時生態學家會以「族群」來稱呼組成一生態系的多種物種，例如一湖泊中的浮游生物族群，或大草原上的草食動物族群。在多數情況下，這種以族群來稱呼生態系中的部分物種，會有造成誤解的危險。

155. 在動物學界也曾出現類似的發展，從 Hesse（1924）發表的〈依據生態學基礎的動物地理學〉（*Tiergeographie auf Ökologischer Grundlage*）即可看出。然而儘管標題如此，內容探討的卻不是有關動物分布和分布成因的動物地理學，而是受地理因子影響的動物生態學。就某些方面來看，這篇論文可說是 Semper（1881）的生態形態學的後繼者。而群聚生態學後來則發展為生態系生態學。

156. 克萊門是這樣說的：「極相是一個成年生物體，是一個發展完全的群集。」

157. 請參閱 Mayr（1941, 1965）、MacArthur & Wilson（1963）。

第 11 章　探討人類在自然史中的 When

158. 最後這兩物種常被劃分在另一屬，也就是傍人屬（*Paranthropus*）中。

159. 由於粗壯猿人局限在南非，而鮑氏猿只出現在東非，因此我們很難說何者在形態上較接近其共同組先，不過從 *A. aethiopicus* 較古老的年歲來看，粗壯猿人在許多方面都像衍生支。

160. 判定原始人何時自黑猩猩這一演化支中分岔出來的證據，一直在逐漸改進。最早從 Goodman 比較血液蛋白開始，之後 Sibley 和 Ahlquist 利用 DNA 雜交法來檢定，稍後 Caccone 和 Powell 又以改良的方法證實之，最後還有其他的分子和染色體比對法。

161. Sarich（1967）是最早宣稱此一看法的人，其他的化石發現則有助於推斷更精確的時間。

162. 為了消弭當時人科分類所存在的混亂局面，我在 1950 年時提出過去只有單一種原始人物種，就像現今只有智人這一種物種存在一樣。然而後續的研究顯示我的提議是過度簡化的想法。

163. 請參閱 Mayr（1954）。

164. 請參閱 Stanley（1992）。
165. 請參閱 Donald（1991）。
166. 請參閱 Mayr（1963: 650）。
167. 請參閱 Mitton（1977）。
168. 請參閱 Mayr（1982: 623-624）。
169. 請參閱 Haldane（1949）。

第 12 章　演化能解釋道德規範嗎？

170. 「就我們所知道的……顯示從遠古時期開始，成功的部落就有排擠其他部落的情形（Darwin, 1871: 160）。」
171. 社會動物的利他行為並不一定會損及利他者，達爾文曾如此巧妙的說明：「如今我們知道，行為的好與壞，純粹取決於他對部落是否有明顯的福祉，這對蠻荒未開化的野人來說是如此，很可能對原始人來說也是如此（Darwin, 1871: 96）。」藉由宣稱：「所謂的道德感其實是源自社會直覺」，達爾文表達了社群性和倫理道德標準間的密切關連（Darwin, 1871: 97）。
172. 請參閱 De Waal（1996）。
173. Wilson（1993）呈現了絕佳的例子，證明人類道德感的存在。也請參閱 Bradie（1994）。
174. 請參閱 Sulloway（1996）。
175. 請參閱 Kohlberg（1981, 1984）。
176. 過去二十年間，有無數文獻在探討有關演化和倫理的課題，其中有大部分是受到威爾森《社會生物學》的刺激，除了威爾森之外，對這領域有重大貢獻的作者還有 R. D. Alexander、A. Gewirth、R. J. Richards、M. Ruse、G. C. Williams。Nitecki 在 1993 年時彙集了能呈現這些作者觀點的論文，和包括了湯瑪士‧赫胥黎、J. Dewey 等人的經典論文，再加上十篇由其他作者所寫的文章，整理成《演化倫理學》（*Evolutionary Ethics*）一書。這是研讀演化倫理文獻時，非常有用的一本入門書。

參考資料

Adanson, M. 1763. *Families des Plantes*. Paris

Agar, W. E. 1948. "The wholeness of the living organism?" *Phil. Sci*. 15: 179-191.

Alberts, B., D. Bray, J. Lewis, K. Roberts, and J. Watson. 1983. *Molecular Biology of the Cell*. 1st ed. New York and London: Garland.

Alexander, R. D. 1987. *The Biology of Moral Systems*. Hawthorne, N.Y.: Aldine de Gruyter.

Allee, W. C., A. E. Emerson, O. Park, T. Park, and K. P. Schmidt. 1949. *Principles of Animal Ecology*. Philadelphia: Saunders.

Allen, G. E. 1975. *Life Science in the Twentieth Century*. New York: John Wiley & Sons.

Alvarez, L. 1980. "Asteroid theory of extinctions strengthened?" *Science* 210: 514.

Ashlock, P. 1971. "Monophyly and associated terms." *Syst. Zool*. 21: 430-438.

Avery, O. T., C. M. MacLeod, and M. McCarty. 1944. "Studies on the chemical nature of the substance inducing transformation of pneumococcal types." *J. Exp. Med*. 79: 137-158.

Ayala, F. J. 1987. "The biological roots of morality?" *Biol. and Phil*. 2: 235-252.

Ayala F. J., A. Escalante, C. O'Huigin, and J. Klein. 1994."Molecular genetics of speciation and human origins?" *Proc. Nat. Ac. Sci*. 91: 6787-6794.

Baer, K. E. von. 1828. *Entwicklungsgeschichte der Thiere: Beobachtung and Reflexion*. Königsberg: Bornträger.

Baker, J. R. 1938. "The evolution of breeding searson." In G. R. de Beer, ed., *Evolution: Essays on Aspects of Evolutionary Biology*, pp. 161-177. Oxford: Clarendon Press.

—— 1948-1955. "The cell theory: a restatement, history, and critique?" *Quart. J. Microscopical Science* 89: 103-123; 90: 87-108; 93: 157-190; 96: 449.

Barrett, P. H., P. J. Gautrey, S. Herbert, D. Kohn, and S. Smith. 1987. *Charles Darwin's Notebooks*, 1836-1844. Ithaca: Cornell University Press.

Bates, H. W. 1862. "Contributions to an insect fauna of the Amazon Valley?" *Trans. Linn. Soc. London* 23: 495-566.

Bateson, P., ed. 1983. *Mate Choice*. Cambridge: Cambridge University Press.

Beatty, J. 1995. "The evolutionary contingency thesis." In G. Wolters and J. Lennox, eds., *Concepts, Theories, and Rationality in the Biological Sciences*, pp. 45-81. Pittsburgh: University of Pittsburgh Press.

Beckner, M. 1959. *The Biological Way of Thought*. New York: Columbia University Press.

—— 1967. "Organismic biology." In *Encyclopedia of Philosophy*, vol. 5., pp. 549-551.

Bertalanffy, L. von. 1952. *Problems of Life*. London: Watts.

Blandino, G. 1969. *Theories on the Nature of Life*. New York: Philosophical Library.

Blumenbach, J. F. 1790. *Beyträge zur Naturgeschichte*. Göttingen.

Bock, W. 1977. "Foundations and methods of evolutionary classification." In M. Hecht, P. C. Goody, and B. M. Hecht, eds., *Major Patterns in Vertebrate Evolution*, pp. 851-895. New York: Plenum Press.

Bowler, P. J. 1983. *The Eclipse of Darwinism: Anti-Darwinian Evolution Theories in the Decades around 1900*. Baltimore: Johns Hopkins University Press.

Boveri, T. 1903. "Über den Einflus der Samenzelle auf die Larvencharaktere der Echiniden." *Roux's Arch.* 16: 356.

Bradie, M. 1994. *The Secret Chain*. Albany: State University of New York Press.

Buffon, G. L. 1749-1804. *Histoire naturelle, générale et particulière*. 44 vols. Paris: Imprimerie Royale, puis Plassan.

Carr, E. H. 1961. *What Is History?* London: Macmillan.

Cassirer, E. 1950. *The Problem of Knowledge: Philosophy, Science, and History since Hegel*. New Haven: Yale University Press.

Cavalier-Smith, T. 1995a. "Membrane heredity, symbiogenesis, and the multiple origins of algae." In Arai, Kato, and Dio, eds., *Biodiversity and Evolution*, pp. 69-107. Tokyo: The National Science Museum Foundation.

—— 1995b. "Evolutionary protistology comes of age: biodiversity and molecular cell biology." *Arch. Protistenkd* 145: 145-154.

Cittadino, E. 1990. *Nature as the Laboratory*. New York: Columbia University Press.

Churchill, F. B. 1979. "Sex and the single organism: biological theories of sexuality in mid-nineteenth century." *Stud. Hist. Biol.* 3: 139-177.

Code. 1985. *International Code of Zoological Nomenclature*. Adopted by the General Assembly of the International Union of Biological Sciences. Berkeley: University of California Press.

Coleman, W. 1965. "Cell nucleus and inheritance: an historical study." *Proc. Amer. Philos. Soc.* 109: 124-158.

Coon, C. 1962. *The Origin of Races*. New York: Alfred A. Knopf.

Corliss, J. O. 1994. "An interim utilitarian ('user-friendly') hierarchical classification of the protista." *Acta Protozoologica* 33: 1-51.

Coyne, J. A., H. A. Orr, and D. J. Futuyma. 1988. "Do we need a new definition of species?" *Syst. Zool.* 37: 190-200.

Cremer, T. 1985. *Von der Zellenlehre zur Chromosomentheorie*. Berlin: Springer.

Crick, F. 1966. *Of Molecules and Men*. Seattle: University of Washington Press.

Darwin, C. 1859. *On the Origin of Species by Means of Natural Selection or the*

Preservation of Favored Races in the Struggle for Life. London: Murray. Facsimile edition 1964, ed. E. Mayr.

———1871. *The Descent of Man*. London: Murray.

———1994. *The Correspondence of Charles Darwin*, vol. 9: 269 [letter to Henry Fawcett, 18 Sept. 1861]. Cambridge: Cambridge Univeresity Press.

Davidson, E. H. 1986. *Gene Activity in Early Development*, 3rd ed. Orlando: Academic Press.

De Waal, Franz. 1996. *Good Natured: The Origins of Right and Wrong in Humans and Other Animals*. Cambridge: Harvard University Press.

Diamond, J. 1991. The Third Chimpanzee: *The Evolution and Future of the Human Animal*. New York: HarperCollins.

Dijksterhuis, E. J. 1961. *The Mechanization of the World Picture*, trans. C. Dikshoorn. Oxford: Clarendon Press.

Dobzhansky, T. 1937. *Genetics and the Origin of Species*. New York: Columbia University Press.

——— 1968. "On Cartesian and Darwinian aspects of biology." *Graduate Journal* 8: 99-117.

——— 1970. *Genetics of the Evolutionary Process*. New York: Columbia University Press.

Doflein, F. 1914. *Das Tier als Glied des Naturganzen*. Leipzig: Teubner.

Donald, Merlin. 1991. *Origins of the Modern Mind: Three Stages in the Evolution of Culture and Cognition*. Cambridge: Harvard University Press.

Driesch, H. 1905. *Der Vitalismus als Geschichte und als Lehre*. Leipzig: J. A. Barth.

——— 1908. *The Science and Philosophy of the Organism*. London: A. and C. Black.

Du Bois-Reymond, E. 1860. "Gedächtnisrede auf-Johannes Müller." *Abt. Presa. Aked. Wiss.* 1859: 25-191.

——— 1872. *Über die Grenzen des Naturwissenschaftlichen Erkennens*. Leipzig.

——— 1887. *Die Sieben Welträtsel*. Leipzig.

Dupré, J. 1993. *The Disorder of Things*. Cambridge: Harvard University Press.

Edelman, G. 1988. *Topobiology: An Introduction to Molecular Embryology*. New York: Basic Books.

Egerton, F. N. 1968. "Studies of animal populations from Lamarck to Darwin." *J. Hist. Biol.* 1: 225-259.

——— 1975. "Aristotle's population biology." *Arethusa* 8: 307-330.

Eigen, M. 1992. *Steps toward Life*. Oxford: Oxford University Press.

Eldredge, N. 1971. "The allopatric model and phylogeny in Paleozoic invertebrates." *Evolution* 25: 156-167.

Eldredge, N., and S. J. Gould. 1972. "Punctuated equilibria: an alternative to phyletic gradualism," in Schopf 1972, pp. 82-115.

Elton, C. 1924. "Periodic fluctuations in the numbers of animals: their causes and effects?" *J. Exper. Biol.* 2: 119-163.

——— 1927. *Animal Ecology*. New York: Macmillan.

Evans, F. C. 1956. "Ecosystem as the basic unit in ecology." *Science* 123: 1127-1128.

Feyerabend, P. 1962. "Explanation, reduction, and empiricism." *Minnesota Studies Philos. Sci.* 2: 28-97.

——— 1970. "Against method: Outline of an anarchistic theory of knowledge." *Minnesota Studies Philos. Sci.* 4: 17-130.

——— 1975. *Against Method*. London: Verso.

Frege, G. 1884. *Die Grundlagen der Arithmetik: Eine logisch mathematische Untersuchung über den Begriff der Zahl*. Breslau: W. Koebner.

Geoffroy St. Hilaire, E. 1818. *Philosophie anatomique*. Paris.

Gerard, R. W. 1958. "Concepts and principles of biology." *Behavioral Science* 3: 95-102.

Ghiselin, M. T. 1969. *The Triumph of the Darwinian Method*. Berkeley: University of California Press.

——— 1974. *The Economy of Nature and the Evolution of Sex*. Berkeley: University of California Press.

——— 1984. "'Definition,' 'character;' and other equivocal terms." *Syst. Zool.* 33: 104-110.

——— 1989. "Individuality, history, and laws of nature in biology." In M. Ruse, ed., *What the Philosophy of Biology Is*, pp. 3-66. Dordrecht: Kluwer.

Giere, R. N. 1988. *Explaining Science: A Cognitive Approach*. Chicago: University of Chicago Press.

Gilbert, S., ed. 1991. *A Conceptual History of Modern Embryology*. New York: Plenum.

Glacken, C. J. 1967. *Traces on the Rhodian Shore: Nature and Culture in Western Thought*. Berkeley: University of California Press.

Gleason, H. A. 1926. "The individualistic concept of the plant association." *Bull. Torrey Bot. Club* 53: 7-26.

Goldschmidt, R. 1938. *Physiological Genetics*. New York: McGraw-Hill.

——— 1954. "Different philosophies of genetics." *Science* 119:703-710.

Goodwin, B. 1990. "Structuralism in biology." *Sci. Progress* (Oxford) 74: 227-244.

Goudge, T. A. 1961. *The Ascent of Life*. Toronto: University of Toronto Press.

Graham, L. R. 1981. *Between Science and Values*. New York: Columbia University Press.

Haeckel, E. 1866. *Generelle Morphologie der Organismen: Allgemeine Grundzüge der organischen Formen-Wissenschaft, mechanisch begründet durch die von Charles Darwin reformirte Descendenz-Theorie*. 2 vols. Berlin: Georg Reimer.

——— 1870 (1869). "Ueber Entwickelungsgang u. Aufgabe der Zoologie." *Jenaische Z.* 5: 353-370.

Haldane, J. B. S. 1949. "Human evolution: past and future." In Jepsen, Mayr, and Simpson 1949: 405-418.

Haldane, J. S. 1931. *The Philosophical Basis of Biology*. London: Hodder and Stoughton.

Hall, B. K. 1992. *Evolutionary Developmental Biology*. London: Chapman and Hall.

Hall, R. 1954. *The Scientific Revolution, 1500-1800*. London: Longmans.

Hall, T. S. 1969. *Ideas of Life and Matter*. 2 vols. Chicago: University of Chicago Press.

Hamilton, W. D. 1964. "The genetical evolution of social behavior?" *J. Theoret. Biol*. 7: 1-16; 17-52.

Handler, P., ed. 1970. *The Life Sciences*. Washington, D.C.: National Academy of Sciences.

Hanson, N. R. 1958. *Patterns of Discovery*. Cambridge: Cambridge University Press.

Haraway, D. J. 1976. *Crystals, Fabrics, and Fields*. New Haven: Yale University Press.

Harper, J. L. 1977. *Population Biology of Plants*. New York: Academic Press.

Harré, R. 1986. *Varieties of Realism: A Rationale for the Natural Sciences*. Oxford: Oxford University Press.

Hempel, C. G. 1952. *Fundamentals of Concept Formation in Empirical Science*. Chicago: University of Chicago Press.

—— 1965. *Aspects of Scientific Explanation*. New York: Free Press.

Hempel, C. G., and P. Oppenheim. 1948. "Studies in the logic of explanation." *Phil. Sci*. 15: 135-175.

Hennig, W. 1950. *Grundzüge einer Theorie der Phylogenetischen Systematik*. Berlin: Deutscher Zentralverlag.

Hertwig, O.1876. "Beiträge zur Kenntnis der Bildung, Befruchtung und Theilung des thierischen Eies." *Morph. Jahrb*. 1: 347-434.

Hesse, R. 1924. *Tiergeographie auf Ökologischer Grundlage*. Jena: Fischer.

Heywood, V. H. 1973. *Taxonomy and Ecology: Proceedings of an International Symposium Held at the Dept. of Botany, University of Reading*. New York: Systematics Association by Academic Press.

Holton, G. 1973. *Thematic Origins of Scientific Thought: Kepler to Einstein*. Cambridge: Harvard University Press.

Horder, T. J., H. A. Witkowski, and C. C. Wylie, eds. 1986. *A History of Embryology*. New York: Cambridge University Press.

Hoyningen-Huene, P. 1993. *Reconstructing Scientific Revolutions: Thomas S. Kuhn's Philosophy of Science*. Chicago: University of Chicago Press.

Hughes, A. 1959. *A History of Cytology*. London and New York: Abelard-Schuman.

Hull, D. L. 1975. "Central subjects and historical narratives." *History and Theory* 14: 253-274.

—— 1988. *Science as a Process: An Evolutionary Account of the Social and Conceptual Development of Science*. Chicago: University of Chicago Press.

Humboldt, A. von. 1805. *Essay sur la Geograpahie des Plantes*. Paris.

Huxley, J. S. 1942. *Evolution, the Modern Synthesis*. London: Allen & Unwin.

Huxley, T H. 1863. *Evidence as to Man's Place in Nature*. London: William and Norgate.

—— 1893. *Evolution and Ethics*. Romanes Lecture. London: Oxford University Press.

Jacob, Francois. 1973. *The Logic of Life: A History of Heredity*. New York: Pantheon.

—— 1977. "Evolution and tinkering." *Science* 196: 1161-1166.

Jepsen, G. L., E. Mayr, and G. G. Simpson. 1949. *Genetics, Paleontology, and Evolution*. Princeton University Press.

Johannsen, W. 1909. *Elemente der Exakten Erblichkeitslehre*. Jena: Gustav Fischer.

Junker, Thomas. 1995. "Darwinismus, materialismus und die revolution von 1848 in Deutschland. Zur interaktion von politik und wissenschaft." *Hist. Phil. Life Sci.* 17: 271-302.

Kagan, J. 1989. *Unstable Ideas*. Cambridge, Mass.: Harvard University Press.

—— 1994. *Galen's Prophesy: Temperament in Human Nature*. New York: Basic Books.

Kant, I. 1790. *Kritik der Urteilskraft*. Berlin.

Kimura, M. 1983. *The Neutral Theory of Molecular Evolution*. Cambridge: Cambridge University Press.

Kingsland, S. E. 1985. *Modeling Nature: Episodes in the History of Population Ecology*. Chicago: University of Chicago Press.

Kitcher, P. 1993. *The Advancement of Science*. New York: Oxford University Press.

Kitcher, P., and W. L. Salmon, eds. 1989. *Scientific Explanation*. Minneapolis: University of Minnesota Press.

Kohlberg, L. 1981. *The Philosophy of Moral Development: Moral Stages and the Idea of Justice*. New York: Harper & Row.

—— 1984. *The Psychology of Moral Development: The Nature and Validity of Moral Stages*. San Francisco: Harper & Row.

Kölliker, A. von. 1841. *Beiträge zur Kenntniss der Geschlechtsverhältnisse und der Samenflüssigkeit wirbelloser Thiere, nebst einem Versuch über das Wesen und die Bedeutung der sogenannten Samenthiere*. Berlin: W. Logier.

—— 1886. "Das Karyoplasma und die Vererbung." In *Kritik der Weismann'schen Theorie von der Kontinuitat des Keimplasma*. Leipzig.

Kölreuter, J. G. 1760. See Mayr 1986a.

Korschelt, E. 1922. *Lebensdauer Altern und Tod*. Jena: Gustav Fisscher.

Kuhn, T. 1962. *The Structure of Scientific Revolutions*. Chicago: University of Chicago Press.

—— 1970. *Reflections on my Critics*. In Lakatos and Musgrave 1970, pp. 231-278.

La Mettrie, J. O. de. 1748. *L'homme machine*. Leyden: Elie Luzac.

Lack, D. 1954. *The Natural Regulation of Animal Numbers*. Oxford: Clarendon Press.

Lakatos, I., and A. Musgrave, eds. 1970. *Criticism and the Growth of Knowledge*. Cambridge: Cambridge University Press.

Lamarck, J. B. 1809. *Philosophie zoologique, ou exposition der considerations relatives à l'histoire naturelle des animaux*. Paris.

Laudan, L. 1968. "Theories of scientific method from Plato to Mach." *Hist. Sci.* 7:1-63.

—— 1977. *Progress and Its Problems: Towards a Theory of Scientific Growth.* Berkeley: University of California Press.

Lenoir, T. 1982. *The Strategy of Life.* Dordrecht: D. Reidel.

Leplin, J., ed. 1984. *Scientific Realism.* Berkeley: University of Califorinia Press.

Liebig, J. 1863. *Ueber Francis Bacon von Verulam und die Methode von Naturforschung.* Munich: J. G. Cotta.

Lindeman, R. L. 1942. "The trophic-dynamic aspect of ecology." *Ecology* 23: 399-418.

Lorenz, K. 1973. "The fashionable fallacy of dispensing with description." *Naturwiss.* 60: 1-9.

Lloyd, E. 1987. *The Structure of Evolutionary Theory.* Westport, Conn.: Greenwood Press.

Lyell, C. 1830-1833. *Principles of Geology, Being an Attempt to Explain the Former Changes of the Earth's Surface, by Reference to Causes Now in Operation.* 3 vols. London.

MacArthur, R. H., and E. O. Wilson. 1963. "An equilibrium theory of insular zoogeography." *Evolution* 17: 373-387.

Magnol, P. 1689. *Prodromus historiae generalis plantarum in quo familiae plantarum per tabulas disponuntur.* Montpellier.

Maier, A. 1938. *Die Mechanisierung des Weltbildes. Forschungen zur Geschichte der Philosophie und der Pädagogik.* Leipzig.

Mainx, F. 1955. "Foundations of biology." *Int. Encycl. Unif. Sci.* 1: 1-86.

May, R. M. 1973. *Stability and Complexity in Model Ecosystems.* Princeton: Princeton University Press.

Maynard Smith, J., Jr. 1984. "Science and myth." *Natural History* 11: 11-24.

Mayr, E. 1941. "The origin and the history of the bird fauna of Polynesia." *Proc. Sixth Pacific Sci. Congress.* 4: 197-216.

—— 1942. *Systematics and the Origin of Species.* New York: Columbia University Press.

—— 1946. "History of the North American bird fauna." *The Wilson Bulletin* 58: 3-41.

—— 1952. "The problem of land connections across the South Atlantic, with special reference to the Mesozoic." *Bulletin of the American Museum of Natural History* 99: 85, 255-258.

—— 1954. "Change of genetic environment and evolution." In J. Huxley, A. C. Hardy, and E. B. Ford, eds., *Evolution as a Process.* London: Allen & Unwin, pp. 157-180.

—— 1961. "Cause and effect in biology: kinds of causes, predictability, and teleology are viewed by a practicing biologist." *Science* 134: 1501-1506.

—— 1963a. *Animal Species and Evolution.* Cambridge: The Belknap Press of Harvard University Press.

—— 1963b. "The new versus the classical in science." *Science* 141, no. 3583:765.

—— 1964. "Introduction." In C. Darwin, *On the Origin of Species: A Facsimile of the First Edition*, pp. vii-xxv. Cambridge: Harvard University Press.

—— 1965. "Avifauna: turnover on islands?" *Science* 150: 1587-1588.

—— 1969. *Principles of Systematic Zoology.* New York: McGraw-Hill.

—— 1972. "The nature of the Darwinian revolution: acceptance of evolution by natural selection required the rejection of many previously held concepts." *Science* 176: 981-989.

—— 1976. *Evolution and the Diversity of Life:* Selected Essays. Cambridge: The Belknap Press of Harvard University Press.

—— 1982. *The Growth of Biological Thought: Diversity, Evolution, and Inheritance.* Cambridge: The Belknap Press of Harvard University Press.

—— 1986a. "Joseph Gottlieb Kölreuter's contributions to biology." *Osiris* 2d ser. 2: 135-176.

—— 1986b. "Natural selection: the philosopher and the biologist." Review of Sober. *Paleobiology* 12: 233-239.

—— 1988. "The why and how of species." *Biol. and Phil.* 3: 431-441.

—— 1989. "Speciational evolution or punctuated equilibria." *Journal of Social and Biological Structures* 12: 137-158.

—— 1990. "Plattentektonik and die Geschichte der Vogelfaunen." In R. van den Elzen, K.-L. Schuchmann, and K. Schmidt-Koenig, eds., *Current Topics in Avian Biology*, pp. 1-17. Proceedings of the International Centennial Meeting of the Deutsche Ornithologen-Gesellschaft, Bonn 1988. Bonn: Verlag der Deutschen Ornithologen-Gesellschaft.

—— 1991a. *One Long Argument: Charles Darwin and the Genesis of Modern Evolutionary Thought.* Cambridge: Harvard University Press.

—— 1991b. "The ideological resistance to Darwin's theory of natural selection." *Proceedings of the American Philosophical Society* 135: 123-139.

—— 1992a. "The idea of teleology." *Journal of the History of Ideas* 53: 117-135.

—— 1992b. Darwin's principle of divergence. *Journal of the History of Biology* 25: 343-359.

—— 1995a. "Darwin's impact on modern thought." *Proceedings of the American Philosophical Society* 139(4): 317-325. (Read 10 November, 1994.)

—— 1995b. "Systems of ordering data." *Biol. and Phil.* 10(4): 419-434.

—— 1996. "What is a species and what is not?" *Phil. of Sci.* 63(2): 261-276.

Mayr, E., and P. Ashlock. 1991. *Principles of Systematic Zoology*, rev. ed. New York: McGraw-Hill.

Mayr, E., and W. Bock. 1994. "Provisional classifications v standard avian sequences: heuristics and communication in ornithology?" *Ibis* 136: 12-18.

Mayr, E., and J. Diamond. 1997. *The Birds of Northern Melanesia.* Oxford: Oxford University Press.

McKinney, M. L., and K. J. McNamara. 1991. *Heterochrony: The Evolution of Ontogeny*. New York: Plenum.

McLaughlin, P. 1991. "Newtonian biology and Kant's mechanistic concept causality." In G. Funke, ed., *Akten Siebenten Internationalen Kant Kongress*, pp. 57-66. Bonn: Bouvier.

McMullin, E., ed. 1988. *Construction and Constraint: The Shaping of Scientific Rationality*. Notre Dame, Ind.: Notre Dame University Press.

Medawar, P. B. 1984. *The Limits of Science*. Oxford: Oxford University Press.

Mendel, J. G. 1866. "Versuche über Pflanzen-hybriden." *Verh. Natur. Vereins Brünn* 4(1865): 3-57.

Merriam, C. H. 1894. "Laws of temperature control of the geographic distribution of terrestrial animals and plants." *Nat. Geogr. Mag.* 6: 229-238.

Meyen, F. J. F. 1837-1839. *Neues System der Pflanzenphysiologie*. 3 vols. Berlin: Haude and Spenersche Buchhandlung.

Michener, C. D. 1977. "Discordant evolution and the classification of allodapine bees." *Syst. Zool.* 26: 32-56; 27: 112-118.

Milkman, R. D. 1961. "The genetic basis of natural variation III." *Genetics* 46: 25-38.

Miller, S. J. 1953. "A production of amino acids under possible primitive earth conditions." *Science* 117:528.

Mitton, J. B. 1977. "Genetic differentiation of races of man as judged by single-locus or multiple-locus analyses." *Amer. Nat.* 111: 203-212.

Moore, J. A. 1993. *Science as a Way of Knowing*. Cambridge: Harvard University Press.

Morgan, C. L. 1923. *Emergent Evolution*. London: William and Norgate.

Müller, G. H. 1983. "First use of biologie." *Nature* 302: 744.

Munson, R. 1975. "Is biology a provincial science?" *Phil. Sci.* 42: 428-447.

Nagel, E. 1961. *The Structure of Science: Problems in the Logic of Scientific Explanation*. New York: Harcourt, Brace & World.

Nägeli, C. W. 1845. "Über die gegenwärtige Aufgabe der Naturgeschichte, insbesondere der Botanik." *Zeitschr. Wiss. Botanik*, vols. 1 and 2. Zürich.

—— 1884. *Mechanisch-physiologische Theorie der Abstammungslehre*. Leipzig: Oldenbourg.

Needham, J., ed. 1925. *Science, Religion and Reality*. London: The Sheldon Press.

—— 1959. *A History of Embryology*. 2nd ed. New York: Abelard-Schuman.

Nitecki, M. H., and D. V. Nitecki. 1992. *History and Evolution*. Albany: State University of New York Press.

—— 1993. *Evolutionary Ethics*. Albany: State University of New York Press.

Novikoff, A. 1945. "The concept of integrative levels and biology?" *Science* 101: 209-215.

Odum, E. P. 1953. *Fundamentals of Ecology*. Philadelphia: Saunders.

Orians, G. H. 1962. "Natural selection and ecological theory." *Amer. Nat.* 96: 257-264.

Pander, H. C. 1817. *Beiträge zur Entwicklungsgeschichte des Hühnchens im Eye*. Würzburg.

Papineau, D. 1987. *Reality and Representation*. Oxford: Clarendon Press.

Pearson, K. 1892. *The Grammar of Science*. London: W. Scott.

Peirce, C. S. 1972. *The Essential Writings*, ed. E. C. Moore. New York: Harper & Row.

Polanyi, M. 1968. "Life's irreducible structure." *Science* 160: 1308-1312.

Popper, K. 1952. *The Open Society and Its Enemies*. London: Routledge & Kegan Paul.

—— 1968. *Logic of Scientific Discovery*. New York: Harper & Row.

—— 1974. *Unended Quest: An Intellectual Autobiography*. La Salle, Ill.: Open Court.

—— 1975. *Objective Knowledge: An Evolutionary Approach*. Oxford: ClarendonPress.

—— 1983. *Realism and the Aim of Science*. New Jersey: Rowan & Littefield.

Putnam, H. 1987. *The Many Faces of Realism*. La Salle, Ill.: Open Court.

Redfield, R., ed. 1942. "Levels of integration in biological and social sciences." *Biological Symposia VIII*. Lancaster, Penn.: Jacques Cattell Press.

Regal, P. J. 1975. "The evolutionary origin of feathers." *Quarterly Review of Biology* 50: 35-66.

—— 1977. "Ecology and evolution of flowering plant dominance." *Science* 196: 622-629.

Remak, R. 1852. "Über extracellulare Entstehung thierischer Zellen und über Vermehrung derselben durch Theilung." *Archiv für Anatomie, Physiologie und wissenschaftliche Medicin (Müllers Archiv)* 19:47-72.

Rensch, B. 1939. "Typen der Artbildung." *Biol. Reviews* (Cambridge) 14: 180-222.

—— 1943. "Die biologischen Beweismittel der Abstammungslehre." In G. Heberer, *Evolution der Organismen*, pp. 57-85. Jena: Gustav Fischer.

—— 1947. *Neuere Probleme der Abstammungslehre*. Stuttgart: Enke.

—— 1968. *Biophilosophie*. Stuttgart: Gustav Fischer.

Rescher, N. 1984. *The Limits of Science*. Berkeley: University of California Press.

—— 1987. *Scientific Realism: A Critical Reappraisal*. Dordrecht: Reidel.

Ricklefs, R. E. 1990. *Ecology*, 3rd ed. New York: Freeman (1st ed. 1973).

Ritter, W. E., and E. W. Bailey. 1928. "The organismal conception: its place in science and its bearing on philosophy." *Univ. Calif. Pub. Zool.* 31: 307-358.

Rosen, D. 1979. "Fishes from the upland intermountain basins of Guatemala." *Bull. Amer. Mus. Nat. His.* 162: 269-375.

Rosenfield, L. L. 1941. *From Beast-Machine to Man-Machine*. New York: Oxford University Press.

Roux, W 1883. *Über die Bedeutung der Kerntheilungsfiguren*. Leipzig: Engelmann.

—— 1895. *Gesammelte Abhandlungen über Entwicklungsmechanik der Organismen*. 2 vols. Leipzig: Engelmann.

—— 1915. "Das Wesen des Lebens." *Kultur der Gegenwart* III 4(1): 173-187.

Ruse, M. 1979a. *Sociobiology: Sense or Nonsense?* Boston: D. Reidel.

—— 1979b. *The Darwinian Revolution*. Chicago: University of Chicago Press.

Russell, E. S. 1916. *Form and Function: A Contribution to the History of Animal Morphology*. London: J. Murray.

—— 1945. *The Directiveness of Organic Activities*. Cambridge: Cambridge University Press.

Saha, M. 1991. "Spemann seen through a lens." In S. F. Gilbert, ed., *Developmental Biology: A Conceptual History of Modern Embryology*, pp. 91-108. New York: Plenum Press.

Salmon, W. C. 1984. *Scientific Explanation and the Causal Stuctures of the World*. Princeton: Princeton University Press.

—— 1989. *Four Decades of Scientific Explanation*. Minneapolis: University of Minnesota Press.

Sarich, V. M., and A. C. Wilson. 1967. "Immunological time scale for hominid evolution?" *Science* 158: 1200-1202.

Sattler, R. 1986. *Biophilosophy*. Berlin: Springer.

Schleiden, M. J. 1838. "Beiträge zur Phytogenesis." *Archiv für Anatomie, Physiologie und wissenschaftliche Medicin (Müllers Archiv)* 5: 137-176.

—— 1842. *Grundzüge der wissenschaftlichen* Botanik. Leipzig.

Schmidt-Nielsen, K. 1990. *Animal Physiology: Adaptation and Environment*. 4th ed. Cambridge: Cambridge University Press.

Schopf, Thomas J. M., ed. 1972. *Models in Paleobiology*. San Francisco: Freeman.

Schwann, Th. 1839. *Mikroskopische Untersuchungen über die Übereinstimmung in der Struktur und dem Wachstum der Tiere und Pflanzen*. Berlin.

Semper, K. G. 1881. *Animal Life as Affected by the Natural Conditions of Existence*. New York: Appleton [1880 in German].

Severtsoff, A. N. 1931. *Morphologische Gesetzmässigkeiten der Evolution*. Jena: Gustav Fischer.

Shapiro, J. H. 1986. *Origins: A Skeptic's Guide to the Creation of Life on Earth*. New York: Summit Books.

Shropshire, W., Jr. 1981. *The Joys of Research*. Washington, D.C.: Smithsonian Institution Press.

Simpson, G. G. 1944. *Tempo and Mode in Evolution*. New York: Columbia University Press.

—— 1961. *Principles of Animal Taxonomy*. New York: Columbia University Press.

—— 1969. "Biology and ethics." In G. G. Simpson, ed., *Biology and Man*, pp. 130-148. New York: Harcourt, Brace and World.

Singer, P. 1981. *The Expanding Circle*. New York: Farrar, Straus and Giroux.

Slack, J. M., P. W. Holland, and C. F. Graham. 1993. "The zootype and the phylotypic stage." *Nature* 361: 490-492.

Sloan, P. R. 1986. "From logical universals to historical individuals: Buffon's idea of biological species." In J. Roger and J. L. Fischer, eds., *Histoire des concepts d'espèce dans la science de la vie*. Paris: Fondation Singer-Polignac.

Smart, J. J. C. 1963. *Philosophy and Scientific Realism*. London: Routledge & Kegan Paul.

Smuts, J. C. 1926. *Holism and Evolution*. New York: Viking Press. 2nd ed. 1965.

Snow, C. P. 1959. *The Two Cultures and the Scientific Revolution*. New York: Cambridge University Press.

Spemann, H. 1901. "Über Correlationen in der Entwicklung des Auges." *Verhandl Anat Ges*. 15: 15-79.

Spemann, H., and H. Mangold. 1924. "Über Induktion von Embryoanlagen durch Implantation artfremder Organisatoren." *Roux's Archiv* 100: 599-638.

Stanley, S. M. 1979. *Macroevolution: Pattern and Process*. San Francisco: W. H. Freeman.

—— 1992. "An ecological theory for the origin of *Homo*." *Paleobiology* 18: 237-257.

Stebbins, G. L. 1950. *Variation and Evolution in Plants*. New York: Columbia University Press.

Stent, G. 1969. *The Coming of the Golden Age: A View of the End of Progress*. New York: Natural History Press.

Stern, C. 1962. "In praise of diversity." *Am. Zool*. 2: 575-579.

—— 1965. "Thoughts on research." *Science* 148: 772-773.

Stresemann, E. 1975. *Ornithology: From Aristotle to the Present*. Cambridge: Harvard University Press.

Sulloway, Frank. 1996. *Born to Rebel*. New York: Pantheon Press.

Suppé, F., ed. 1974. *The Structure of Scientific Theories*. Urbana: University of Illinois Press. 2nd ed. 1977.

Tansley, A. G. 1935. "The use and abuse of vegetational concepts and terms." *Ecology* 16: 204-307.

Thagard, P. 1992. *Conceptual Revolutions*. Princeton: Princeton University Press.

Thompson, P. 1988. "Conceptual and logical aspects of the 'new' evolutionary epistemology?" *Can. J. Phil*., suppl vol. 14: 235-253.

—— 1989. *The Structure of Biological Theories*. Albany: State University of New York Press.

Thoreau, H. D. 1993 [ca. 1856-1862]. *Faith in a Seed*. Washington, D.C.: Island Press.

Thornton, Ian. 1995. *Krakatau: The Destruction and Reassembly of an Island Ecosystem*. Cambridge: Harvard University Press.

Treviño, S. 1991. *Graincollection: Human's Natural Ecological Niche*. New York: Vintage Press.

Treviranus, G. R. 1802. *Biologie, oder Philosophie der lebenden Natur*. Vol. 1. Göttingen: J. R. Röwer.

Trigg, R. 1989. *Reality at Risk: A Defense of Realism in Philosophy and the Sciences*. 2nd ed. New York: Harvester Wheatsheaf.

Trivers, R. L. 1985. *Social Evolution*. Menlo Park: Benjamin/Cummings.

Tschulok, S. 1910. *Das System der Biologie in Forschung und Lehre*. Jena: Gustav Fischer.

Van Fraassen, B. C. 1980. *The Scientific Image*. Oxford: Clarendon Press.

Waddington, C. H. 1960. *The Ethical Animal*. London: Allen and Unwin.

Walbot, V., and N. Holder. 1987. *Developmental Biology*. New York: Random House.

Warming, J. E. B. 1896. *Lehrbuch der ökologischen Pflanzengeographie*. Berlin.

Weismann, A. 1883. *Über die Vererbung*. Jena: Gustav Fischer.

—— 1889. *Essays upon Heredity*. Oxford: Clarendon Press.

Weiss, P. 1947. "The place of physiology in the biological sciences." *Federation Proceedings* 6:523-525.

—— 1953. "Medicine and society: the biological foundations." *J. Mount Sinai Hospital* 19:727.

Wheeler, W. H. 1929. "Present tendencies in biological theory." *Sci. Monthly* 1929:192.

Whewell, W. 1840. *Philosophy of the Inductive Sciences Founded upon Their History*. Vol. 1. London: J. W. Parker.

White, M. 1965. *Foundations of Historical Knowledge*. New York: Harper and Row.

Wilson, E. B. 1925. *The Cell in Development and Heredity*. 3rd ed. New York: Macmillan.

Wilson, E. O. 1975. *Sociobiology*. Cambridge: Harvard University Press.

Wilson, J. Q. 1993. *The Moral Sense*. New York: Free Press.

Windelband, W. 1894. "Geschichte der alten Philosophie: Nebst einem Anhang: Abriss der Geschichte der Mathematik and der Naturwissenschaften." In *Altertum von Siegmund Günter*. 2 vols. Munich: Beck.

Wolff, C. F. 1774. *Theoria generationis*. Halle.

Woodger, J. H. 1929. *Biological Principles: A Critical Study*. London: Routledge and Kegan Paul.

Wynne-Edwards, V. C. 1962. *Animal Dispersion in Relation to Social Behavior*. Edinburgh: Oliver & Boyd.

—— 1986. *Evolution through Group Selection*. Oxford: Blackwell Scientific Press.

科學文化 179

這就是生物學

原書名：看！這就是生物學

This Is Biology
The Science of the Living World

國家圖書館出版品預行編目(CIP)資料

這就是生物學 / 麥爾（Ernst Mayr）著；涂可
欣譯. -- 第二版. -- 臺北市：遠見天下文化,
2017.08
面；　公分. --（科學文化；179）
譯自：This Is Biology : the science of the
living world
ISBN 978-986-479-289-4 (平裝)

1.生物學

360　　　　　　　　　　　　　　106014192

原著 —— 麥爾（Ernst Mayr）
譯者 —— 涂可欣
審訂 —— 程樹德（第一版）、顏聖紘（第二版）
科學文化叢書策劃群 —— 林和（總策劃）、牟中原、李國偉、周成功

總編輯 —— 吳佩穎
編輯顧問 —— 林榮崧
責任編輯 —— 李千毅（第一版）、徐仕美（第二版）
封面設計暨美術編輯 —— 張議文

出版者 —— 遠見天下文化出版股份有限公司
創辦人 —— 高希均、王力行
遠見・天下文化 事業群董事長 —— 高希均
事業群發行人／CEO —— 王力行
天下文化社長 —— 林天來
天下文化總經理 —— 林芳燕
國際事務開發部兼版權中心總監 —— 潘欣
法律顧問 —— 理律法律事務所陳長文律師
著作權顧問 —— 魏啟翔律師
社址 —— 台北市 104 松江路 93 巷 1 號 2 樓
讀者服務專線 —— 02-2662-0012　|　傳真 —— 02-2662-0007, 02-2662-0009
電子郵件信箱 —— cwpc@cwgv.com.tw
直接郵撥帳號 —— 1326703-6 號　遠見天下文化出版股份有限公司

電腦排版 —— 極翔企業有限公司
製版廠 —— 中原造像股份有限公司
印刷廠 —— 中原造像股份有限公司
裝訂廠 —— 中原造像股份有限公司
登記證 —— 局版台業字第 2517 號
總經銷 —— 大和書報圖書股份有限公司　電話／(02)8990-2588
出版日期 —— 2017 年 8 月 31 日第二版第 1 次印行
　　　　　　2022 年 9 月 30 日第二版第 10 次印行

定價 —— NT400 元
書號 —— BCS179
ISBN 978-986-479-289-4
天下文化官網 —— bookzone.cwgv.com.tw

天下文化
Believe in Reading